中国职教学会教学工作委员会自动化类专业研究会规划教材
“国家职业教育课程资源开发与质量监测评估中心”研发成果
职业教育“工程实践创新项目”教学理念推广应用课程开发成果
全国职业院校技能大赛成果转化中心开发成果

Modern Electrical Control System Installation and Testing

现代电气控制系统安装与调试

汤晓华　蒋正炎　主编
范其明　李云龙　钟苏丽　隋明森　副主编

中国铁道出版社有限公司
CHINA RAILWAY PUBLISHING HOUSE CO., LTD.

内容简介

本书从实际工程入手，在了解、学习真实工程项目的基础上，提炼出真实工程项目中的核心技术，以 YL-158GA1 现代电气控制系统实训装置为载体，由易到难，由单一到综合，完成现代电气控制技术的项目化实践学习。

本书内容包括教学设计、现代电气控制系统简介、现代电气控制系统的核心技术、现代电气控制系统的单元调试、现代电气控制系统的安装与调试以及现代电气技术新形态，通过任务的形式引导读者在实践中学习。

本书适合作为高职院校综合实践教学、创新实践教学的教材，也可作为本科层次职业教育自动化类专业电气控制实践教学的指导用书，以及不同类型学校学生开展工程创新实践活动的指导用书。

图书在版编目（CIP）数据

现代电气控制系统安装与调试 ：“国家职业教育课程资源开发与质量监测评估中心”研发成果　职业教育“工程实践创新项目”教学理念推广应用课程开发成果　全国职业院校技能大赛成果转化中心开发成果 / 汤晓华，蒋正炎主编． — 北京 ： 中国铁道出版社，2017.7（2024.1 重印）

中国职教学会教学工作委员会自动化类专业研究会规划教材

ISBN 978-7-113-23042-5

Ⅰ．①现… Ⅱ．①汤… ②蒋… Ⅲ．①电气控制系统-安装-职业教育-教材②电气控制系统-调试方法-职业教育－教材 Ⅳ．①TM921.5

中国版本图书馆 CIP 数据核字（2017）第 093573 号

书　　名：**现代电气控制系统安装与调试**

作　　者：汤晓华　蒋正炎

策　　划：秦绪好　祁　云　　　　**编辑部电话**：（010）63549458

责任编辑：祁　云　彭立辉

封面设计：刘　颖

封面制作：白　雪

责任校对：张玉华

责任印制：樊启鹏

出版发行：中国铁道出版社有限公司（100054，北京市西城区右安门西街 8 号）

网　　址：http://www.tdpress.com/51eds/

印　　刷：番茄云印刷（沧州）有限公司

版　　次：2017 年 7 月第 1 版　　　2024 年 1 月第 9 次印刷

开　　本：787 mm×1 092 mm　1/16　**印张**：14.25　**字数**：339 千

印　　数：21 001～24 000 册

书　　号：ISBN 978-7-113-23042-5

定　　价：42.00 元

作者简介

汤晓华

天津机电职业技术学院副院长，教授；天津市有突出贡献专家，全国电力职业教育教学指导委员会委员，新能源专委会副主任，中国职教学会自动化技术类专业研究会副主任；曾在德国、日本、新加坡以及中国香港等大学学访；国家级精品课程《水电站机组自动化运行与监控》负责人；省级精品课程《可编程控制器应用技术》负责人；公开发表学术论文30篇，主编教材8部，其中《工业机械人应用技术》《风力发电技术》等5部教材立项为“十二五”职业教育国家规划教材；获国家教学成果奖3项，省市级教学成果奖4项；主要参与3项国家级、省市级教育科学规划课题，获得省级科技进步奖项2项，主持企业技改项目10余项，获专利8项；2008—2014年参与全国职业院校技能大赛裁判工作，任赛项专家组成员；2015年任全国职业院校技能大赛专家组组长。

蒋正炎

蒋正炎，常州轻工职业技术学院电子电气工程系主任、副教授/高级工程师；中国职教学会自动化技术类专业教学研究会委员、机械行指委智能装备分指委委员、江苏省第六届青年科协委员、常州市第十届青联委员、江苏省“青蓝工程”年轻骨干教师,2012年至今任全国职业院校技能大赛多个赛项裁判和专家组成员。

负责国家精品资源共享课“轻工自动机电气系统调试与维护”，主持建设2项机电一体化技术、工业机器人技术专业国家教学资源库子项目，主持建设江苏省品牌专业和江苏省双证试点专业，负责建设多个国家级、省级实训基地;任主编、副主编的“十二五”职业教育国家规划教材4部，主编江苏省重点教材1部，编写其他专业教材5部，主持江苏省“十二五”教育科学规划重点资助课题等省市级课题5部，荣获江苏省信息化大赛一等奖等荣誉。

范其明

范其明，天津中德应用技术大学智能制造学院电气系主任，讲师。2007年参加工作，有两年企业工作经历。2011年毕业于东北大学控制理论与控制工程专业，硕士研究生学历，主要研究领域为复杂系统的建模与控制、非线性系统的自适应控制。

从教以来，先后承担了自动控制原理、电机与拖动、电气控制与PLC、现代电气控制系统安装与调试等相关课程教学工作,参与编写《SIMATIC可编程序控制器及应用（第2版）》《智能电梯装调与维护》《电机拖动与调速技术》《工厂供电》《水工业自动化》等相关专业教材5部；发表专业论文8篇，其中核心期刊2篇；参与省部级以上科研项目2项，申报专利2项；先后多次参与指导学生参加全国及天津市各类技能大赛，获奖多次，并获得了“2015年全国职业院校技能大赛优秀工作者”荣誉称号。

李云龙

李云龙，天津中德应用技术大学教师，主要从事“可编程控制技术”“运动控制技术”“工业机器人技术”等课程的教学与研究工作。编写专业教材 1 部，先后发表相关专业论文 7 篇，作为主要完成人曾获得天津市第七届高等教育教学成果奖二等奖。作为指导教师曾获得过 2015 年全国职业院校技能大赛高职组“亚龙杯”现代电气控制系统安装与调试赛项一等奖，2016 年全国大学生西门子杯智能制造挑战赛二等奖，2016 中国技能大赛天津市工业机器人技术应用技能大赛一等奖。2016 年获得全国职业院校技能大赛优秀工作者称号。

钟苏丽

钟苏丽，烟台职业学院副教授。入选山东省首届青年技能名师培养计划名单，是山东省教学团队“电气自动化技术专业”和“机电一体化技术专业”主要成员。

参加“亚龙杯”自动线安装与调试教师能力大赛并获得二等奖、获得全国机械职业院校“实践教学能手”称号，获得 2016 年山东省职业院校教师技能大赛一等奖第一名。作为副主编参加了普通高等教育“十一五”国家级规划教材（高职）《可编程控制器项目化教程》的编写工作，参编“十一五”职业教育国家规划教材《PLC 应用技术》。指导学生参加全国职业院校技能大赛“现代电气控制系统安装与调试”获得二等奖，指导学生参加山东省职业院校技能大赛“自动化生产线安装与调试”与“电气控制系统安装与调试”获得一等奖。担任山东省精品课程“自动线运行与维护”课程负责人，是省级精品课程“PLC 应用技术”和“运动控制卡开发与应用”的主讲教师。

隋明森

隋明森，日照职业技术学院机电工程学院讲师。曾指导学生参加全国职业院校技能大赛“现代电气控制系统安装与调试”赛项获得一等奖，指导学生参加山东省职业院校技能大赛“自动生产线安装与调试”赛项获得一等奖，指导学生参加全国大学生智能汽车竞赛（山东赛区）获得二等奖，指导学生参加第八届山东省大学生机电产品创新设计竞赛获得二等奖。负责和参与铸造生产线系统改造维护、污水脱硫系统等项目的设计。

—— 中国职教学会教学工作委员会自动化类专业研究会规划教材 ——

编 审 委 员 会

FOREWORD 前言

为了落实教育部加强高等职业院校内涵建设的要求，结合制（修）定“高等职业教育专业教学基本要求”的需要，中国职业技术教育学会自动化技术类专业教学研究会启动了“工程实践创新项目”建设计划。

该建设计划主要工作包括：组建工程实践创新项目工作组，制定工程实践创新项目实训室建设标准，遴选工程实践创新项目实施支撑平台，创建全国性工程实践创新项目基地、开发工程实践创新项目教材和教学资源，实施工程实践创新项目师资培训，典型专业教学方案推介、工程实践创新项目赛项设计，工程实践创新项目推广等。

“现代电气控制系统安装与调试”是“工程实践创新项目”建设计划项目之一，在项目计划实施过程中，中国职业技术教育学会自动化技术类专业教学研究会专业建设组专家、课程建设组专家教师作为项目实施骨干人员；浙江亚龙教育装备股份有限公司作为该项目计划的重要合作企业参与方，共同为该项目计划提供了工程实践创新项目实施支撑平台。

2015 年 7 月，在天津举办的 2015 全国职业院校技能大赛中，“现代电气控制系统安装与调试”作为高职组赛项成功举办，2016 年北京、江苏、浙江、山东、福建、陕西等多个省市举办该项目的省级大赛。以赛促学、以赛促教、赛教结合，将大赛成果转化为教学资源，围绕现代电气控制技术教学应用，开发高水平的教学资源，服务各类院校开展教育教学，已经成为一种迫切需求。

本教学资源开发团队从实际工程入手，在让学生了解、学习真实工程项目的基础上，提炼出真实工程项目中的核心技术，以 YL-158GA1 实训平台为载体，通过真实工程项目引领，从“搅拌机”到“镗床”，再到“立体仓库电气控制系统安装与调试”；从工程实践案例的“真度”、机电技术应用的“深度”、创新实践空间的“广度”，再到教学学习过程的“乐度”都进行了创新和探索。每个项目实现从工程到实践再到拓展的项目单元编写方式创新，让教学者和学习者了解、体验自动化工程实践创新的教学和学习方式，丰富学习者的工程实践知识、经验和技术应用，拓展学习者的专业视野，内化形成良好的职业素养，提升学习者的实践创新能力。

本书由汤晓华、蒋正炎任主编，范其明、李云龙、钟苏丽、隋明森任副主编。其中：“项目引导”由汤晓华教授编写；“项目开篇”和“项目拓展”由蒋正炎副教授编写；“项目备战”的任务一至任务三和“项目演练”的任务一至任务四由钟苏丽老师编写，“项目备战”的任务四至任务六和“项目演练”的任务五至任务七由隋明森老师编写；“项目实战”由李云龙、范其明、汤晓华老师编写。全书由汤晓华教授与蒋正炎副教授策划、指导并统稿。

本书得到天津机电职业技术学院、常州轻工职业技术学院、山东烟台职业学院、日照职业技术学院、天津中德应用技术大学、浙江亚龙教育装备股份有限公司等单位领导和同仁的大力支持与帮助。

限于编者的经验、水平以及时间限制，书中难免存在缺漏和不足之处，敬请专家、广大读者批评指正。

编　者

2017 年 3 月

CONTENTS 目录

项目引导——教学设计

综合实践教学是高职学生获得实践能力和综合职业能力的最主要途径和手段，如何设计技能实训课，如何设计专业综合技能实训教学，引发学生自主学习兴趣，训练学生熟练运用所学知识应用于生产实践，是学生走向工作岗位时能够胜任岗位要求、获得可持续发展能力的保证。

一、指导思想

将专业核心技术一体化建设模式引申到课程设计和教学实施，围绕课程核心知识点和技能点，创设专业核心技术四个一体化（见图 0-1），适应行动导向教学需求，提升学生岗位综合适应能力，培养“短过渡期”或“无过渡期”高技能人才。

《高职机电类专业“核心技术一体化”建设模式研究与实践》课题获2009年国家教学成果二等奖

专业核心技术一体化：针对专业培养目标明确若干个核心技术或技能，根据核心技术技能整体规划专业课程体系，明确每门课程的核心知识点和技能点（核心知技点），形成基于工作过程导向的教学情境（模块），实施理论与实验、实训、实习、顶岗锻炼、就业相一致，以课堂与实验（实训）室、实习车间、生产车间四点为交叉网络的一体化教学方式，强调专业理论与实践教学的相互平行、融合交叉，纵向上前后衔接、横向上相互沟通，使整体教学过程围绕核心技术技能展开，强化课程体系和教学内容为核心技术技能服务，使该类专业的高职毕业生能真正掌握就业本领，培养“短过渡期”或“无过渡期”高技能人才。

——摘自吕景泉教授关于《高职机电类专业“核心技术一体化”建设模式研究与实践》

《行为引导教学法在高职实践教学中的应用与研究》课题获2005年国家教学成果二等奖

行动导向教学：从传授专业知识和技能出发，全面增强学生的综合职业能力，使学生在从事职业活动时，能系统地考虑问题，了解完成工作的意义，明确工作步骤和时间安排，具备独立计划、实施、检查能力；以对社会负责为前提，能有效地与他人合作和交往；工作积极主动、仔细认真、具有较强的责任心和质量意识；在专业技术领域具备可持续发展能力，以适应未来的需要。

——摘自吕景泉教授关于《行为引导教学法在高职实践教学中的应用与研究》

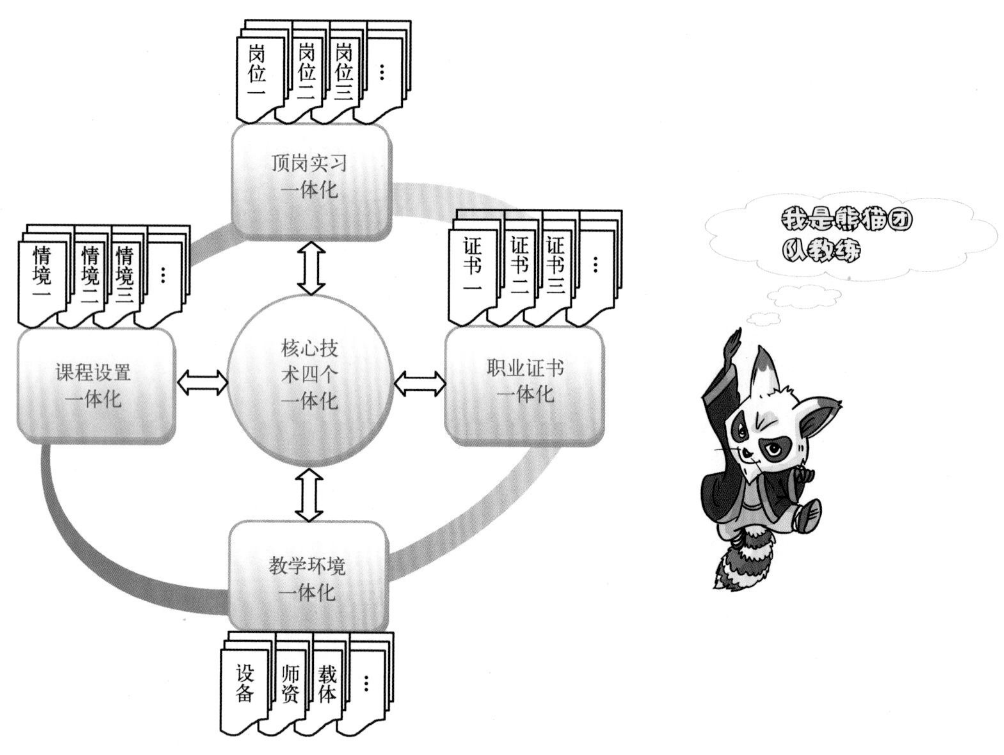

图 0-1　专业核心技术四个一体化示意图

二、教学建议

现代电气控制系统适应现代产业升级需求，涵盖现代工业自动化领域、现代化农业、现代化物流业、现代化制造服务业等众多职业岗位群，甚至无论什么行业，都离不开电气控制技术，而且都在随着工业进步、产业结构调整、技术升级换代的发展而发展。

现代电气控制系统将 PLC（可编程控制器）、HMI（人机接口）、运动控制技术、工业网络技术与现代化工业生产进行了整体融合，涵盖了高职、应用本科的机电类、自动化类相关专业的核心技术内容，充分体现了光机电一体、管控一体、两化融合的现代工业生产和管理理念，为智能装备高端技能人才培养提供了一个新的载体，系统涉及工业自动化领域的技术高、数量多、要素全，为中国现代制造业技术升级加砖添瓦。

基本要求：应具备 YL-158GA1 现代电气控制系统实训考核装置平台或相近设备平台，平台均含有 PLC、HMI、运动控制、工业网络等综合功能。能体现“核心技术一体化”的设计理念，为实践行动导向教学模式搭建平台。

师资要求：具有电气自动化技术、机电一体化技术专业综合知识，熟悉电气系统设计、安装、编程与调试等，有较强的教学及项目开发能力，熟悉项目教学。

教学载体：以现代电气控制系统实训考核装置为例，实现核心技术一体化课程建设思路（见图 0-2），单元调试、整体联调工作任务综合涵盖了机、电专业核心知技点和典型设备系统应用，可综合训练考评学生核心技术掌握及综合应用能力，对培养学生技术创新能力有很好的作用。

我喜欢这样训练！

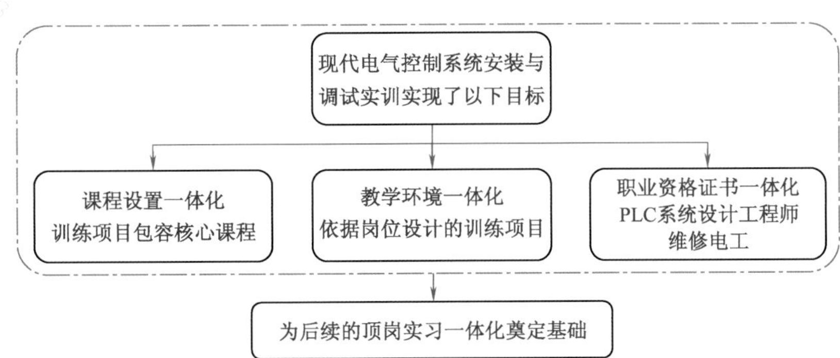

图 0-2　现代电气控制系统安装与调试实训、核心技术关系示意图

训练模式：二人一组分工协作，团队合作完成典型设备电气控制系统的安装与调试，从电气系统方案设计和器件选型开始，两人分工完成电气柜安装、运动设备控制、PLC 编程、HMI 组态、工业网络连接，最后进行系统整体调试。也可结合各院校专业教学要求的不同进行有机选择，不同的工作内容对各种专业技术技能的要求程度不同。

训练内容：项目任务融合了机床电气、运动控制、现代自动化工程的核心技术，主要训练学生能够设计典型的设备电气系统，能够对电气系统进行安装与调试，完成变频器、步进驱动器、伺服驱动器的接线和参数设置，能够对 PLC 和 HMI 进行组态编程与调试等。

获取证书：训练内容包含了国家劳动和社会保障部颁发的职业资格证书“维修电工”“可编程控制系统设计师”等的标准要求。

组织大赛：依托全国性的高职技能大赛，营造“普通教育有高考，职业教育有技能大赛”的局面，通过现代电气控制系统安装与调试大赛，促进高职各院校机电类专业学生综合实践能力和工程实践创新能力的提升。

三、五个重点

项目来自于真实工程案例，利用平台真刀实枪，磨练技术！

利用本教学资源进行教学实施中，突出五个重点“赛、教、虚、仿、实”。

“赛”：通过对全国职业院校技能大赛“现代电气控制系统安装与调试”赛项的贯穿描述、赛场视频体验、场景氛围呈现、装备载体演练、竞赛技术提炼、行业标准融入，风趣化地将赛项内容引入教学、服务教学、丰富教学。

“教”：通过认识 PLC、HMI、传感器与智能仪表、交直流调速、工业现场总线、电气柜工艺等核心技术的应用；从项目备战逐步演进到项目演练，即搅拌机、鼓风机、恒压供水、双色印刷机、运料小车、自动切带机等典型设备电气系统的安装与调试，再到项目实战，即立体仓库电气控制系统安装与调试，最终，项目拓展到软 PLC、工业机器人、Automation studio 仿真、西门子机电一体化概念设计解决方案（MCD）、柔性制造系统等先进技术应用。本教学资源给出了一个崭新的电气控制系统安装与调试项目化教学的“教”与“学”解决方案。

“虚”：通过利用 PLC 编程软件、MCGS 组态软件，以及拓展 Automation Studio 工业级仿真软件，构建人机交互环境和模拟仿真环境，模拟典型设备调试和运行。

“仿”：通过 YL-158GA1 现代电气控制系统实训考核装置平台，能高度仿真典型工业自动化设备电气控制系统，选取了立体仓库、X62W 铣床、T68 镗床等 9 个各行业典型应用整合到平台上实训。

“实”：平台所用器件都是工业级器件，选用西门子 S7-300、S7-1500、三菱 Q 系列高端 PLC，选用更新换代西门子 S7-200SMART、S7-1200、三菱 FX3U 系列最新型号 PLC，而不是教学模拟器件，通过人机界面、传感检测系统、智能仪表、电气控制系统、通信网络等技术的学习，使学生锻炼的技能与实际生产更接近，应用性更强。学生在装配、动手能力方面要求和工业现场一致，而编程也需要有很强的逻辑性，高职院校分层次培养的目标得到了很好的体现。同时，也引导高职教育正在向工程创新方向发展，使理论与实践能够更充分地结合。

现代电气控制系统的最大特点是它的应用广泛性、技术先进性和系统综合性，其中 PLC 应用技术、传感器和智能仪表技术、交直流驱动技术、工业网络通信技术、触摸屏组态编程等多种技术有机地结合，并把各行各业典型设备综合运用到电气控制柜，有机地融合在一起，如图 0-3 所示。

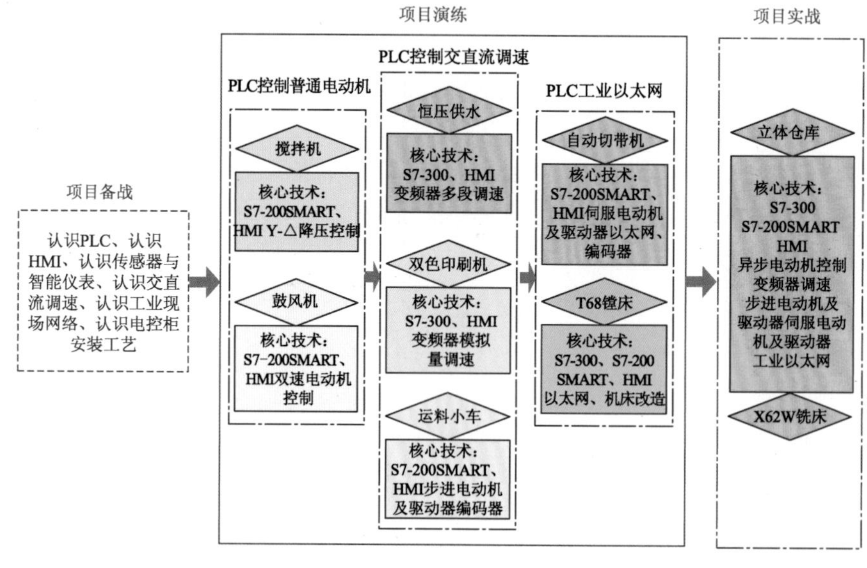

图 0-3　现代电气控制系统核心技术和应用

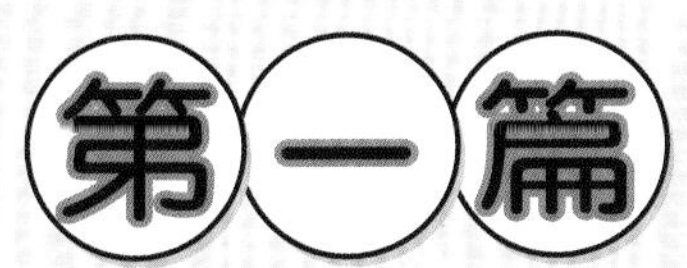

项目开篇——现代电气控制系统简介

对于一名电气领域、工控行业的技术人员，应该了解世界工业的发展历程，了解我们即将面临的工业 4.0 和中国制造 2025。虽然工业制造发展迅速，智能制造、互联网 +、云计算等新技术层出不穷，但只要掌握电气控制系统的尖端技术，就能破壳而顽强地成长。

任务一　了解现代工业发展史

任务目标

了解现代工业发展史。

2015 年 5 月 19 日，国务院印发了《中国制造 2025》规划，部署全面推进实施制造强国战略。这是我国实施制造强国战略第一个十年的行动纲领，是中国版的“工业 4.0 计划”。

《中国制造 2025》提出，坚持“创新驱动、质量为先、绿色发展、结构优化、人才为本”的基本方针，坚持“市场主导、政府引导，立足当前、着眼长远，整体推进、重点突破，自主发展、开放合作”的基本原则，通过“三步走”实现制造强国的战略目标：第一步，到 2025 年迈入制造强国行列；第二步，到 2035 年我国制造业整体达到世界制造强国阵营中等水平；第三步，到新中国成立一百年时，我制造业大国地位更加巩固，综合实力进入世界制造强国前列。

提高国家制造业创新能力，推进信息化与工业化深度融合，强化工业基础能力，加强质量品牌建设，全面推行绿色制造，大力推动十大重点领域（见图 1–1），深入推进制造业结构调整，积极发展服务型制造和生产型服务业，提高制造业国际化发展水平。

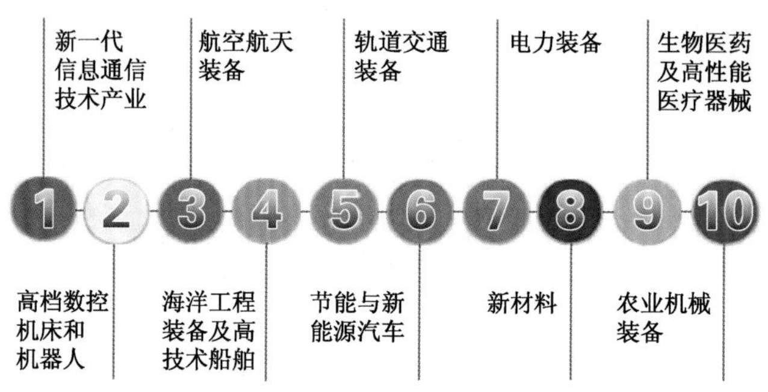

图 1–1　中国制造 2025 重点发展十大领域

放眼世界，每次工业革命都引发了生产组织形式和意识形态的变化，从农业化走向工业化，从机械时代走向电气时代，从传统能源走向新能源，从劳动力密集型走向自动化信息化。现代工业革命发展史如图 1–2 所示。从传统的工业革命概念，引申出科技革命、信息革命、资讯革命等概念，这些都是高科技开发与发明，是带来未来支柱企业发展的基础。下面一起看每次工业革命的发展历程和典型事物。

第一次工业革命是指 18 世纪末，以瓦特蒸汽机的发明和广泛使用为枢纽，到 19 世纪三四十年代机器制造业机械化的实现为基本完成的标志。大机器工业代替手工业，机器工厂代替手工工场，最典型的是英国人斯蒂芬孙研制了第一台蒸汽机车（见图 1–3），美国人富尔敦制造了第一艘汽船，如图 1–4 所示。

第二次工业革命是指 19 世纪中期，随着欧美和日本资产阶级革命的完成，促进了经济的发展，也开始第二次工业革命。德国人西门子制成了发电机，内燃机开始研制和使用，电器开始用于代替机器，成为补充和取代以蒸汽机为动力的新能源；新通信手段的发明、化学工业的发展、钢铁等传统工业的进步，使人类进入了“电气时代”。最典型的是美国人爱迪生发明了电灯（见图 1–5），美国人莫尔斯制成一台电磁式的电报机，如图 1–6 所示。

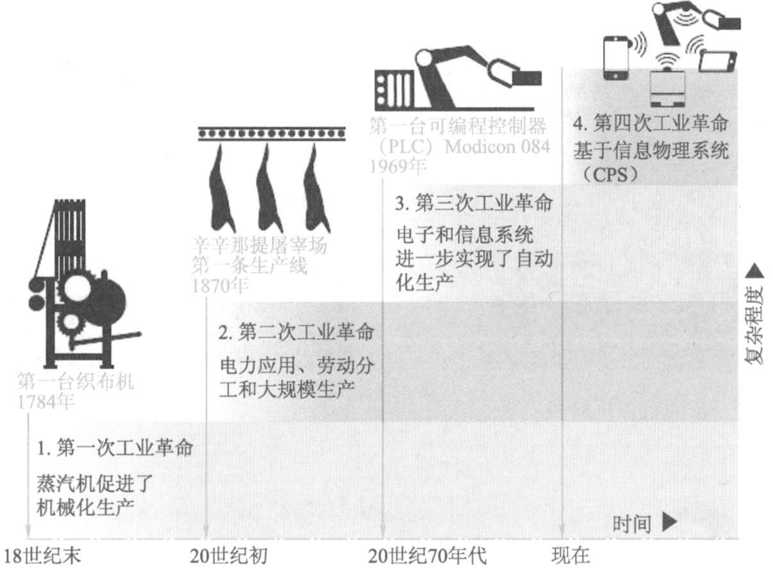

图 1–2　现代工业革命发展史

图 1–3　第一台蒸汽机车

图 1–4　第一艘汽船

图 1–5　爱迪生发明了电灯

图 1–6　莫尔斯电报机发报

第三次工业革命是指 20 世纪 60 年代开始，以原子能、电子计算机、空间技术和生物工程的发明和应用为主要标志，涉及信息技术、新能源技术、新材料技术、生物技术、空间技术和海洋技术等诸多领域的一场信息控制技术革命。最典型的是工业机器人应用（见图 1-7）和绿色能源广泛使用，如图 1-8 所示。

图 1-7　工业机器人应用

图 1-8　绿色能源应用

现在很多人可能还没有意识到，一些细微的变革正在发生。人们上班开上“全面感知 + 可靠通信 + 智能驾驶”的汽车；到了餐厅有自主上菜、送餐、站一边听招呼的机器人服务员；可以购买自我设计所需的产品；自动实现生产、包装、运送的智能工厂……随着信息化与制造业不断深度融合，一种以智能制造为主导的新工业革命——工业 4.0 正在到来。

我们走进一家汽车生产工厂，切身体会到“机器”有了灵魂，它能读懂“产品”。在一条汽车流水线上，采用数字化仿真手段，可通过预先设置控制程序，自动装配不同元件，流水生产出各具特性的产品，“产品”与“机器”实现了“沟通”，使工艺设计从基于经验的方式向基于科学推理转变，如图 1-9 所示。

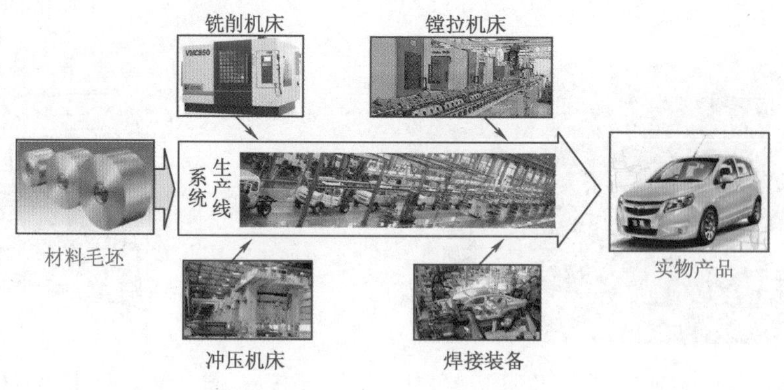

图 1-9　汽车生产流水线

第四次工业革命就这要来到我们身边，它实际起源于 2006 年德国政府颁布的《高技术战略 2020》，该战略文件重点是《未来项目“工业 4.0”》，其他国家也相继出台文件，美国 2012

年 2 月发布《先进制造业国家战略计划》，英国 2013 年 10 月提出《英国工业 2050 战略》，中国在 2014 年 7 月编制《中国制造 2025》规划，中国第一次与发达国家站在同一起跑线上。

“工业 4.0”概念即是以智能制造为主导的第四次工业革命，通过充分利用信息通信技术和网络空间虚拟系统——信息物理系统（Cyber-Physical System）相结合的手段，将制造业向智能化转型。“工业 4.0”概念包含了由集中式控制向分散式增强型控制的基本模式转变，目标是建立一个高度灵活的个性化和数字化的产品与服务的生产模式。在这种模式中，传统的行业界限将消失，并会产生各种新的活动领域和合作形式。创造新价值的过程正在发生改变，产业链分工将被重组。

“工业 4.0”的三大主题：智能工厂、智能生产和智能物流。图 1-10 所示为 2014 年汉诺威工业博览会现场，主题定为“融合的工业——下一步”，反映出展会对生产集成化及其对行业未来影响的重视。图 1-11 所示为位于德国安贝格的西门子智能工厂。

图 1-10　2014 年汉诺威工业博览会

图 1-11　西门子智能工厂

任务二　了解现代电气行业应用

任务目标

了解现代电气行业应用。

下面带大家走进一家污水处理厂，了解企业的生产工艺和流程，了解我们到底需要掌握什么技术和技能。

在这家污水处理厂能看到三级处理流程，如图 1-12 所示。一级处理是预处理，包括格栅、沉砂池、初沉池等构筑物，以去除粗大颗粒和悬浮物为目的；二级处理是生物处理，污水中的污染物在微生物的作用下被降解和转化为污泥；三级处理是污水的深度处理，它将经过二级处理的水进行脱氮、脱磷处理，用活性炭吸附法或反渗透法等去除水中的剩余污染物。

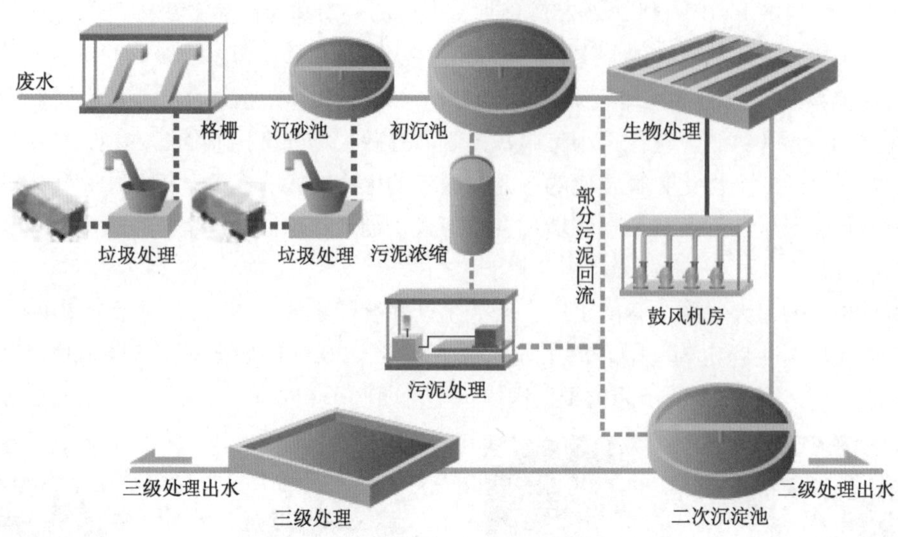

图 1–12　污水处理厂工艺流程图

全厂控制系统通常分为水厂调度系统、加药间（加氯间）PLC 控制站、过滤站 PLC 控制站、送水泵房 PLC 控制站等。各个控制站相对独立工作，通过有线（或无线）网络进行通信，将所有的数据信息送到水厂调度室进行处理，或通过调度系统送到城市的调度中心，全厂系统配置如图 1–13 所示。

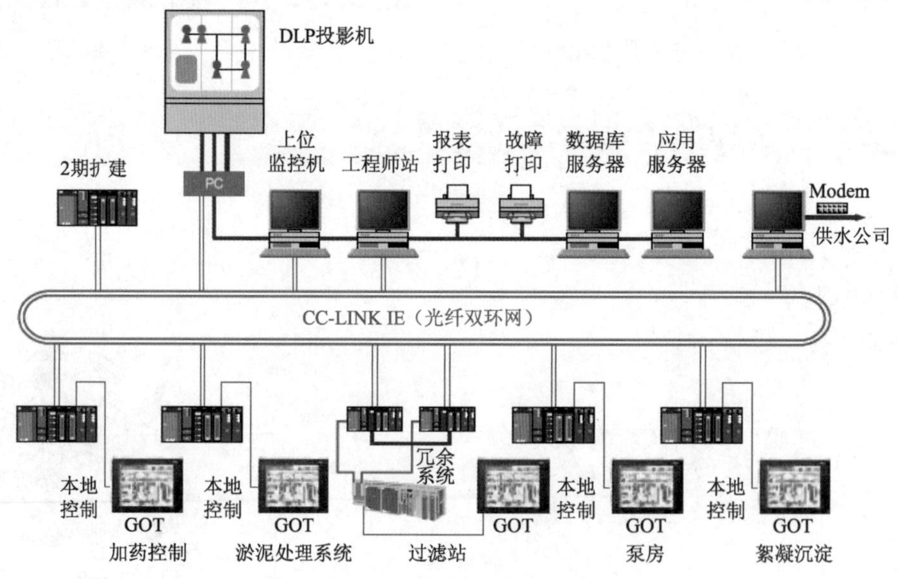

图 1–13　典型系统配置

过滤站包括了过滤控制和反洗控制。其中，核心的电气控制系统由 PLC 主站、变频器、提升泵、反冲洗泵、鼓风机、液位计、电动阀门和触摸屏（HMI）等组成，上位监控系统具有在线远程操作、数据采集、动态画面显示、参数设置、历史数据、报警等功能；在现场的控制柜上也安装了触摸屏，也可以在现场操作，如图 1–14 所示。

图 1-14　过滤站与其电气控制柜

从上面污水处理厂电气控制系统可以看出，在改革开放 30 多年以后，我国才基本完成第三次科技革命，这不仅仅是科学技术领域的，还附带着社会制度的变革。随着产业升级需求和科学技术进步，在现代工业自动化领域、现代化农业、现代化物流业、现代化制造服务业，甚至无论什么行业，都离不开电气系统控制。

我们要学习的现代电气系统覆盖了 PLC 控制技术、传感器技术、变频器交流调速、伺服（步进）驱动、网络通信技术、仪表信号和触摸屏组态编程等核心技术，并有机地融合在一起，如图 1-15 所示。

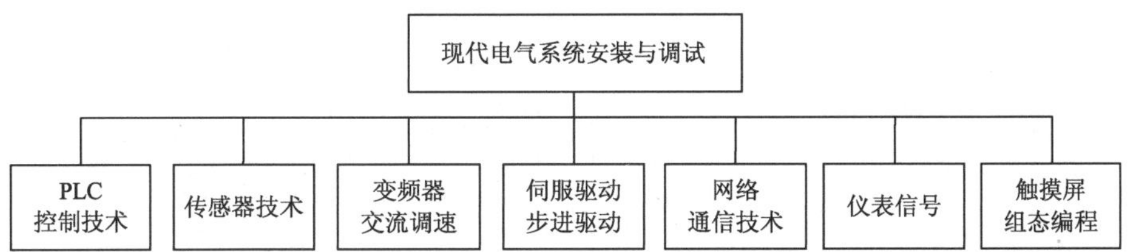

图 1-15　现代电气系统的核心技术

任务三　了解YL-158GA1现代电气控制系统

任务目标

了解 YL-158GA1 现代电气控制系统。

师傅，我要去看“职教活动周”有什么好玩的，看看大赛盛况！

你可以看到全国优秀学生齐聚一堂，比拼技术，还有很多职教体验活动！

一、大赛历程

2011 年 12 月在常州科教城（高等职业教育园区）举办首届“亚龙杯”全国高职院校“现代电气控制系统安装与调试”技能大赛，如图 1-16 所示。

图 1-16　2011 年常州科教城举办“现代电气控制系统安装与调试”技能大赛

2013 年、2014 年和机械行指委联合举办机电类专业教师教学能力大赛，如图 1-17 所示。比赛采用了“教学设计”“展示答辩”和“实际操作”组合方式进行，多角度、多方位、全面综合展现了机电类专业教师的教学能力，引领电气综合技能实训项目在高职院校制造类专业建设和课程建设的重要作用。

图 1-17　机电类专业教师教学能力大赛

2015 年 7 月和 2016 年 5 月，由教育部、天津市政府、科学技术部、工业和信息化部、人力资源和社会保障部、共青团中央等 31 个部门、行业组织共同举办全国职业院校技能大赛“现代电气系统安装与调试”赛项在天津中德应用技术大学举行，如图 1-18 所示。

图 1-18 2015 年天津中德举办“现代电气控制系统安装与调试”技能大赛

大赛坚持技能竞赛与教学改革相结合，引导高职教育专业教学改革方向；坚持高技术（技能）与高效率相结合，企业（用人部门）参与竞赛项目设计，全面提供技术支持和后援保障；坚持个人发展与团队协作相结合，在展示个人风采的同时，突出职业道德与协作精神。

二、大赛平台

师傅，我想学这些本事！

就从YL-158GA1现代电气控制系统开始学习吧！

竞赛平台选用了浙江亚龙教育装备股份有限公司的 YL-158GA1 现代电气控制系统实训考核装置。装置综合了 PLC、变频器、嵌入式触摸屏、伺服驱动、步进驱动、传感器、工业网络、气动、电气接线等先进控制器件，主要考核选手的实际工业现场电工基本技能、电机与电气控制、PLC 技术应用、电工测量与仪表调试、电力电子技术、交直流调速技术、组态控制技术、工业现场网络等技术技能综合应用，同时可考查参赛学生选手的工作效率、质量意识、安全意识、节能环保意识和规范操作等职业素养。

YL-158GA1 现代电气控制系统实训考核装置（见图 1-19）涵盖了高职、应用本科机电类、自动化类相关专业的核心技术内容，有利于专业综合实训课程的教学设计与实施，融入了国家职业资格标准“可编程序系统设计师（三级）”和“维修电工（二级）”要求，是基于工作过程的课程改革的适宜载体。

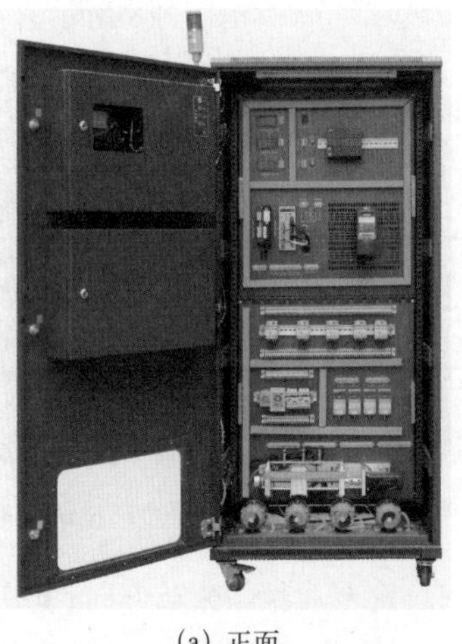

(a) 正面

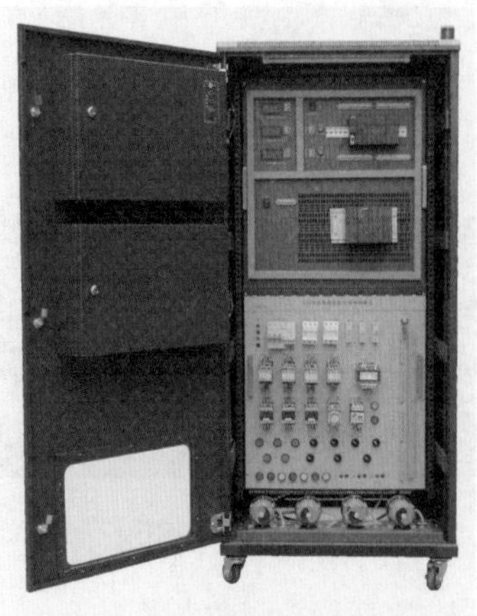

(b) 反面

图 1-19　YL-158GA1 现代电气控制系统实训考核装置

竞赛平台组成：

(1) 主令电气及仪表单元挂板（含进线电源控制与保护、主令电气控制元件、指示灯、触摸屏、功率表、温控仪、紧急停止按钮等器件），有正门和后门，起着向系统中的其他单元提供控制信号的作用，如图 1-20 所示。

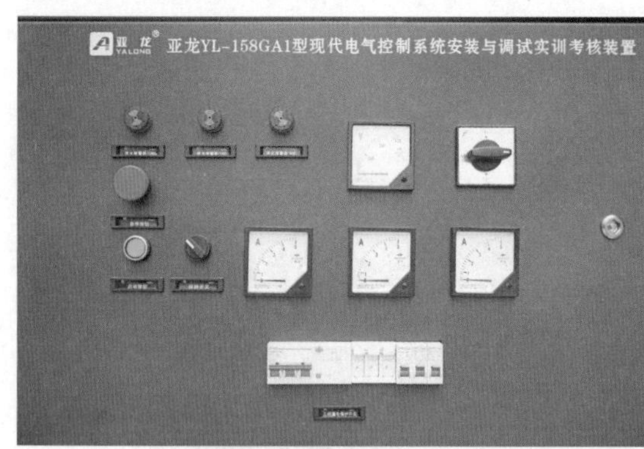

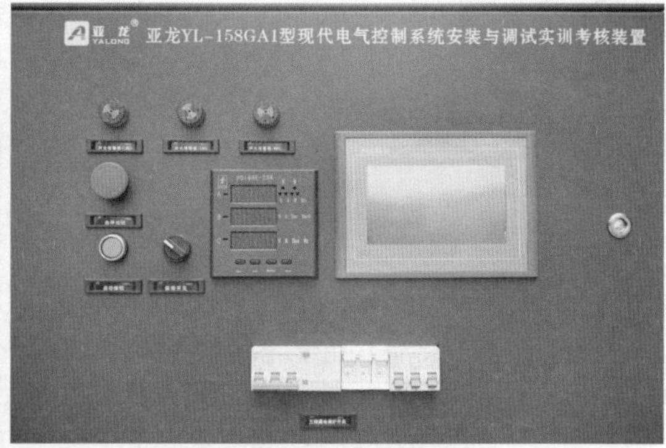

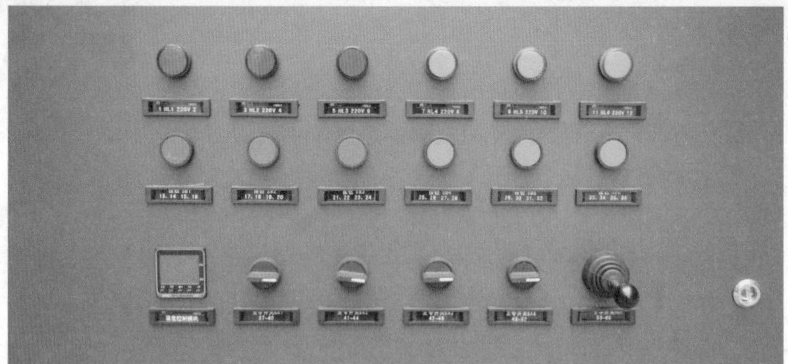

图 1-20　主令电气及仪表单元挂板

（2）PLC 控制单元挂板（含前后共 3 台主流 PLC、伺服驱动器、步进驱动器、变频器、工业网络、电压电流表、电压源、电流源等），有前后两块挂板，起着对 PLC 控制、运动驱动、输入信号处理和电气控制信号输出等重要作用，如图 1–21 所示。

图 1–21　PLC 控制单元挂板

（3）电控制单元挂板（含接触器、时间继电器、行程开关、丝杠小车、4 台交流异步电动机、伺服电动机、步进电动机等），具有对 PLC 控制信号放大和执行的作用，同时可实现独立的继电拖动功能，如图 1–22 所示。

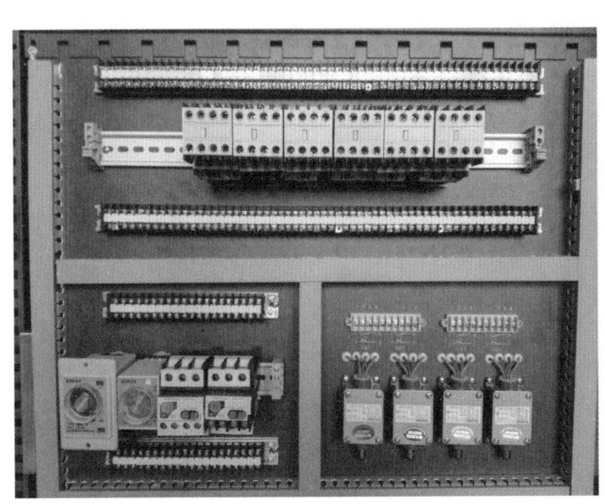

图 1–22　电控制单元挂板

（4）多用途机床电路智能考核单元挂板（含 X62W 铣床考核板、T68 镗床考核板），可通过对典型机床电路故障现象的分析和判断，测量和检查故障点，使用计算机只能考核软件排除故障，完成机床电路的故障检查和排除；也可以实现典型电气控制和 PLC 控制改造，如图 1–23 所示。

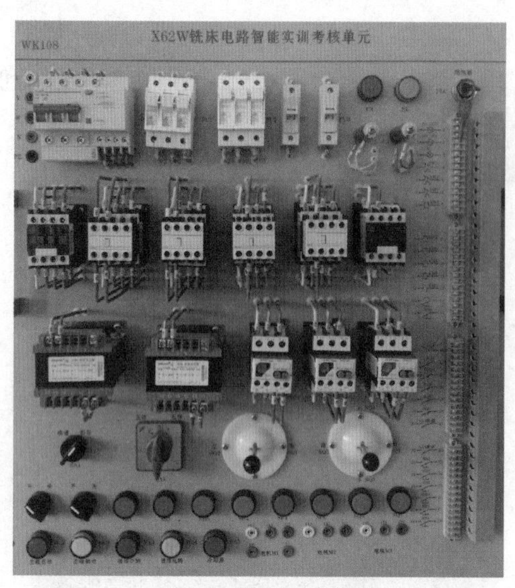

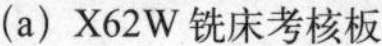
(a) X62W 铣床考核板

(b) T68 镗床考核板

图 1-23　多用途机床电路智能考核单元挂板

三、软件平台

软件平台如表 1-1 所示。

表 1-1　软件平台

系统 项目	三菱系统 (Q+FX)	西门子系统 1 (300+200 smart)	西门子系统 2 (1 500+1 200)
操作系统	Windows 7		
PLC 编程软件	GX Developer V8.86	STEP7 V5.5 STEP7-Micro/WIN SMART V2.0	STEP7 Professional V13
触摸屏软件	MCGS7.7 版		

四、实训项目

YL-158GA1 现代电气控制系统实训考核装置可以完成以下实训任务：

(1) 常规电气控制系统安装与调试实训。

(2) 机床检修与排故实训。

(3) PLC 编程实训。

(4) PLC 总线网络实训。

(5) HMI 组态实训。

(6) 变频器应用实训。

(7) 步进与伺服驱动控制实训。

(8) 自动控制技术实训。

……

五、大赛主要完成的工作任务

1．控制系统电路设计（10%）

参赛选手按竞赛任务书给定的电气控制系统的工作要求，选择正确的元器件，设计、绘制现代电气控制系统中的部分电路的控制原理图、接线图、元件表等。

2．控制系统电路布置、连接工艺与调试（20%）

参赛选手按竞赛任务书给定的电气控制系统的施工图和竞赛过程中设计绘制的电气原理图、接线图，安装选择的电器元件，完成现代电气控制系统的线路连接，并进行初步调试。

3．操控单元独立功能完成情况（30%）

参赛选手按任务书给定的电气控制系统的功能要求完成 PLC 编程、触摸屏组态、网络通讯设置、驱动器参数设置等，能实现局部操控单元调试运行。

4．控制系统整体功能完成情况（25%）

参赛选手按任务书给定的电气控制系统的功能要求实现系统整体运行。

5．电气控制系统故障检修（5%）

竞赛任务要求在典型机床电路智能考核单元设置故障点，参赛选手检测工具选用正确，检测方法规范，故障判断准确，排除故障后系统可正常工作。

6．职业素养与安全意识（10%）

完成竞赛任务的所有操作符合安全操作规程、职业岗位要求；遵守赛场纪律，尊重赛场工作人员；爱惜赛场设备及器材，赛位整洁。

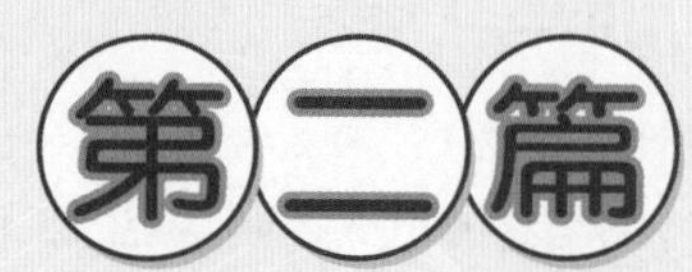

项目备战——现代电气控制系统的核心技术

“工欲善其事，必先利其器”。本篇将从PLC应用技术、人机组态控制技术、传感器与智能仪表、交直流调速技术、工业现场网络等方面来剖析现代电气控制系统的各组成部分，掌握核心技术和基本技能。

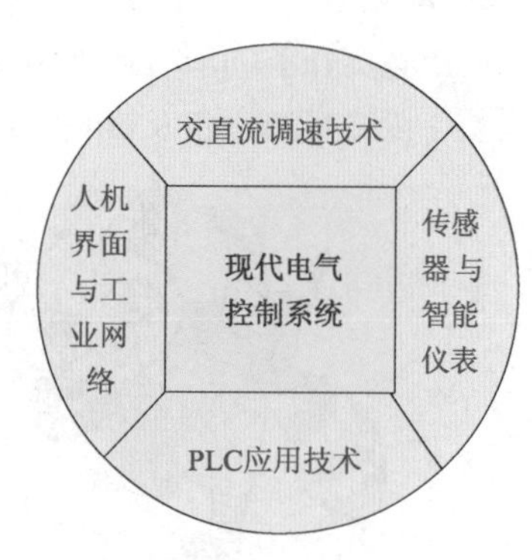

任务一　认识PLC

任务目标

(1) 掌握西门子S7-300和S7-200 SMART的结构与特点；

（2）了解西门子 S7-1200 和 S7-1500 的结构与特点；

（3）能使用 S7-300 和 S7-200SMART 进行系统设计。

PLC 就像人的大脑，在 YL-158GA1 现代电气控制系统实训考核装置中有 3 台 PLC，分别是 1 台中型 PLC 和 2 台小型 PLC，它们各有分工，本书介绍的 PLC 控制器选用了两套西门子组合方案，分别代表了西门子 PLC 的两种主流配置方式，如表 2-1 所示。

表 2-1　西门子 PLC 方案

方　案　一	方　案　二
1 台 S7-300： (S7-300CPU314C-2PN/DP) 2 台 S7-200 SMART： (6ES7288-1SR40-0AA0 继电器输出 AC 220 V 供电 24DI/16DO) (6ES7288-1ST30-0AA0 晶体管输出 DC 24 V 供电 18DI/12DO)	1 台 S7-1500： (CPU 1511-1 PN) 2 台 S7-1200： (CPU 1212C 8DI DC 24 V；6DO 继电器；2AI) (CPU 1212C 8DI DC 24 V；6DO 晶体管；2AI)

本书所有任务以 S7-300+S7-200SMART 为控制器方案，下面初步认识 S7-200SMART、S7-300、S7-1200 和 S7-1500 这四款 PLC 控制器。

子任务一　认识S7-200 SMART

S7-200 SMART是西门子家族的新成员，是为中国客户量身定制的高性价比小型PLC产品。

2012 年 7 月 30 日，西门子最新发布了一款全新的针对经济型自动化市场的 PLC 产品，全称 SIMATIC S7-200 SMART PLC。SMART 即为简单（Simple）、易维护（Maintenance-Friendly）、高性价比（Affordable）、坚固耐用（Robust）及上市时间短（Timely to Market）的简称。S7-200SMART 系列小型 PLC 是 S7-200 的升级换代产品，它继承了 S7-200 的诸多优点，指令与 S7-200 基本相同。它增加了以太网端口和信号板，保留了 RS-485 端口，增加了 CPU 的 I/O 点数。编程软件 STEP7-Micro/WIN SMART 的界面更友好、更为人性化。

目前市场上的 S7-200SMART PLC 主要有以下几种分类：

（1）标准型（继电器输出型）：CPU-SR20/SR40/SR60。

（2）标准型（晶体管输出型）：CPU-ST30/ST40/ST60。

（3）经济型（继电器输出型）：CPU-CR40。

S7-200SMART PLC 订货号说明如图 2-1 所示。

S7-200SMART 具体结构如图 2-2 所示。

STEP7-Micro/WIN SMART 是专门为 S7-200SMART 开发的编程软件，支持 LAD、FBD、STL 语言。它不仅对计算机中的程序源提供密码保护，同时对 CPU 模块中的程序也提供密码保护。它可满足用户对密码保护的不同需求，对程序源实现三重保护，包括为工程、POU（程序组织单元）、数据页设置密码，只有授权的用户才能查看并修改相应的内容，完美保护用户的知识产权。

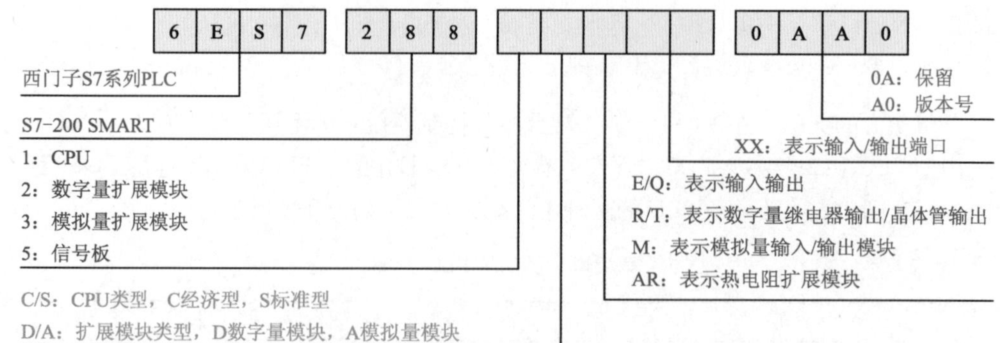

图 2-1　订货号说明

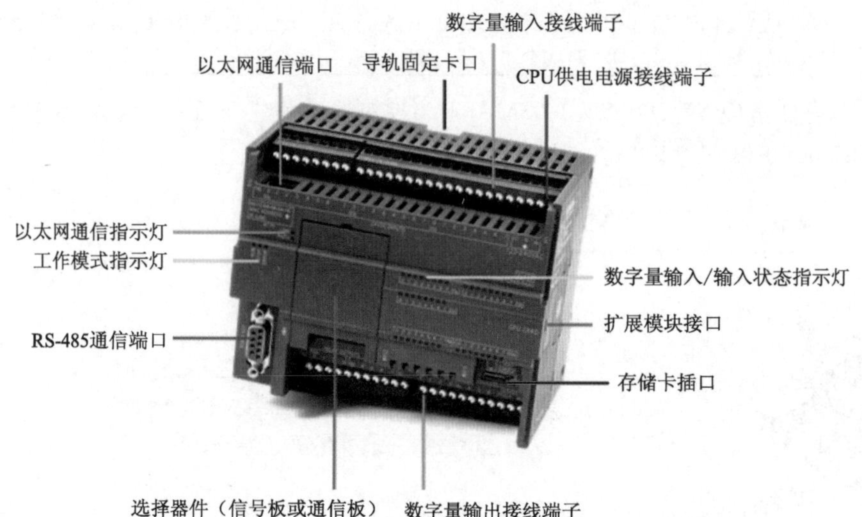

图 2-2　S7-200SMART 具体结构

一、CPU

全新的 S7-200 SMART 有两种不同类型的 CPU 模块：标准型和经济型，全方位满足不同行业、不同客户、不同设备的各种需求。标准型作为可扩展 CPU 模块，可满足对 I/O 规模有较大需求，逻辑控制较为复杂的应用；而经济型 CPU 模块直接通过单机本体满足相对简单的控制需求，编程软件中可在图 2-3 中选择 CPU 型号。

系统块

	模块	版本	输入	输出	订货号
CPU	CPU SR40 (AC/DC/Relay)	V02.00.00_00.00...	I0.0	Q0.0	6ES7 288-1SR40-0AA0
SB					
EM 0					
EM 1					
EM 2					
EM 3					
EM 4					
EM 5					

CPU ST20 (DC/DC/DC)
CPU ST30 (DC/DC/DC)
CPU ST40 (DC/DC/DC)
CPU ST60 (DC/DC/DC)
CPU SR20 (AC/DC/Relay)
CPU SR30 (AC/DC/Relay)
CPU SR40 (AC/DC/Relay)
CPU SR60 (AC/DC/Relay)
CPU CR40 (AC/DC/Relay)
CPU CR60 (AC/DC/Relay)

图 2-3　S7-200SMART CPU 型号

型号含义：CPU SR40（AC/DC/Relay）是指标准型、输入 / 输出点数总和 40 个、PLC 供电电源交流、输入端电源直流、输出端继电器类型。

二、信号板

对于少量的 I/O 点数扩展及更多通信端口的需求，全新设计的信号板能够提供更加经济、灵活的解决方案。在图 2-4 所示的信号板组态中添加所需的 I/O 板、通信板、扩展板等，并设置端口通信类型与参数。

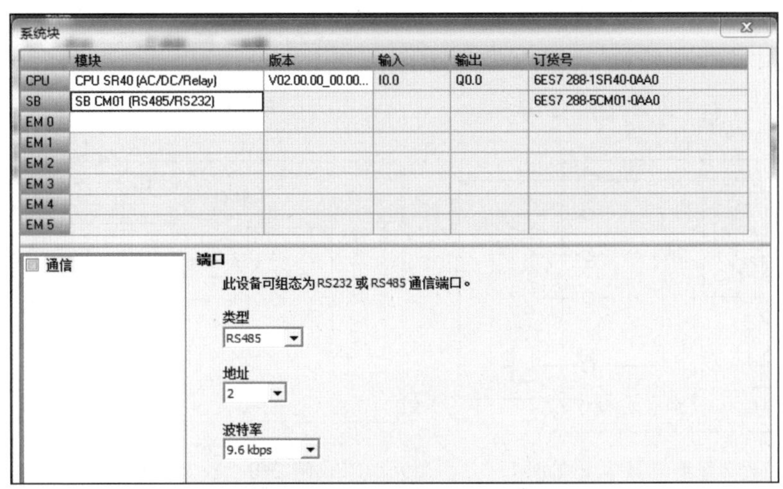

图 2-4　S7-200 SMART 信号板组态

三、数字量输入/输出模块

输入/ 输出模块统称为信号模块（SM）。前连接器插在前盖后面的凹槽内，一个编码元件与之啮合，该连接器只能插入同类模块。

输入接口将按钮、行程开关或传感器等产生的开关量信号或模拟量信号转换成数字信号送给 CPU。开关量输入工程上常称为“开入量”或“DI（数字量输入）”。

开关量输入端口将按钮、行程开关或传感器等外部电路的接通与断开的信号，转换成 PLC 所能识别的 1（高电平）、0（低电平）数字信号送入 CPU 单元。

图 2-5 中，点画线框内为内部电路，外部输入由连接在输入点的开关、外部电源经公共端与 PLC 内部电路构成回路，内部电路通过光耦合器将外部开关的接通与断开转换成 CPU 所能识别的 0（低电平）、1（高电平）信号。和大多数 PLC 相类似，对于 NPN 输出的传感器与 S7-200 SMART 系列 PLC 输入端口连接时，采用源型输入；对于 PNP 输出的传感器与 S7-200 SMART 系列 PLC 输入端口连接时，采用漏型输入，如图 2-6 所示。

输出接口将 CPU 向外输出的数字信号转换成可以驱动外部执行电路的信号，分为数字量输出与模拟量输出。开关输出模块是把 CPU 逻辑运算的结果“0”“1”信号变成功率接点的输出，驱动外部负载，不同开关量输出模块的端口特性不同，按照负载使用的电源可分为直流输出模块、交流输出模块和交直流输出模块。按照输出的开关器件种类可分为继电器输出、双向晶闸管输出、晶体管输出等，如图 2-7 ～图 2-9 所示。它们所能驱动的负载类型、负载大小和响应时间是不同的，可以根据需要来选择不同的输出模块。

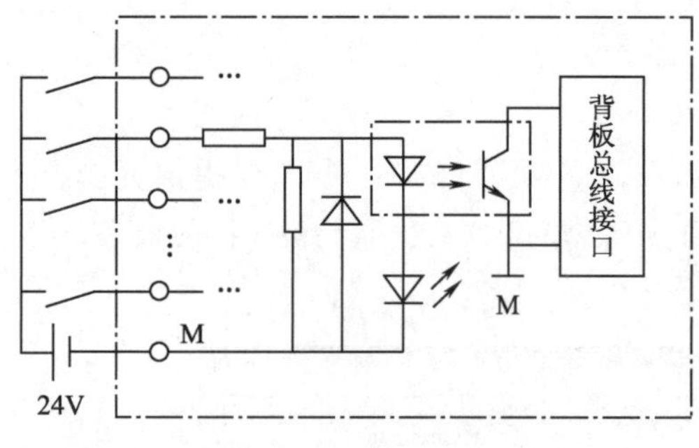

图 2-5　数字量直流输入模块

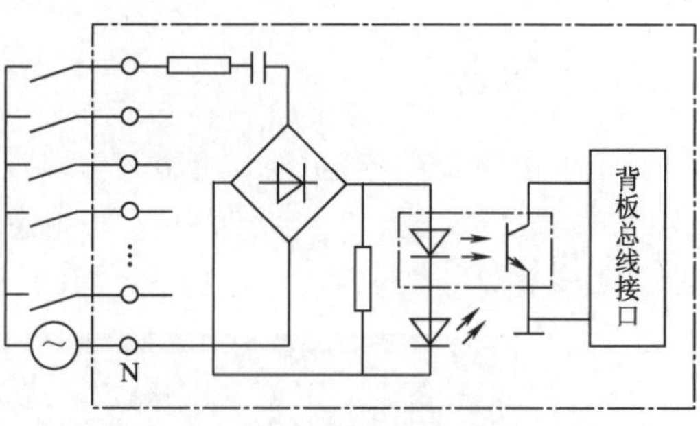

图 2-6　数字量交流输入模块

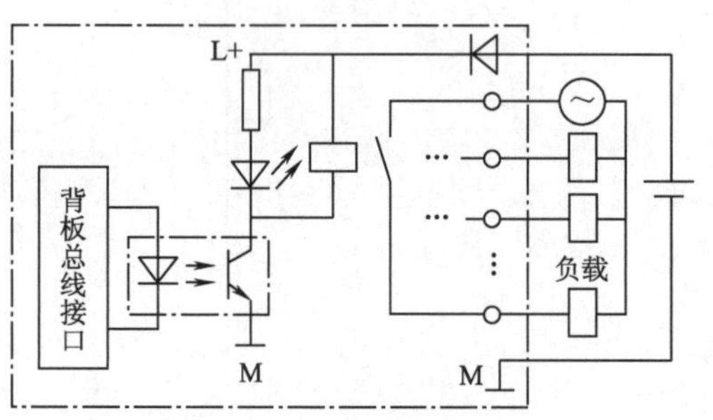

图 2-7　数字量继电器输出模块

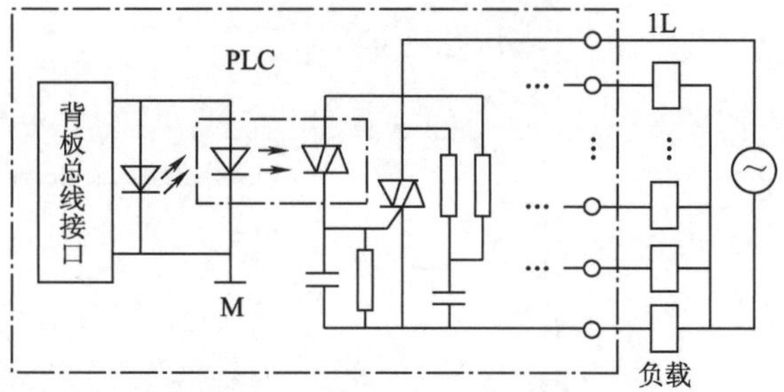

图 2-8　数字量双向晶闸管输出模块

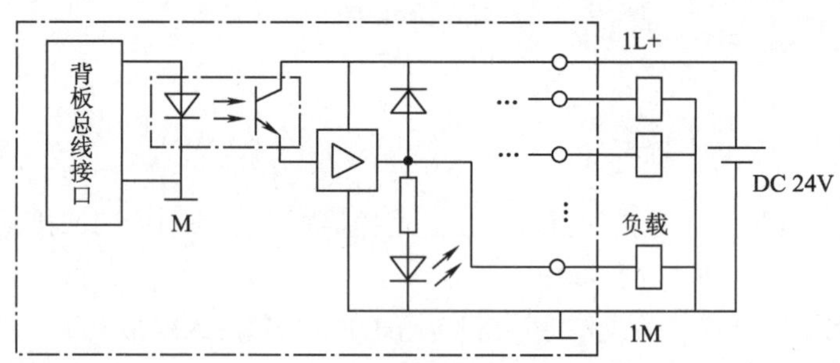

图 2-9　数字量晶体管输出模块

故本考核设置在 PLC 选型配置时，控制对象是接触器、继电器、指示灯等选用 CPU-SR40（继电器型输出），控制对象是伺服驱动器、步进驱动器、变频器等，选用 CPU-ST30（晶体管型输出）。

SMART产品有很多亮点，如网络通信和运动控制，让我来慢慢品味！

四、网络通信

S7-200 SMART CPU 模块本体集成 1 个以太网接口和 1 个 RS-485 接口，通过安装 1 块 RS-232/RS-485 信号板 SB-CM01，其通信端口数量最多可增至 3 个。可满足小型自动化设备连接触摸屏、变频器等第三方设备的众多需求。

1. 以太网通信

所有 CPU 模块标配以太网接口，支持西门子 S7 协议、TCP/IP 协议，有效支持多种终端连接；可以作为程序下载端口（使用普通网线即可），也可以与 SMART LINE HMI 进行通信；可以通过交换机与多台以太网设备进行通信，实现数据的快速交互，最多支持 4 个设备通信。

以太网的传输速率为 10/100 Mbit/s。以太网端口可提供一个编程器连接、8 个 HMI 连接、8 个主动 GET/PUT 连接和 8 个被动 GET/PUT 连接，如图 2-10 所示。

2. 串行口通信

S7-200 SMART CPU 模块均集成 1 个 RS-485 端口（端口 0），可以与变频器、触摸屏第三方设备通信。如果需要额外的串口，可通过扩展 CM01 信号板（端口 1）来实现，信号板支持 RS-232/RS-485 自由转换，最多支持 4 个设备。表 2-2 给出了端口 0 的引脚分配，表 2-3 给出了端口 1 的引脚分配。图 2-11 所示为串口通信结构示意图，图 2-12 所示为 CM01 信号板接线示意图。

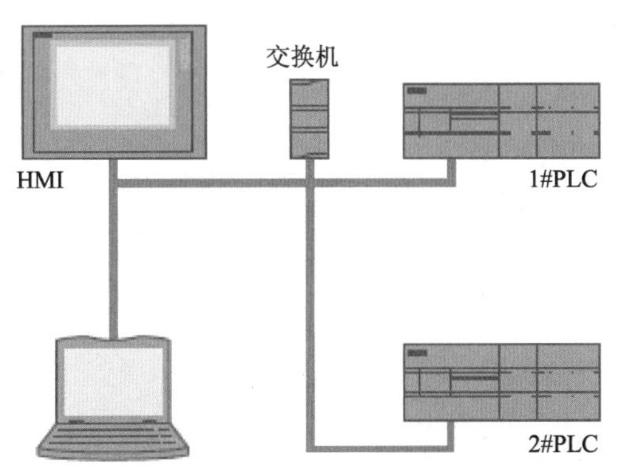

图 2-10　S7-200 SMART 以太网通信

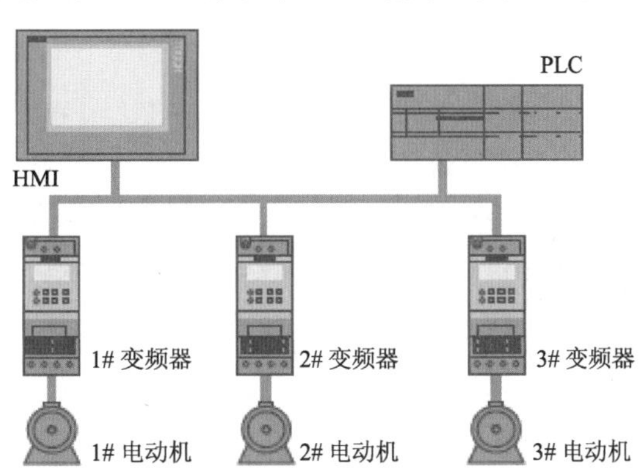

图 2-11　S7-200 SMART 串口通信结构示意图

表 2-2　端口 0 的引脚分配

编　号	信　号	集成的 RS-485 端口	编　号	信　号	集成的 RS-485 端口
1	屏蔽	机壳接地	6	+5 V	+5 V、100 Ω 串联电阻
2	24 V 返回	逻辑公共端	7	+24 V	+24 V
3	RS-485 信号 B	RS-485 信号 B	8	RS-485 信号 A	RS-485 信号 A
4	发送请求	RTS(TTL)	9	不用	10 位协议选择（输入）
5	5 V 返回	逻辑公共端	连接器外壳	屏蔽	机壳接地

表 2-3　端口 1 的引脚分配

编　号	信　号	CM01 信号板端口	编　号	信　号	CM01 信号板端口
1	接地	机壳接地	4	M 接地	逻辑公共端
2	Tx/B	RS-232-Tx/RS-485-B	5	Rx/A	RS-232-Rx/RS-485-A
3	发送请求	RTS(TTL)	6	+5 V	+5V、100Ω 串联电阻

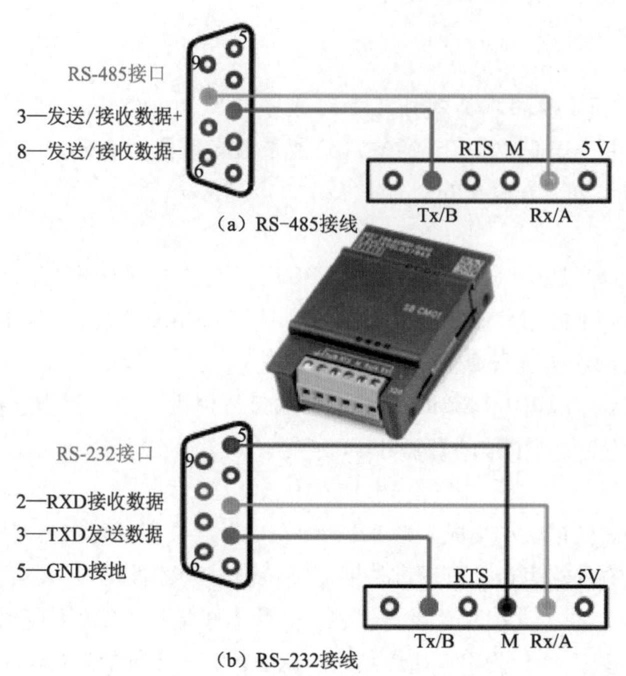

图 2-12　CM01 信号板接线示意图

串口支持下列协议：Modbus-RTU、PPI、USS 和自由口通信。

与上位机的通信是通过 PC Access，操作人员可以轻松通过上位机读取 S7-200 SMART 的数据，从而实现设备监控或者进行数据存档管理。（PC Access 是专门为 S7-200 SMART 系列 PLC 开发的 OPC 服务器协议，专门用于小型 PLC 与上位机交互的 OPC 软件）

五、运动控制

S7-200 SMART 标准型晶体管输出 CPU 模块，ST30/ST40/ST60 提供 3 轴 100 kHz 高速脉冲输出，支持 PWM（脉宽调制）和 PTO（脉冲输出）。

在 PWM 方式中，输出脉冲的周期是固定的，脉冲的宽度或占空比由程序来调节，可以调节电动机速度、阀门开度等，PWM 输出运动控制功能如图 2-13 所示。

在 PTO 方式（运动控制）中，输出脉冲可以组态为多种工作模式，包括自动寻找原点，可实现对步进电动机或伺服电动机的控制，达到调速和定位的目的。

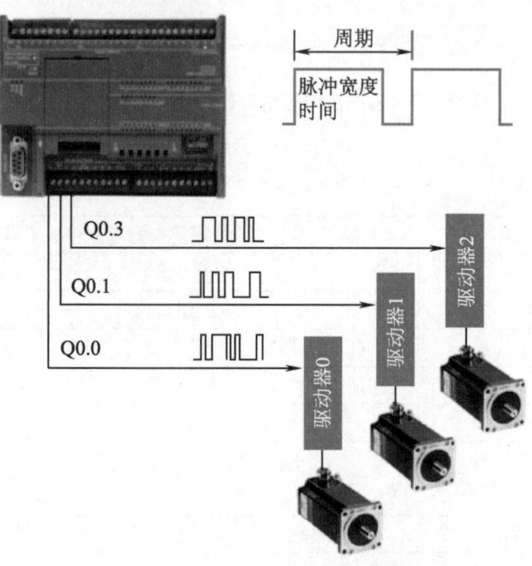

图 2-13　PWM 输出运动控制功能

CPU 本体上的 Q0.0，Q0.1 和 Q0.3 可组态为 PWM 输出或高速脉冲输出，均可通过向导设置完成上述功能，具体控制方式在 PLC 对伺服驱动器或步进驱动器的控制中讲述。

子任务二　认识S7-300

S7-300 是德国西门子公司生产的可编程控制器（PLC）系列产品之一，1994 年 4 月诞生。它具有其模块化结构，易于实现分布式的配置，且性价比高、电磁兼容性强、抗震动冲击性能好，使其在广泛的工业控制领域中，成为一种既经济又切合实际的解决方案。

S7-300 是模块化的中型 PLC，功能最强的 CPU 的 RAM 存储容量为 512 KB，有 8 192 个存储器位，512 个定时器和 512 个计数器，数字量最多 65 536 点，模拟量通道最多 4 096 个。

S7-300 主要由以下几部分组成：中央处理单元（CPU）、导轨（Rail）、电源模块（PS）、信号模块（SM）、数字量 I/O 模块（DI/DO）、模拟量 I/O 模块（AI/AO）、功能模块（FM）、通信处理器（CP）和接口模块（IM）。CPU 模块有一个 MPI（RS-485）接口，有的有 PROFIBUS-DP（RS-485）接口、PROFINET（以太网）接口、PtP（点对点）串行通信接口。

一、硬件组态

S7-300 采用模块化结构（见图 2-14），在标准导轨上依次装有电源模块、CPU 模块、接口模块、信号模块、功能模块及通信模块。一个 S7-300 系统最多 3 个扩展机架（ER），每个机架最多 8 个信号模块、功能模块或通信处理器。

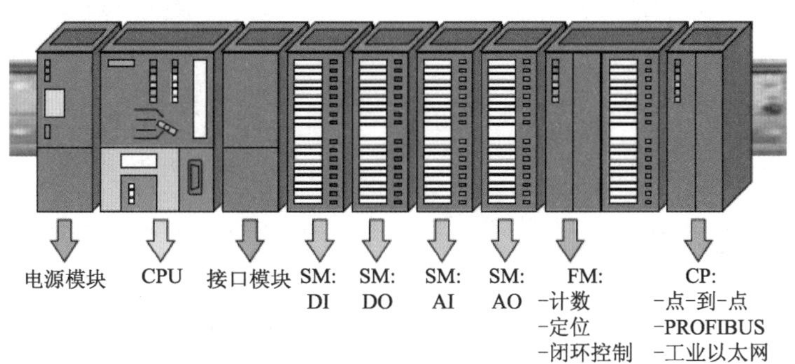

图 2-14　S7-300 的模块化结构

其中，电源模块必须安装在导轨的第一个槽位、CPU 模块必须安装在导轨的第二个槽位、接口模块安装在第三个槽位，其他模块安装位置没有要求。

二、CPU

S7-300 CPU 模块的分类有紧凑型、标准型、技术功能型、SIPLUS 户外型和故障安全型。

（1）紧凑型：各 CPU 31xC 均有计数、频率测量和脉冲宽度调制功能。有定位功能，高速计数通道 2 ～ 4 个，314C 有定位通道 1 个。

（2）标准型：有 CPU 312、CPU 314、CPU 315-2DP、CPU 315-2PN/DP、CPU 317-2DP、CPU 317-2PN/DP 和 CPU 319-3PN/DP。

（3）技术功能型：具有智能技术和运动控制功能，有 CPU 315T-2DP、CPU 317T-2DP。

（4）SIPLUS 户外型：适合在 -25 ～ 70℃的环境下工作。

（5）故障安全型：有 CPU 315F-2DP、CPU 315F-2PN/DP、CPU 317F-2DP 和 CPU 317F-2PN/DP。

在 CPU 模块面板上有个四挡旋钮开关，选择操作模式，同时有运行状态与故障显示 LED，如图 2-15 所示。

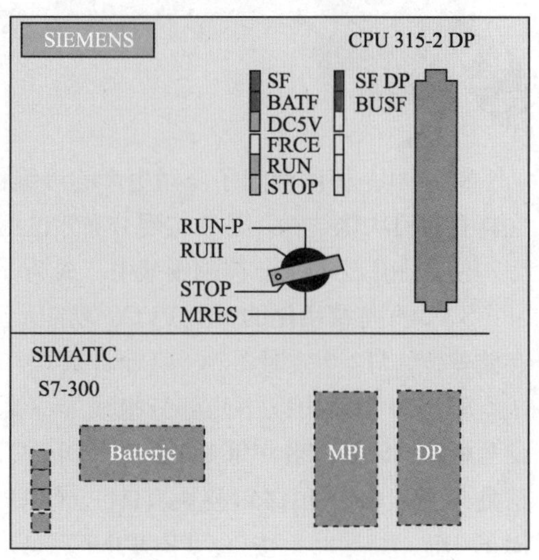

图 2-15　CPU 模块面板

具体旋钮和指示灯功能含义如表 2-4 所示。

表 2-4　旋钮和指示灯功能含义

分　类	旋钮、指示灯	功 能 含 义
CPU 的操作模式	RUN-P(运行 - 编程)位置	运行时可以上载和下载用户程序
	RUN(运行)位置	执行用户程序，可以读出用户程序，但是不能下载。新的 CPU 已将 RUN 和 RUN-P 模式合并
	STOP（停止）位置	不执行用户程序，可以读出和修改用户程序
	MRES（清除存储器）	从 STOP 状态打到 MRES 位置两次，“STOP” LED 从闪动到长亮，复位存储区，使 CPU 回到初始状态
状态与故障显示 LED	SF（系统出错 / 故障显示，红色）	CPU 硬件故障或软件错误时亮
	BF（总线错误，红色）	网络硬件故障或软件错误时亮
	DC 5 V（+ 5 V 电源指示，绿色）	5 V 电源正常时亮
	FRCE（强制，黄色）	至少有一个 I/O 被强制时亮
	RUN（运行方式，绿色）	CPU 处于 RUN 状态时亮；重新启动时以 2 Hz 的频率闪亮；HOLD（单步、断点）状态时以 0.5 Hz 的频率闪亮
	STOP（黄色）	CPU 处于 STOP、HOLD 状态或重新启动时常亮

子任务三　认识S7-1200

西门子家族又添新成员了，S7-1200集成了S7-200／300各种功能，它小巧灵便功能多！

S7-1200 PLC 是西门子公司新一代小型 PLC，从图 2-16 可以看出，S7-1200 PLC 功能定位是介于 S7-200 和 S7-300 之间的，是定位低端离散自动化系统和独立自动化系统中使用的小型控制器。

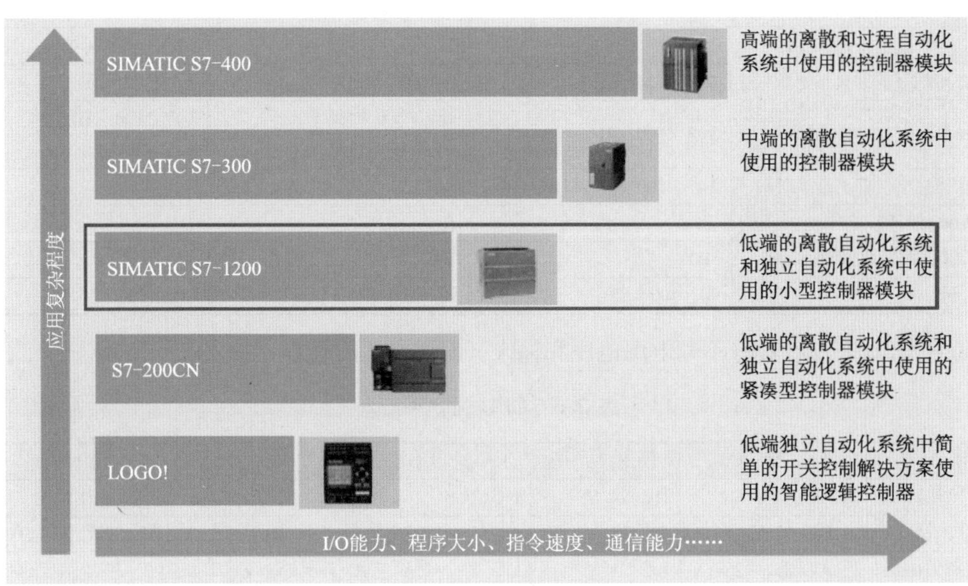

图 2-16　西门子 S7 家族

它具有集成的 PROFINET 接口、强大的集成工艺功能和灵活的可扩展性等特点，为各种工艺任务提供简单的通信和有效的解决方案，能满足完全不同的自动化需求。

S7-1200 PLC 主要由 CPU 模块、信号面板、信号模块、通信模块和编程软件组成，各种模块安装在标准导轨上。通过 CPU 模块或通信模块上的通信接口，PLC 被连接到通信网络上，可以与计算机、其他 PLC 或其他设备通信，如图 2-17 所示。

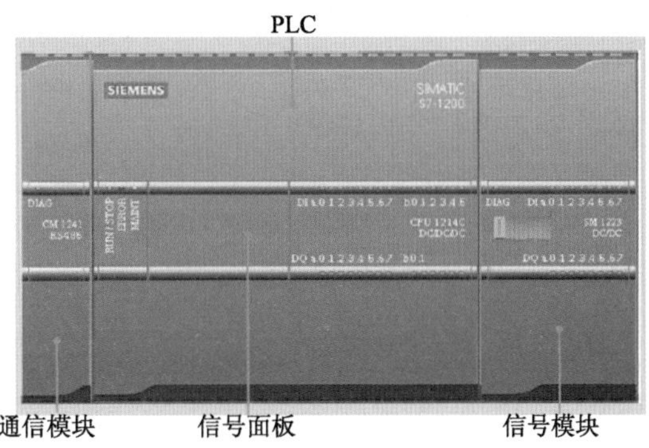

图 2-17　S7-1200PLC 的结构

一、CPU模块

下面主要介绍 3 种型号的 S7-1200 PLC CPU 模块（见表 2-5），此外比较常见的型号有 CPU 1215C 和 CPU 1217C。

表 2-5　S7-1200 CPU 技术规范

型　　号	CPU 1211C	CPU 1212C	CPU 1214C
本机数字量 I/O 点数	6 入 /4 出	8 入 /6 出	14 入 /10 出
本机模拟量输入点数	2	2	2
脉冲捕获输入点数	6	8	14

续表

型　　号	CPU 1211C	CPU 1212C	CPU 1214C
扩展模块个数	—	2	8
上升沿／下降沿中断个数	6/6	8/8	12/12
集成／可扩展的工作存储器	25 KB/ 不可扩展	25 KB/ 不可扩展	50 KB/ 不可扩展
集成／可扩展的装载存储器	1 MB/24 MB	1 MB/24 MB	2 MB/24 MB
高速计数器点数／最高频率	3 点 /100 kHz	3 点 /100 kHz 1 点 /30 kHz	3 点 /100 kHz 3 点 /30 kHz
高速脉冲输出点数／最高频率	2 点 /100 kHz（DC/DC/DC 型）		
操作员监控功能	无	有	有
传感器电源输出电流 /mA	300	300	400
尺寸 /mm	90×100×75	90×100×75	110×100×75

每种 CPU 有 3 种具有不同电源电压和输入、输出电压的版本，如表 2-6 所示。

表 2-6　CPU 的 3 种版本

版　　本	电 源 电 压	DI 输入电压	DO 输出电压	DO 输出电流
DC/DC/DC	DC 24 V	DC 24 V	DC 24 V	0.5 A、MOSFET
DC/DC/Relay	DC 24 V	DC 24 V	DC 5 ~ 30 V，AC 5 ~ 250 V	2 A、DC 30W/AC 200W
AC/DC/Relay	AC 85 ~ 264 V	DC 24 V	DC 5 ~ 30 V，AC 5 ~ 250 V	2 A、DC 30W/AC 200W

CPU 1214C AC/DC/Relay 输入回路使用外接 DC 24 V 电源，也可以使用 CPU 内置的 DC 24 V 电源，完整的外围接线图如图 2-18 所示。

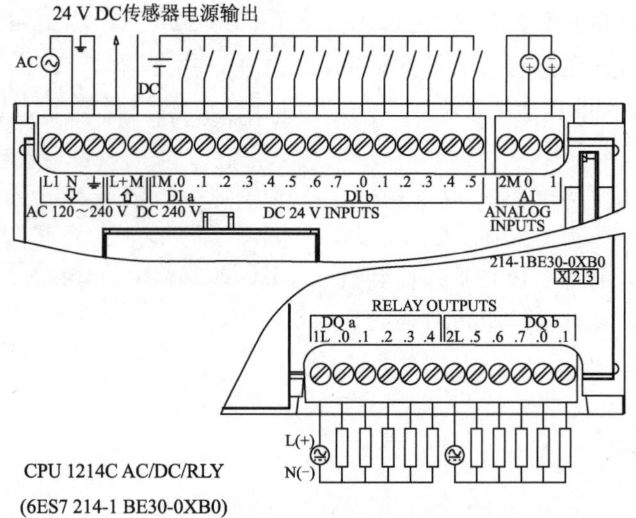

图 2-18　CPU1214C AC/DC/Relay 外围接线图

CPU 1214C DC/DC/Relay 的外围接线图的区别就是电源电压为 DC 24 V，其他都一样。

CPU 1214C DC/DC/DC 的电源电压、输入回路电压和输出回路电压均为 DC 24 V，输入回路也可以使用 CPU 内置的 DC 24 V 电源，完整外围接线图如图 2-19 所示。

S7-1200 PLC 集成了高速计数与频率测量、高速脉冲输出、PWM 控制、运动控制（PLC open 运动功能块）和 PID 控制。

24 V DC传感器电源输出

CPU 1214C DC/DC/DC

(6ES7 214-1 AE30-0XB0)

图 2-19 CPU 1214C DC/DC/DC 外围接线图

二、信号板与信号模块

在 CPU 的正面可以增加一块信号板，以扩展数字量或模拟量 I/O，信号模块是连接到 CPU 的右侧（CPU 1212C 只能连接 2 个信号模块，CPU1214C 可以连接 8 个），所有 CPU 都可以在左侧最多连接 3 个通信模块。

1. 信号板

信号板可以用于只需要少量 I/O 的情况，可以是数字量或模拟量 I/O 点，并且容易拆卸。图 2-20 所示为 SB 1223 数字量输入 / 输出信号板和 SB1232 模拟量输出信号板。

SB 1223 2×24VDC 2×24VDC

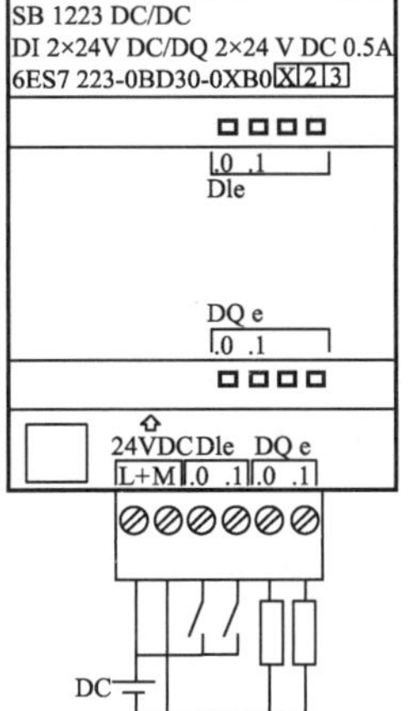

SB 1232 AQ 1

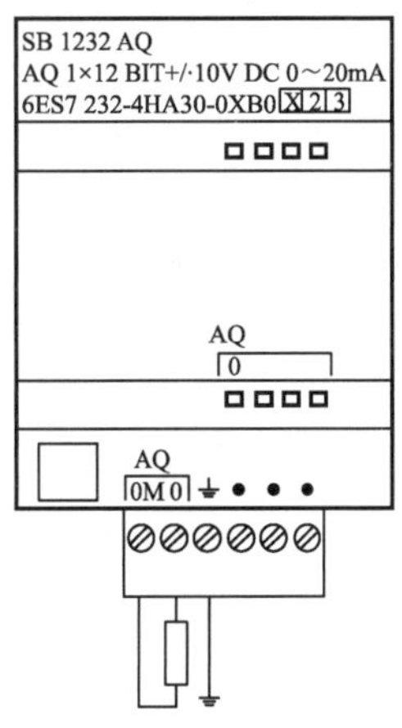

图 2-20　SB 1223 和 SB 1232 信号板

SB 1223 数字量输入 / 输出信号板有 2 个 DI 点和 2 个 DO 点，DI 有上升沿、下降沿中断和脉冲捕获功能，用做高速计数器的时钟输入时，最高输入频率为 30 kHz。

SB 1232 模拟量输出信号板输出分辨率为 12 位的 -10 ~ 10 V 电压，负载阻抗大于等于 1 000 Ω，或输出分辨率为 11 位的 0 ~ 20 mA 电流信号，负载阻抗小于或等于 600 Ω，不需要附加放大器。

2. 信号模块

数字量扩展模块和模拟量扩展模块统称为信号模块，具体型号配置（参数）如表 2-7、表 2-8 所示。

表 2-7　数字量 I/O 模块

型　号	各组输入点数	各组输出点数
SM1221，8 输入 DC 24 V	4、4	—
SM1221，16 输入 DC 24 V	4、4、4、4	—
SM1222，8 继电器输出，2 A	—	3、5
SM1222，16 继电器输出，2 A	—	4、4、2、6
SM1222，8 输出 DC 24 V，0.5 A	—	4、4
SM1222，16 输出 DC 24 V，0.5 A	—	4、4、4、4
SM1223，8 输入 DC 24 V/8 继电器输出，2 A	4、4	4、4
SM1223，16 输入 DC 24 V/16 继电器输出，2 A	8、8	4、4、4、4
SM1223，8 输入 DC 24 V/8 输出 DC 24 V，0.5 A	4、4	4、4
SM1223，16 输入 DC 24 V/16 输出 DC 24 V，0.5 A	8、8	8、8

表 2-8　模拟量 I/O 模块

型　号	功　能	参　数
SM1231	4 通道模拟量输入，分辨率为 12 位（加上符号位）	电压 ±10 V、±5 V 和 ±2.5 V； 电流 0 ~ 20 mA
SM1232	2 通道模拟量输出，分辨率为 14 位	电压 −10 ~ 10 V； 电流 0 ~ 20mA
SM1234	4 通道模拟量输入 /2 通道模拟量输出	输入与 SM1231 相同； 输出与 SM1232 相同

三、集成的通信接口与通信模块

1. 集成的PROFINET接口

集成的 PROFINET 接口用于编程、HMI 通信和 PLC 间的通信。此外，它还通过开放的以太网协议支持与第三方设备的通信。该接口带一个具有自动交叉网线（Auto-Cross-Over）功能的 RJ-45 连接器，提供 10/100 Mbit/s 的数据传输速率，支持以下协议：TCP/IP Native、ISO-On-TCP 和 S7 通信。

最大的连接数为 15 个连接，其中：3 个连接用于 HMI 与 CPU 的通信，1 个连接用于编程设备（PG）与 CPU 的通信，8 个连接用于 Open IE（TCP，ISO-On-TCP）的编程通信。使用 T-block 指令来实现，可用于 S7-1200 之间的通信、S7-1200 与 S7-300/400 的通信。3 个连接用于 S7 通信的服务器端连接，可以实现与 S7-200，S7-300/400 的以太网 S7 通信。

CSM1277 是一款应用于 S7-1200 的结构紧凑和模块化设计的工业以太网交换机，能够被用来增加 SIMATIC 以太网接口以便实现与操作员面板、编程设备、其他控制器，或者办公环境的同步通信。CSM1277 和 S7-1200 控制器可以低成本实现简单的自动化网络，如图 2-21 所示。

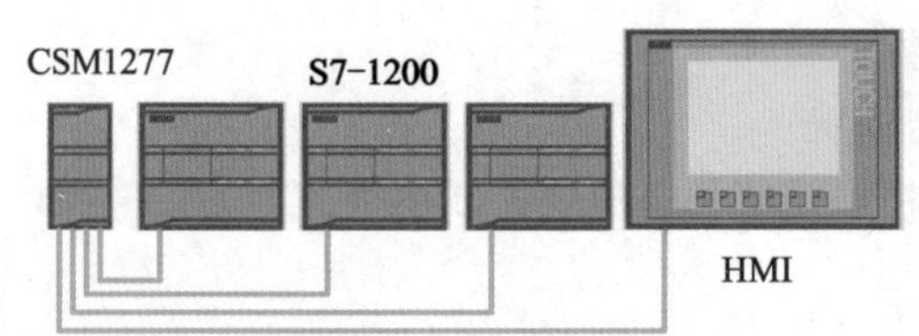

图 2-21　PROFINET 通信

2．通信模块

S7-1200 CPU 最多可以添加 3 个通信模块，支持 PROFIBUS 主从站通信。RS-485 和 RS-232 通信模块为点到点的串行通信提供连接。对该通信的组态和编程采用了扩展指令或库功能、USS 驱动协议、Modbus RTU 主站和从站协议，它们都包含在 SIMATIC STEP 7Basic 工程组态系统中。

通信模块 CM1241 用于执行强大的点到点高速串行通信，点到点通信示例有打印机、机械手控制、调制解调器、扫描仪、条形码扫描器等。CM1241 可直接使用以下标准协议：ASCII、Modbus、USS 驱动协议等。

四、STEP 7 Basic编程软件

SIMATIC STEP 7 Basic 是西门子公司开发的高集成度工程组态系统，包括面向任务的 HMI 智能组态软件 SIMATIC WINCC Basic、编程软件和过程控制软件等，上述软件集成在一起也称为 TIA（Totally Integrated Automation，全集成自动化）。TIA 工程构建如图 2-22 所示。

TIA Portal 工程键的组态步骤：创建项目→配置硬件→设备联网→ PLC 编程→组态可视化→装载组态数据→使用在线和诊断功能。

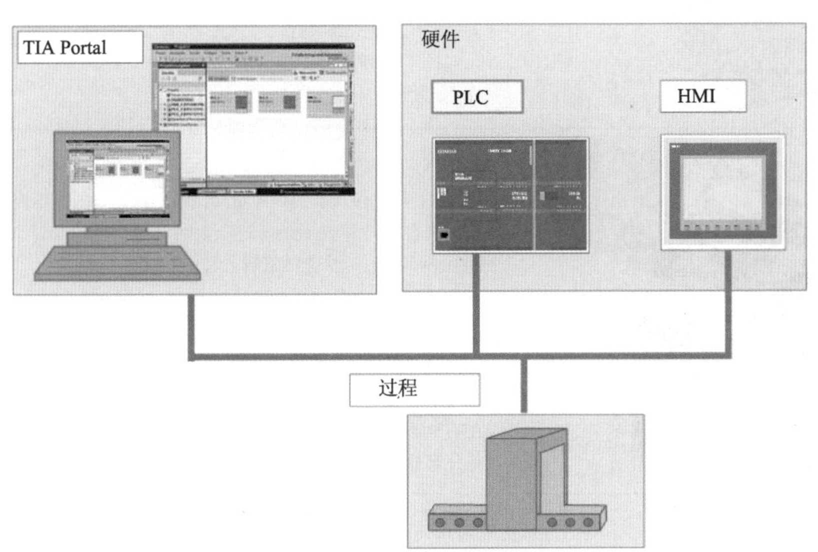

图 2-22　TIA 工程构建

子任务四　认识S7-1500

新型的SIMATIC S7-1500控制器（见图2-23）除了包含多种创新技术之外，还设置了新标准，最大程度提高生产效率。无论是小型设备还是对速度和准确性要求较高的复杂设备装置，都适用。S7-1500无缝集成到TIA博途中，极大提高了工程组态的效率。

S7-1500中包含有诸多新特性，最大限度地确保了工程组态的高效性和可用性。其主要性能如表2-9所示。

图2-23　S7-1500控制器外形

表2-9　S7-1500主要性能

产　　品	说　　明
	最优性能： • 降低响应时间，提高生产效率； • 提高程序循环时间
	显示调试和诊断信息： • 统一纯文本诊断信息，缩短停机/诊断时间； • 即插即用，无须编程； • 可通过TIA博途设置操作密码； • 使用寿命长，运行时间长达50 000 h
	PROFINET标准： •PN IRT可确保精准的响应时间以及工厂设备的高精度操作； • 集成具有不同IP地址的标准以太网口和PROFINET网口； •Web Server，可快速浏览服务和诊断信息
	创新的存储机制： • 灵活的存储卡机制，适合各种项目规模； • 较大的存储空间：支持高达2 GB的存储卡，可存储项目数据、归档、配方和相关文档； • 优化存储的程序块，可提高处理器的访问速度
	实现快速处理，确保控制质量： • 数字量输入模块，具有50 μs的超短输入延时； • 模拟量模块，8通道转换时间低至125 μs； • 多功能模拟量输入模块，具有自动线性化特性，适用于温度测量和限值监测
	可靠的设计确保设备无错运行： • 集成电子屏蔽功能； • 电源线与信号线分开走线； • 集成短接片，简化接线操作； • 可扩展电缆存放空间； • 自带电路接线图，方便接线

知识、技术归纳

认识两套西门子方案中的S7-300、S7-200 SMART和S7-1500、S7-1200，了解每种PLC的基本性能指标、硬件配置功能、工业网络和使用，突出它们在现代电气系统设计中的技术优越性。

工程创新素质培养

对于初学者，一定要掌握这4种PLC的基本使用方法，查阅硬件手册和软件编程手册，特别是首次使用STEP 7-Micro/WIN SMART和STEP 7 Basic两款软件时，其性能会给初学者一个惊喜。

PLC控制技术很神奇。PLC技术更新换代也很快，我们要迎头赶上！

任务二 认识HMI

任务目标

(1) 了解MCGS触摸屏的组成；

(2) 掌握MCGS触摸屏的接口；

(3) 能设置西门子PLC与MCGS的连接。

HMI是Human Machine Interface的缩写，中文称为人机界面，也叫触摸屏。

有了触摸屏，操作更方便，界面也很漂亮！

人机界面（HMI）又称用户界面或使用者界面，是系统和用户之间进行交互和信息交换的媒介，它实现信息的内部形式与人类可以接收形式之间的转换。凡参与人机信息交流的领域都存在着人机界面。

在 YL-158GA1 现代电气控制系统实训考核装置中采用的昆仑通态研发的 TPC7062K 人机界面，正反面和接口如图 2-24 所示。

MCGS 触摸屏和带有以太网接口的西门子 PLC 通信时，都是在设备窗口中双击添加的设备修改 IP 地址。其中，本地 IP 地址是将要下载的触摸屏设置的地址，远端 IP 地址是触摸屏将要通信的 PLC 的 IP 地址。以太网通信只需把 IP 地址设置到相同通道里，即可通信成功。图 2-25 所示为 MCGS 设备编辑窗口。

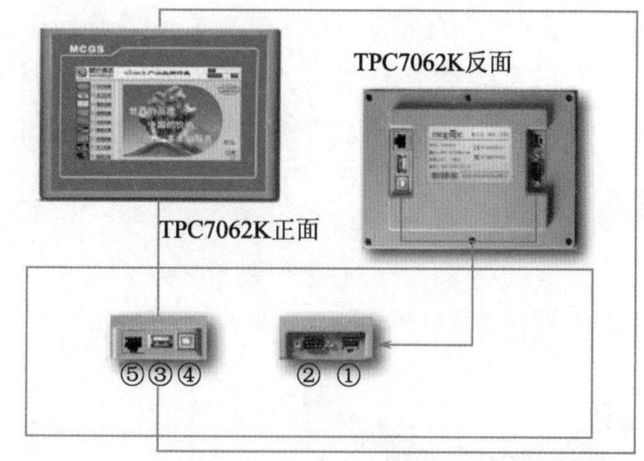

图 2-24　MCGS 触摸屏

①—电源；②—COM；③—USB1；④—USB2；⑤—以太网

图 2-25　MCGS 设备编辑窗口

在本设备上可以把 S7-200 SMART 与 MCGS 连接起来，也可以把 S7-300 与 MCGS 连接起来，均以工业以太网进行通信。也可以用 RS-232 串口、RS-485 串口和 USB 串口等通信。

一、S7-200 SMART与MCGS的连接

首先在 STEP 7-Micro/WIN SMART 软件中对 PLC 通信进行设置，进入左侧工具栏的“通信”窗口设置，选择网络接口卡，设置 MAC 地址、IP 地址、子网掩码等，并可以通过闪烁指示灯显示，如图 2-26 所示。

同时，在 MCGS 组态软件的“设备窗口”中打开“设备工具箱”，单击“设备管理”，进入“设备管理”窗口，增加“西门子 _Smart200”设备。双击“西门子 _Smart200”，将“西门子 _Smart200”添加至设备窗口，如图 2-27 所示。

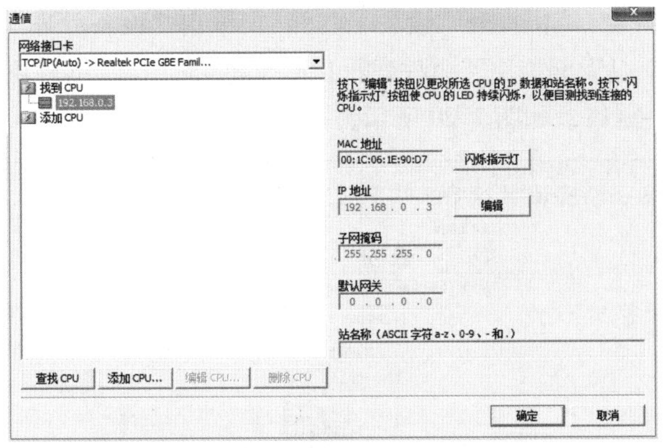

图 2-26　SMART PLC IP 地址设置

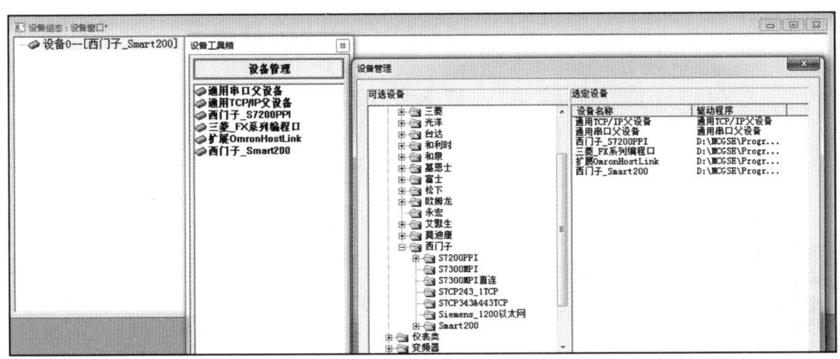

图 2-27　添加"西门子 _Smart200"设备

双击"西门子 _Smart200"，进入图 2-25 所示的"设备编辑窗口"，输入本地 IP 地址与远端 IP 地址。本地 IP 地址，也就是触摸屏的地址，需要在触摸屏的参数设置里设置；远端 IP 地址就是触摸屏要连接的 Smart200 的地址。

二、S7-300与MCGS的连接

首先在 S7-300 的"硬件属性"窗口，双击 PN-IO，打开属性窗口，再单击点开接口的"属性"按钮，进入 Ethernet 接口的属性窗口，可以设置 S7-300 的 IP 地址，如图 2-28 所示。

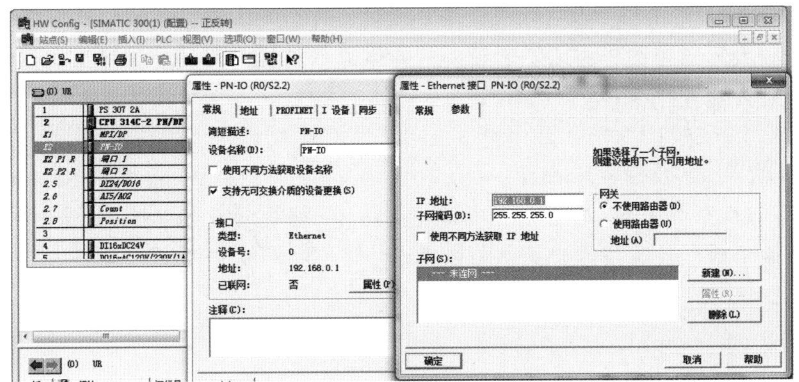

图 2-28　S7-300 IP 地址设置

在 MCGS 的“设备窗口”，打开“设备工具箱”，单击“设备管理”，进入设备管理窗口，增加“西门子 CP443-1 以太网模块”。双击西门子“CP443-1 以太网模块”，将西门子 CP443-1 以太网模块添加至设备窗口，如图 2-29 所示。

图 2-29　添加西门子 CP443-1 以太网模块

双击“西门子 CP443-1 以太网模块”，进入图 2-25 所示的“设备编辑窗口”。在设备编辑窗口输入本地 IP 地址与远端 IP 地址。

知识、技术归纳

MCGS 触摸屏与不同西门子 PLC 的硬件通信连接，特别是工业以太网形式的连接，实现人机可视化交互。以太网通信关键技术在于设备的网络通信设置，满足局域网工作要求，一旦连接成功，编程调试就能简化很多。

工程创新素质培养

查阅 MCGS 人机系统手册，自己学习尝试元件制作，编写组态脚本程序，设计用户权限管理、生产统计、历史曲线、故障报警记录等功能界面。

任务三　认识传感器与智能仪表

任务目标

(1) 掌握热电偶与热电阻传感器的使用方法；

(2) 掌握欧姆龙 E5CC-RX2ASM-800 温度仪表的设置与使用方法；

(3) 掌握 NPN 型光电传感器与 PNP 型光电传感器的区别；

(4) 掌握编码器的使用。

要从外界获取信息，就必须借助于感觉器官，人有眼睛（视觉）、耳朵（听觉）、鼻子（嗅觉）、舌头（味觉）、皮肤（触觉）等。"五官"是用来获取生产活动中的大量信息，传感器是人类五官的延长，又称为"电五官"。

传感器能感受到被测量的信息，并能将检测感受到的信息，按一定规律变换成为电信号或其他所需形式的信息输出，以满足信息的传输、处理、存储、显示、记录和控制等要求，它是当今控制系统中实现自动化、系统化、智能化的首要环节。

子任务一　认识温度传感器

温度传感器是指能感受温度并转换成可用输出信号的传感器。它是温度测量仪表的核心部分，按测量方式可分为接触式和非接触式两大类；按照传感器材料及电子元件特性分为热电阻和热电偶两类。温度传感器有 4 种主要类型：热电偶、热敏电阻、电阻温度检测器（RTD）和 IC 温度传感器。

YL-158GA1 现代电气控制系统实训考核装置上应用了两种类型的温度传感器，一个是 K 型热电偶（见图 2-30），一个是 Pt100 热电阻，如图 2-31 所示。

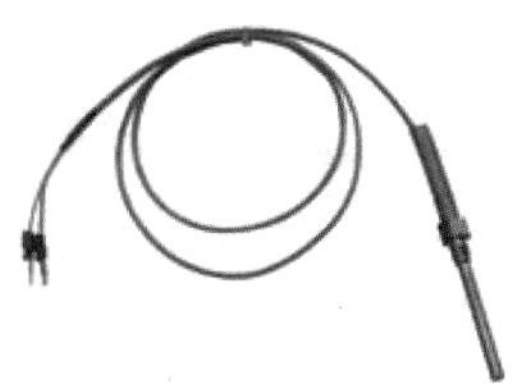

图 2-30　K 型热电偶

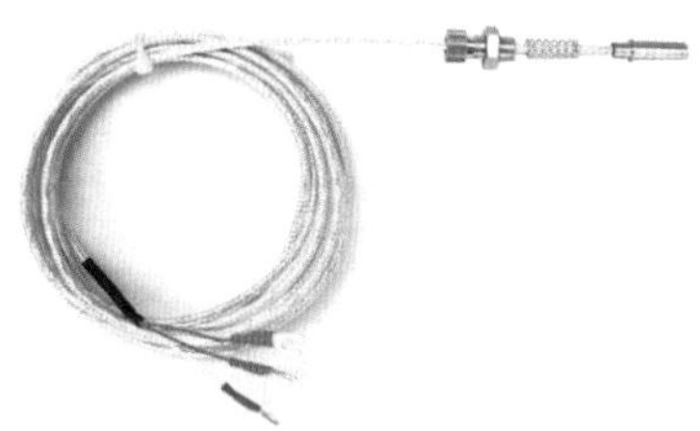

图 2-31　Pt100 热电阻

一、K型热电偶

热电偶是温度测量仪表中常用的测温元件，是由两种不同成分的导体两端接合成回路，当两接合点热电偶温度不同时，就会在回路内产生热电流。

热电偶是温度测量仪表中常用的测温元件，是一种一次仪表。它直接测量温度，并把温度信号转换成热电动势信号，通过电气仪表（二次仪表）转换成被测介质的温度。各种热电偶的外形常因需要而极不相同，但是它们的基本结构却大致相同，通常由热电极、绝缘套保护管和接线盒等主要部分组成，通常和显示仪表、记录仪表及电子调节器配套使用。

如图 2-32 所示，将两种不同材料的导体或半导体 A 和 B 焊接起来，构成一个闭合回路。当导体 A 和 B 的两个接合点 1 和 2 之间存在温差时，两者之间便产生电动势，因而在回路中形成热电动势，这种现象称为热电效应。热电偶就是利用这一效应来工作的。

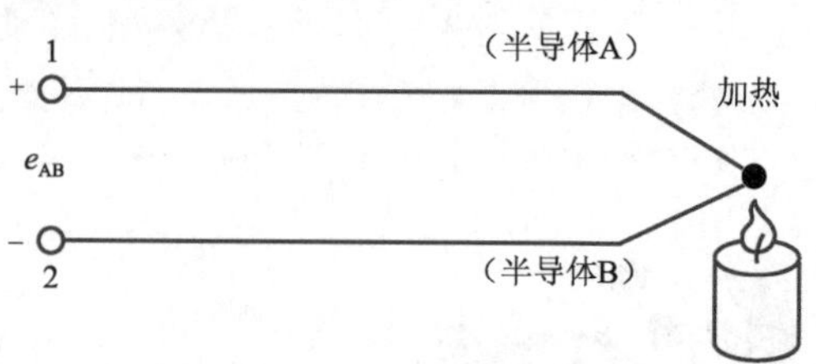

图 2-32　热电偶原理

常用热电偶可分为标准热电偶和非标准热电偶两大类。标准热电偶是指国家标准规定了其热电势与温度的关系、允许误差，并有统一的标准分度表的热电偶，它有与其配套的显示仪表可供选用。非标准化热电偶在使用范围或数量级上均不及标准化热电偶，一般也没有统一的分度表，主要用于某些特殊场合的测量。标准化热电偶和热电阻全部按 IEC 国际标准生产，并指定 S、B、E、K、R、J、T 七种标准化热电偶为我国统一设计型热电偶。

K 型热电偶，热电极材料正极是镍铬，负极是镍硅。测量温度范围是 0 ～ 1 300 ℃。

二、Pt100热电阻

热电阻是指利用金属或金属氧化物其电阻值更具温度变化而发生改变的特性，通过测量电阻从而测量温度的一种传感器，它也被称为 RTD（Resistance Temperature Detector，电阻温度探测器）。

按照电阻元件进行选择测温电阻体可大致分为以下 4 类，如表 2-10 所示。

表 2-10　测温电阻限定范围

测温类型	限定范围
铂热电阻	−200 ～ 660 ℃
铜热电阻	−50 ～ 150 ℃
镍热电阻	−50 ～ 300 ℃
镍钴热电阻	−272 ～ 27 ℃

由于 Pt100 温度影响下的电阻值变化较大，且稳定性和精度较高，因而被广泛用于工业测量，铂电阻大致可分为以下 3 类，如表 2-11 所示。

表 2-11　铂电阻指标

分度号	0℃时的电阻值 /Ω	电阻比率 =100℃时电阻值 /0℃时电阻值
Pt100	100	1.385 1
Pt10	10	1.385 1
JPt100	100	1.391 6

Pt100 是铂热电阻，它的阻值跟温度的变化成正比。Pt100 的阻值与温度变化关系为：当 Pt100 温度为 0℃时它的阻值为 100Ω，在 100 ℃时它的阻值约为 138.5Ω。它的工作原理：当 Pt100 在 0℃的时它的阻值为 100Ω，它的阻值会随着温度上升而成匀速增长。热电阻原理如图 2-33 所示。

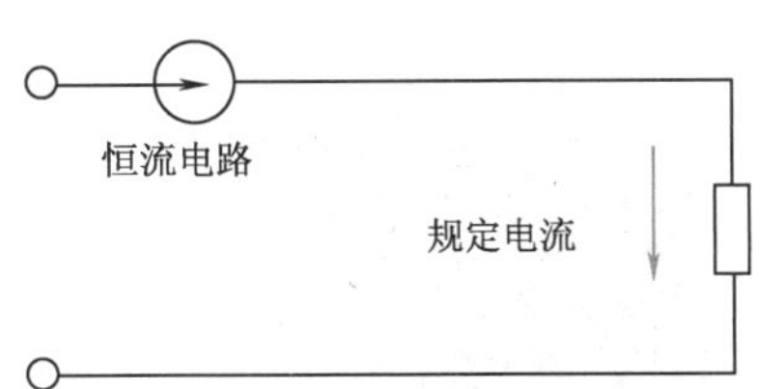

此处的电阻值根据温度发生变化。由于规定的电流固定不变，如果电阻值发生变化，则电阻两端的电压也随之变化。通过该电压的变化对温度进行测量

图 2-33　热电阻原理

注意连接至显示仪表的导线连接位置，请对显示仪表进行正确连线。如果连线错误，则显示错误温度。图 2-34 所示为将二线、三线、四线制热电偶连接至显示仪表的连线方法。

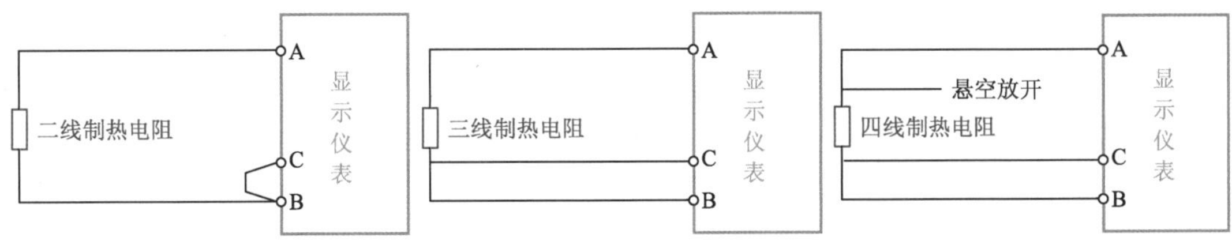

图 2-34　热电阻与显示仪表连接

其他热电阻的特性怎么样，如何选用？

铜热电阻：温度特性偏差小，价格便宜，但电阻率较小，体积上无法实现小型化，在高温下容易氧化，它的使用上限温度为180 ℃。
镍热电阻：电阻值变化较大，价格低廉，但在300 ℃左右存在临界点，因而其使用上限温度较低。
铂钴热电阻：用来测量极低温度。

子任务二　认识温度控制器

温度控制器（Thermostat），根据工作环境的温度变化，在开关内部发生物理形变，从而产生某些特殊效应，产生导通或者断开动作的一系列自动控制元件，或者电子原件在不同温度下，工作状态的不同原理来给电路提供温度数据，以供电路采集温度数据。

在 YL-158GA1 现代电气控制系统实训考核装置中，选用了欧姆龙 E5CC-RX2ASM-800 作为温度控制器。

一、E5CC-RX2ASM-800的含义

E5CC 表示欧姆龙温度控制器，RX 表示继电器 1 路输出(控制输出),2 表示 2 路继电器输出(辅助报警输出)，A 表示电源为 AC 100 ~ 240 V，S 表示螺钉式端子台，M 表示通用输入，800 表示无通信、无事件输入和无加热器断线、SSR 故障检测功能。欧姆龙 ESCC-RX2ASM-800 的外观如图 2-35 所示。

图 2-35　欧姆龙 E5CC-RX2ASM-800 的外观

二、E5CC的端子

E5CC的端子排分为控制输出、传感器输入、辅助输出、输入电源和选项 5 种，如图 2-36 所示。

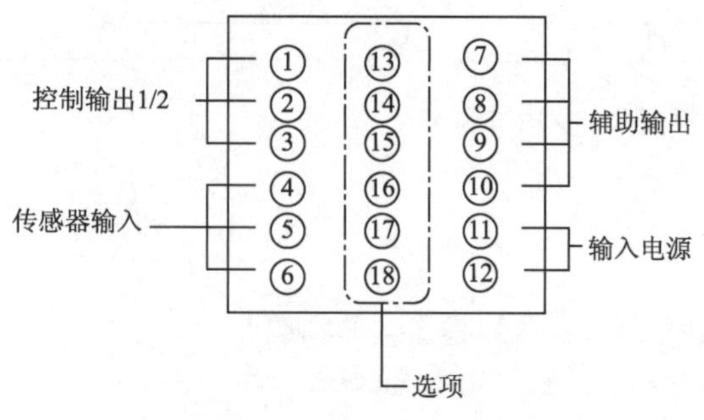

图 2-36　E5CC 端子排

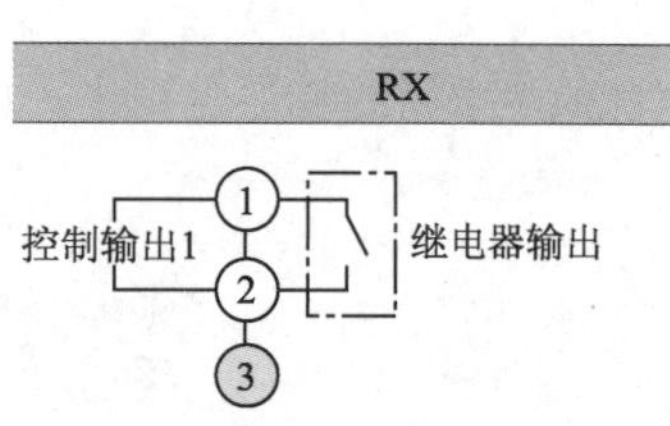

图 2-37　控制输出

根据负载特性，连接到①、②端子的继电器型输出，如图 2-37 所示。根据输入传感器的类型，连接到④、⑤、⑥端子上，如图 2-38 所示。超限后报警辅助输出，连接到⑦、⑧或⑨、⑩端子上，如图 2-39 所示。输入电源连接到⑪、⑫端子，电压范围是 100 ~ 240 V AC。

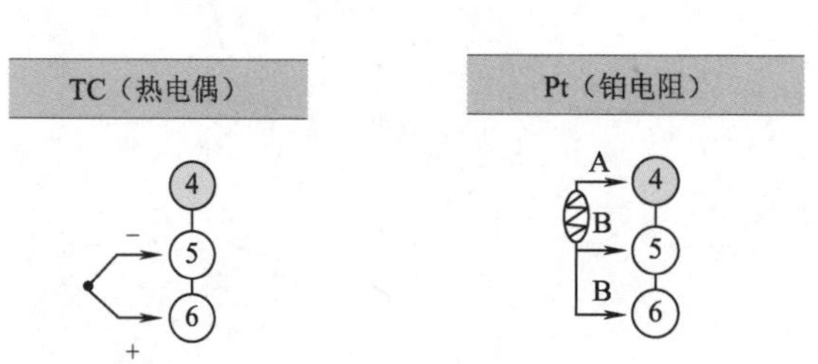

图 2-38　输入连接

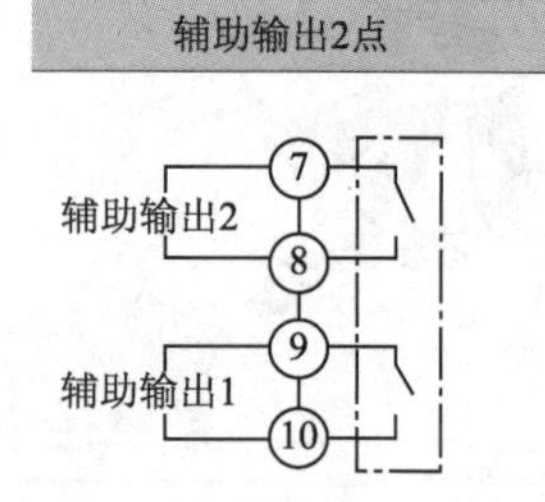

图 2-39　辅助（报警）输出

子任务三　认识电感接近开关

接近开关是一种无须与运动部件进行机械直接接触而可以操作的位置开关。当物体接近开关的感应面到动作距离时，不需要机械接触及施加任何压力即可使开关动作，从而驱动直流电器或给 PLC 提供控制指令。

在 YL-158GA1 现代电气控制系统实训考核装置中，选用了 3 个 OBM-D04NK 接近开关，

安装在与丝杠平行的导轨上，作为丝杠上滑块的位置检测，位置可以自行调整，如图 2-40 所示。

图 2-40　OBM-D04NK 接近开关的安装

OBM-D04NK 属于电感型，就是利用电涡流效应制成的有开关量输出的位置传感器，它由 LC 高频振荡器和放大处理电路组成，利用金属物体在接近这个能产生电磁场的振荡感应头时，使物体内部产生电涡流。这个电涡流反作用于接近开关，使接近开关振荡能力衰减，内部电路的参数发生变化，由此识别出有无金属物体接近，进而控制开关的通或断。这种接近开关所能检测的物体必须是金属物体，其工作原理图如 2-41 所示。

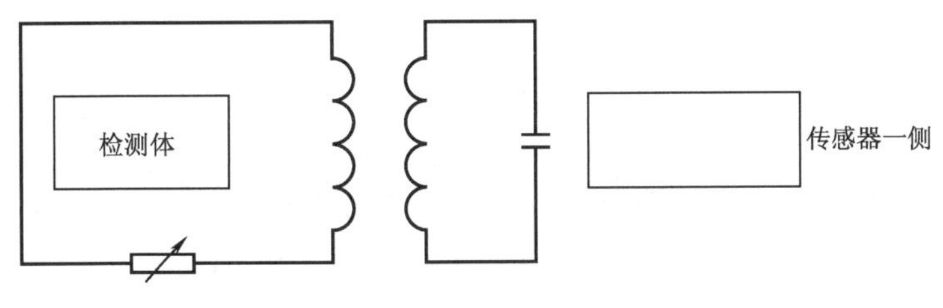

图 2-41　电感型接近开关的工作原理图

无论是哪一种接近传感器，在使用时都必须注意被检测物的材料、形状、尺寸、运动速度等因素，如图 2-42 所示。

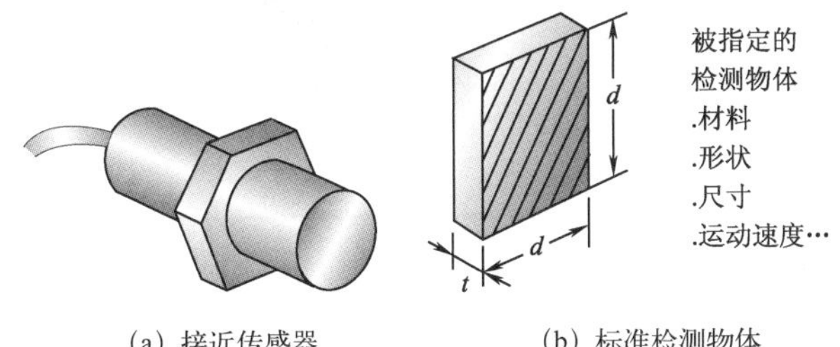

(a) 接近传感器　　(b) 标准检测物体

图 2-42　接近传感器与标准检测物

在传感器安装与选用中，必须认真考虑检测距离、设置距离，保证生产线上的传感器可靠动作。安装距离说明如图 2-43 所示。

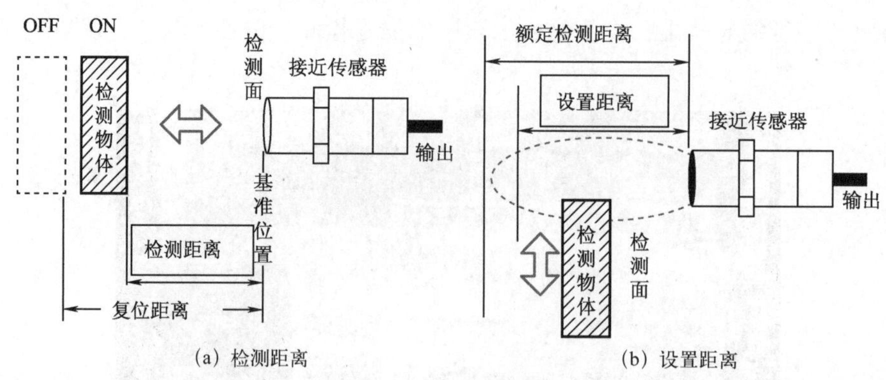

（a）检测距离　　（b）设置距离

图 2-43　安装距离说明

接近开关有两线制和三线制的区别，三线制接近开关又分为 NPN 型和 PNP 型，它们的接线是不同的。

两线制接近开关的接线比较简单，接近开关与负载串联后接到电源即可，如图 2-44 所示。

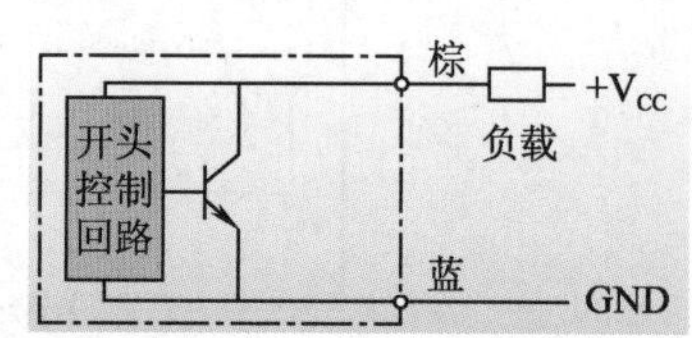

图 2-44　两线制接线

三线制接近开关的接线，棕线接电源正端 V_{CC}，蓝线接电源负端 GND，黑线为信号 Out，应接负载。对于 NPN 型接近开关，负载应接到电源正端 V_{cc}，如图 2-45（a）所示；对于 PNP 型接近开关，负载则应接到电源负端 GND，如图 2-45（b）所示。

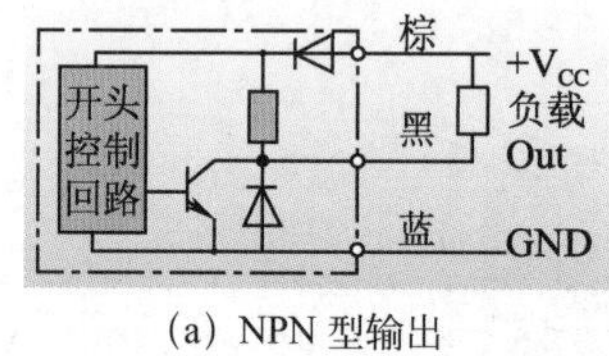

（a）NPN 型输出

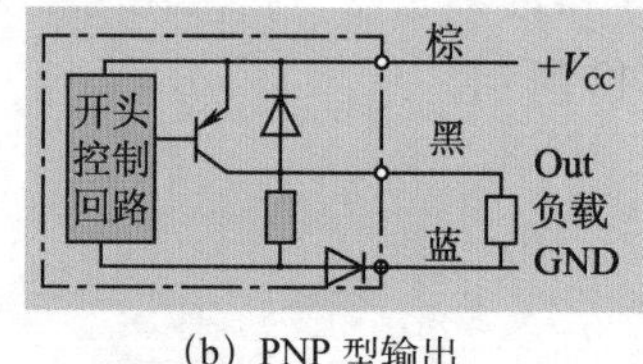

（b）PNP 型输出

图 2-45　三线制接线

本设备把接近开关接入 PLC 的数字量输入模块，需要考虑 PLC 数字量输入模块的类型：一类的公共输入端为电源 0 V，电流从输入模块流出，一定要选用 NPN 型接近开关；另一类的公共输入端为电源正端，电流流入输入模块，一定要选用 PNP 型接近开关。

S7-200 SMART CPU 和扩展模块上的数字量输入可以连接 NPN 型或 PNP 型接近开关，连接时只要相应地改变公共端子的接法。输入端子连接 NPN 型接近开关，公共端接正极；输入端子节 NPN 型接近开关，公共端接负极。

如何区分NPN和PNP两种接近开关呢？

简单，可用数字万用表的电阻挡测量，我来教你吧！

第一步：把万用表打到电阻挡。

第二步：用万用表的两个表笔分别测三线，如果电阻是无穷大的两根线，这两根线就是电源线，那么剩下的一根就是信号线了。

第三步：测量信号线与电源线正极，电阻小的是 PNP 型；测量信号线与电源线负极，电阻小的是 NPN 型。

在一些精度要求不是很高的场合，接近开关可以用来产品计数、测量转速，甚至是旋转位移的角度。但在一些要求较高的场合，往往用光电编码器来测量旋转位移或者间接测量直线位移。

子任务四　认识编码器

编码器（Encoder）是将信号（如比特流）或数据编制、转换为可用以通信、传输和存储形式的设备。编码器是把角位移或直线位移转换成电信号的一种装置。

编码器就像目前流行的智能运动手环，它能精确地定位记录行程，并能实时显示。在 YL-158GA1 现代电气控制系统实训考核装置中，选用了 POTARY ENCODER HTP4008-G-1000BM/12-24F，作为丝杠上滑块的精确定位，信号可以反馈给 PLC 高速计数器输入端，编码器外形及安装如图 2-46 所示。

（a）外形

（b）安装

图 2-46　编码器外形及安装

一般来说，根据旋转编码器产生脉冲的方式的不同，可以分为增量式、绝对式以及复合式三大类，它属于增量式旋转编码器。

光电增量式编码器，随转轴一起转动的脉冲码盘上有均匀刻制的光栅，在码盘上均匀地分布着若干个透光区段和遮光区段。增量式编码器没有固定的起始零点，输出的是与转角的增量成正比的脉冲，需要用计数器来计脉冲数。每转过一个透光区时，就发出一个脉冲信号，计数器当前值加 1，计数结果对应于转角的增量。旋转编码器的工作原理示意图如图 2-47 所示。

增量式编码器是直接利用光电转换原理输出三组方波脉冲 A、B 和 Z 相；A、B 两相脉冲相位差 90°，用于辨向：当 A 相脉冲超前 B 相时为正转方向，而当 B 相脉冲超前 A 相时则为反转方向。Z 相为每转一个脉冲，用于基准点定位，如图 2-48 所示。

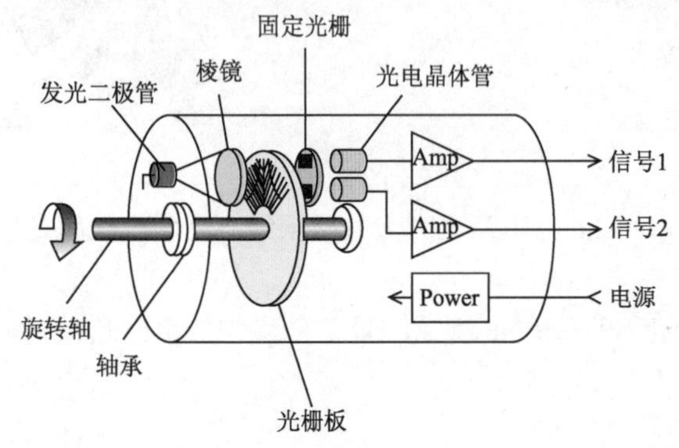

图 2-47 旋转编码器的工作原理示意图

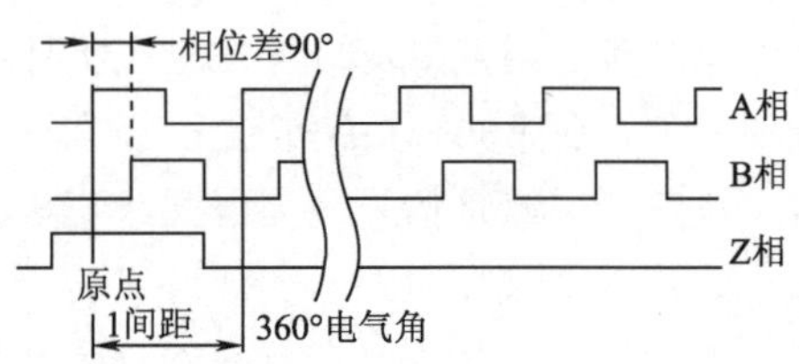

图 2-48 增量式编码器输出的三组方波信号

YL-158GA1 现代电气控制系统实训考核装置使用了这种具有 A、B 两相 90º 相位差的通用型旋转编码器，用于计算小车在丝杠上的位置。编码器直接连接到丝杆上。该旋转编码器的三相脉冲采用互补输出，输出脉冲为 1 000 P/r，工作电源为 DC 12 ～ 24 V。

如果需要在运行中用编码器来判断电动机正反转，正转和反转时两路脉冲的超前、滞后关系刚好相反。由图 2-49 可知，在 B 相脉冲的上升沿，正转和反转时 A 相脉冲的电平高低刚好相反，因此使用 AB 相编码器，PLC 可以很容易地识别出转轴旋转的方向。

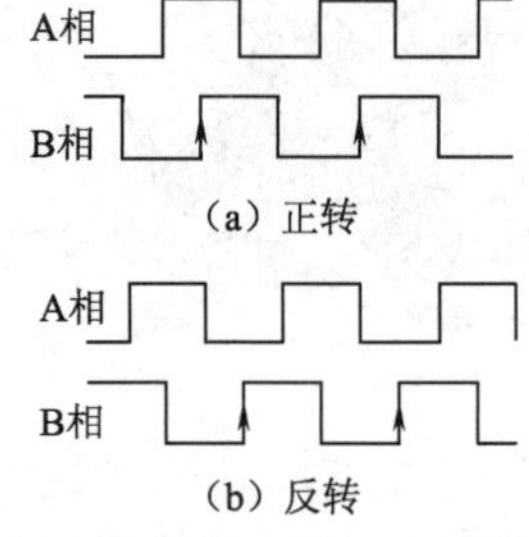

图 2-49 正反转时序

如需增加测量的精度，可以采用 4 倍频方式，即分别在 A、B 相波形的上升沿和下降沿计数，分辨率可以提高 4 倍，但是被测信号的最高频率相应降低。

同样，需要学会识读编码器型号，每位字母（或数字）的含义如图 2-50 所示。

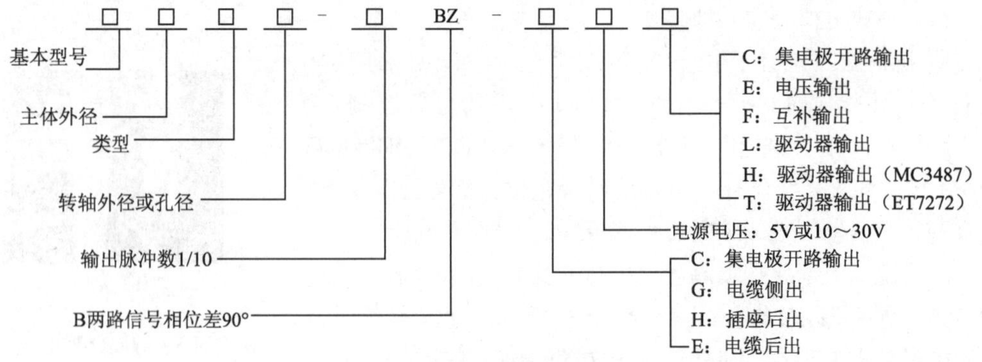

图 2-50 编码器型号含义

表 2-12 举例说明 3 种编码器型号的含义。

表 2-12　举例说明 3 种编码器型号的含义

类　型	型　号	参数含义
实心轴编码器	S38S6-1000BZ-G05E	主体外径 38 mm，轴径 6 mm，脉冲为 1 000 P/r，电缆侧出，输出电压时 5 V，电压输出
半空型编码器	WF38K-1000BZ-G24E	半空型，主体外径 38 mm，孔径 6 mm，脉冲为 1 000 p/r，电缆侧出，输出电压是 24 V，电压输出
全空型编码器	WZKT-D58H10-1024BZ-C10-30F	空心轴编码器，主体外径 58 mm，孔径 10 mm，脉冲为 1 024 p/r，电缆侧出，输出电压是 10 ~ 30 V，互补输出

知识、技术归纳

认识了温度传感器、温度控制、电感接近开关、编码器等检测控制元件，每种传感器的使用场合不同与要求不同，检测形式、安装方式、输出接口等电气特性都不同，它们能使系统运行更精确、更高效、更敏捷。

工程创新素质培养

查阅各类传感器的产品手册，清楚了解每种传感器的特点，在现代电气控制系统中根据行业、功能、指标要求选择使用传感器。

传感器将在我们的日常生活中扮演着越来越重要的角色，未来传感器会向着微型化、智能化、高灵敏度、多功能化、数据通用化和无线网络化等优良特性方向发展。目前已有智能传感器、纳米传感器、无线传感器网络、仿生传感器等，传感器这颗璀璨的明珠，必将放射出更加耀眼的光芒！

任务四　认识交直流调速

任务目标

(1) 掌握变频器的参数设置、接线与方法；

(2) 掌握步进电动机及驱动器参数设置、接线与应用；

(3) 掌握伺服电动机及驱动器参数设置、接线与应用。

炎热的酷暑，当你在家里享受着空调、电扇、冰箱带给你的清凉世界；宽广的道路，当你开着爱车享受着驰骋天地间的无尽快乐；工作的空闲，当你用微波炉热上一份可口的饭菜……是什么带给我们如此美好的生活？那就是目前在工业、民用产品中广泛应用的交直流调速技术。“变频器、步进驱动器、伺服驱动器”就是目前电气调速系统中应用最广泛的 3 种设备。

师傅，交直流调速技术应用如此广泛啊！

徒儿，交直流调速技术广泛应用于各行各业，你要好好学习。

子任务一　认识交流变频调速

一、认识交流异步电动机

YL-158GA1 现代电气控制系统实训考核装置上提供了四台三相交流异步电动机（见图 2-51），从左往右依次为两台三相交流异步电动机、一台已安装了速度继电器（离心开关）的三相交流异步电动机和一台双速电动机。

图 2-51　三相交流异步电动机

三相交流异步电动机是一种将电能转换为机械能的电力拖动装置。它主要由定子、转子和它们之间的气隙构成。通电后，会在铁芯中产生旋转磁场，通过电磁感应在转子绕组中产生感应电流，转子电流受到磁场的电磁力作用产生电磁转矩，并使转子旋转。三相交流异步电动机的外观和结构如图 2-52 所示。

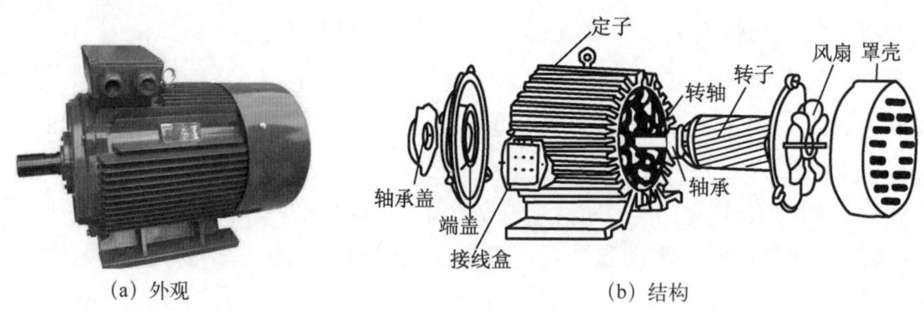

图 2-52　三相交流异步电动机的外观和结构

按三相交流异步电动机的转子结构形式可分为鼠笼式电动机和绕线式电动机。

按三相交流异步电动机的机壳防护形式（见图 2-53）可分为开启式——价格便宜，散热条件最好，由于转子和绕组暴露在空气中，只能用于干燥、灰尘很少又无腐蚀性和爆炸性气体的环境；防护式——通风散热条件也较好，可防止水滴、铁屑等外界杂物落入电动机内部，只适用于较干燥且灰尘不多又无腐蚀性和爆炸性气体的环境；封闭式——适用于潮湿、多尘、易受风雨侵蚀，有腐蚀性气体等较恶劣的工作环境，应用最普遍。

(a) 开启式

(b) 防护式

(c) 封闭式

图 2-53　按机壳防护形式分类的电动机的类型

按三相交流异步电动机的安装结构形式可分为卧式、立式、带底脚、带凸缘。

按三相交流异步电动机的机座号可分为小型电动机——0.6 kW，1 ～ 9 号机座；中型电动机——100 ～ 1 250 kW，11 ～ 15 号机座；大型电动机——1 250 kW 以上，15 号以上机座。

二、认识西门子MM420变频器

变频调速是改变电动机定子电源的频率，从而改变其同步转速的调速方法。变频调速系统的主要设备是提供变频电源的变频器，变频器可分成交 - 直 - 交变频器和交 - 交变频器两大类，目前国内大都使用交 - 直 - 交变频器。

西门子通用变频器常见型号有 MM440、MM430、MM420、G120C 等。

本设备选用的是西门子 MM420 变频器，它由微处理器控制，并采用具有现代先进技术水平的绝缘栅双极型晶体管（IGBT）作为功率输出器件，它们具有很高的运行可靠性和功能的多样性。脉冲宽度调制的开关频率是可选的，降低了电动机运行的噪声。

1. MM420变频器的外部端子

MM420 变频器的三相电源连接 L1、L2、L3，与电动机 U、V、W 连接，注意接地，主电路接线如图 2-54 所示。

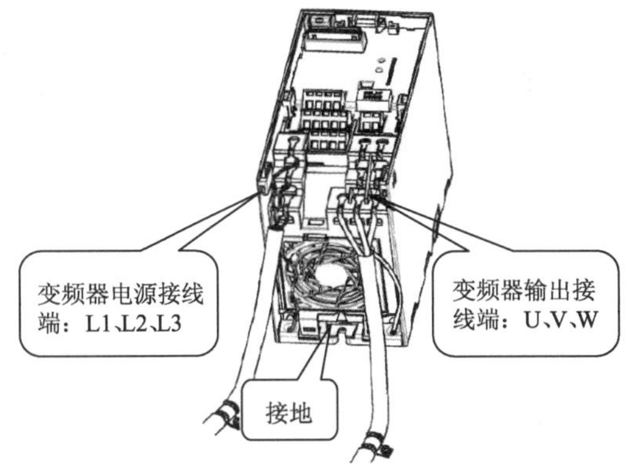

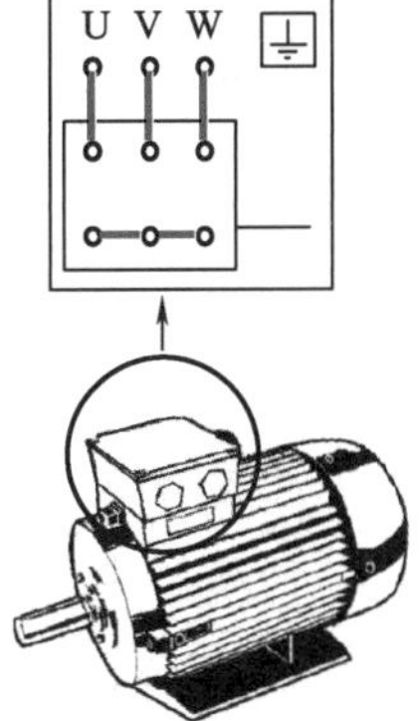

图 2-54　MM420 主电路接线

MM420 变频器的接线端子及功能如图 2-55 所示。同时带有人机交互接口基本操作板（BOP），其核心部件为 CPU 单元，根据设置的参数，经过运算输出控制正弦波信号，经过

SPWM 调制，放大输出三相交流电压，驱动三相交流电动机运转。

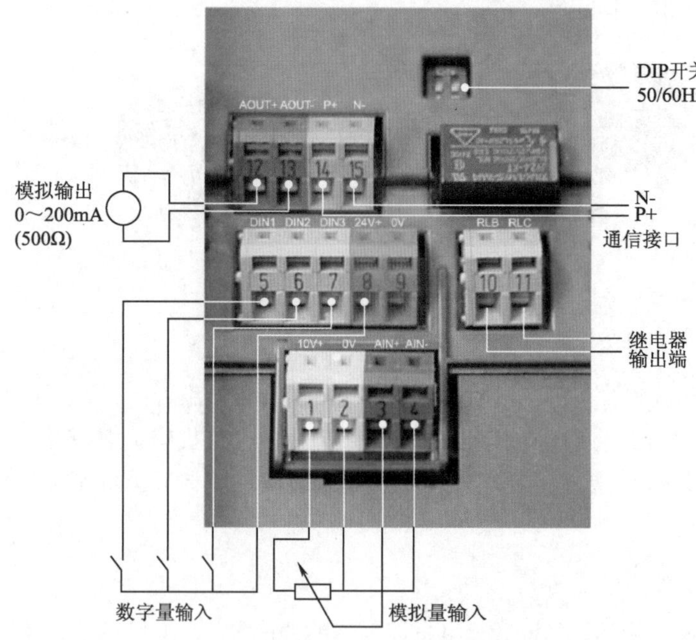

1：+10 V 直流电压输出
2：0 V（即 10V 直流电压的地）
3：模拟量输入的正电压接线端
4：模拟量输入的负电压接线端
5、6、7：数字量（开关量）输入接线端
8：+24 V 直流电压输出
9：0 V（即 24 V 直流电压的地）
10、11：开关量输出接线端
12、13：模拟量输出接线端
14、15：RS-485 串行通信接口

图 2-55　MM420 接线端子及功能

2. MM420操作面板（BOP）

MM420 变频器是一个智能化的数字式变频器，有 3 种操作面板（见图 2-56），本设备 MM420 变频器是在基本操作板（BOP）上可以进行参数设置。

图 2-56（b）为基本操作面板（BOP）的外形。利用 BOP 可以改变变频器的各个参数。BOP 具有七段显示的五位数字，可以显示参数的序号和数值、报警和故障信息，以及设置值的实际值。

（a）SDP 状态显示面板

（b）BOP 基本操作面板

（c）ADP 高级操作面板

图 2-56　MM420 操作面板

基本操作面板（BOP）上的按钮及其功能如表 2-13 所示。

表 2-13　BOP 上的按钮及其功能

显示 / 按钮	功　能	功能的说明
F(t) r0000 HZ	状态显示	LCD 显示变频器当前的设置值

续表

显示 / 按钮	功　能	功能的说明
I	启动变频器	按此键启动变频器。默认值运行时此键是被封锁的。为了使此键的操作有效，应设置 P0700=1
0	停止变频器	OFF1：按此键，变频器将按选定的斜坡下降速率减速停车，默认值运行时此键被封锁；为了允许此键操作，应设置 P0700=1。 OFF2：按此键两次（或一次，但时间较长）电动机将在惯性作用下自由停车。此功能总是“使能”的
	改变电动机的转动方向	按此键可以改变电动机的转动方向，电动机反向转动时，用负号表示或用闪烁的小数点表示。默认值运行时此键是被封锁的，为了使此键的操作有效应设置 P0700=1
jog	电动机点动	在变频器无输出的情况下按此键，将使电动机启动，并按预设置的点动频率运行。释放此键时，变频器停车。如果变频器 / 电动机正在运行，按此键将不起作用
Fn	浏览辅助信息	变频器运行过程中，在显示任何一个参数时按下此键并保持不动 2 s，将显示以下参数值（在变频器运行中从任何一个参数开始）： （1）直流回路电压（用 d 表示，单位：V）； （2）输出电流（A）； （3）输出频率（Hz）； （4）输出电压（V）； （5）由 P0005 选定的数值（如果 P0005 选择显示上述参数中的任何一个(3,4 或 5),这里将不再显示)。连续多次按下此键将轮流显示以上参数。 在显示任何一个参数（r×××× 或 P××××）时短时间按下此键，将立即跳转到 r0000，如果需要，可以接着修改其他参数。跳转到 r0000 后，按此键将返回原来的显示点
P	访问参数	按此键即可访问参数
	增加数值	按此键即可增加面板上显示的参数数值
	减少数值	按此键即可减少面板上显示的参数数值

3. MM420变频器参数设置实例（以修改P0004为例）

用 BOP 可以修改和设置系统参数，使变频器具有期望的特性。更改参数的数值的步骤可大致归纳为：(1) 查找所选定的参数号；(2) 进入参数值访问级，修改参数值；(3) 确认并存储修改好的参数值。具体步骤如表 2-14 所示。

表 2-14　修改 P0004 参数值的步骤

操 作 步 骤	显 示 结 果
(1) 按P访问参数	r0000
(2) 按▲键，直到显示 P0004	P0004
(3) 按P进入参数数值访问级	0
(4) 按▲或▼达到所需要的数值	3
(5) 按P确认并存储参数的数值	P0004
(6) 使用者只能看到命令参数	

子任务二　认识步进电动机及驱动器

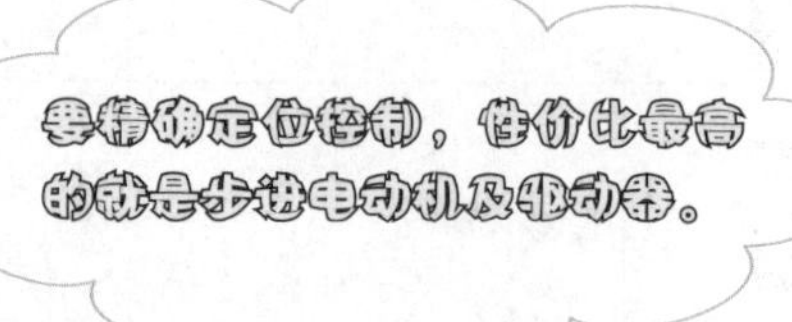

YL-158GA1 现代电气控制系统实训考核装置上提供了 Kinco（步科）三相步进电动机 3S57Q-04079 和步科驱动器 3M458。

一、步进电动机

步进电动机是将电脉冲信号转变为角位移或线位移的开环控制元件。在非超载的情况下，电动机的转速、停止的位置只取决于脉冲信号的频率和脉冲数，而不受负载变化的影响，即给电动机加一个脉冲信号，电动机则转过一个步距角。这一线性关系的存在，加上步进电动机只有周期性的误差而无累积误差等特点，使得在速度、位置等控制领域用步进电动机来控制变得非常的简单。图 2-57 所示为常见步进电动机外形图。

图 2-57　常见步进电动机外形图

步进电动机主要由两部分构成（见图 2-58）：定子和转子，它们均由磁性材料构成。定子、转子铁芯由软磁材料或硅钢片叠成凸极结构，定子、转子磁极上均有小齿，定子、转子的齿数相等。其中定子有 6 个磁极，定子磁极上套有星形连接的三相控制绕组，每两个相对的磁极为一相，组成一相控制绕组，转子上没有绕组。转子上相邻两齿间的夹角称为齿距角。

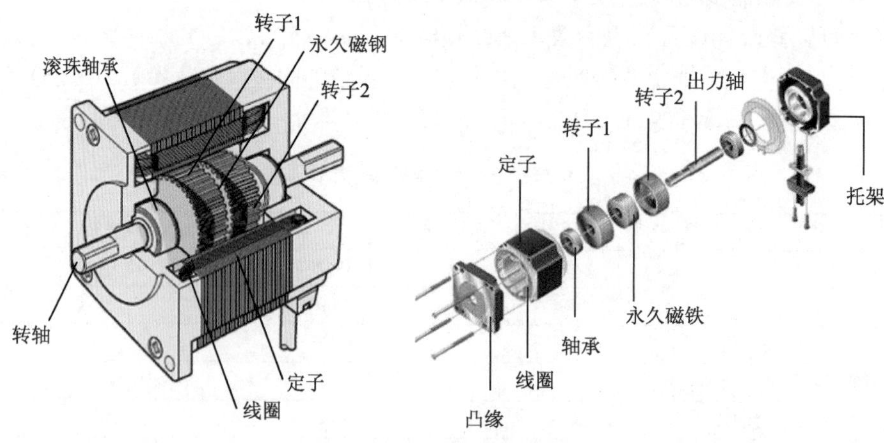

图 2-58　步进电动机结构

选用的步科三相步进电动机 3S57Q-04079，它的步距角在整步方式下为 1.8°，半步方式下为 0.9°。3S57Q-04079 部分技术参数如表 2-15 所示。

表 2-15　3S57Q-04079 部分技术参数

参 数 名 称	步距角（°）	相电流 /A	保持扭矩 /（N·m）	阻尼扭矩 /（N·m）	电动机惯量 /（kg.cm²）
参数值	1.8	5.8A	1.0	0.04	0.3

不同的步进电动机的接线有所不同，3S57Q-04079 接线图如图 2-59 所示，3 个相绕组的 6 根引出线，必须按头尾相连的原则连接成三角形。改变绕组的通电顺序就能改变步进电动机的转动方向。

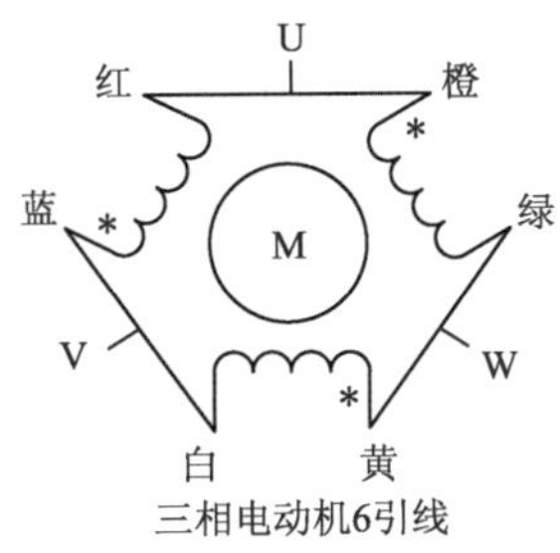

线 色	电动机信号
红色	U
橙色	
蓝色	V
白色	
黄色	W
绿色	

图 2-59　3S57Q-04079 接线图

二、步进电动机驱动器

步进电动机不能直接接到工频交流或直流电源上工作，而必须使用专用的步进电动机驱动器，它由脉冲发生控制单元、功率驱动单元、保护单元等组成。驱动单元与步进电动机直接耦合，也可理解成步进电动机微机控制器的功率接口。驱动器和步进电动机是一个有机的整体，步进电动机的运行性能是电动机及其驱动器二者配合所反映的综合效果。系统组成如图 2-60 所示，图 2-61 所示为常见步进驱动器实物。

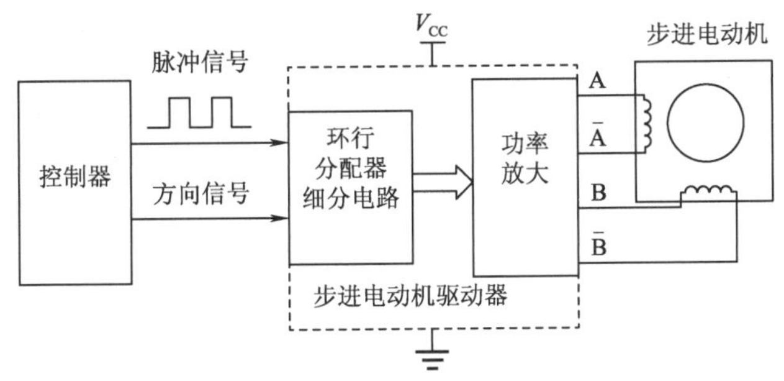

图 2-60　步进电动机驱动系统

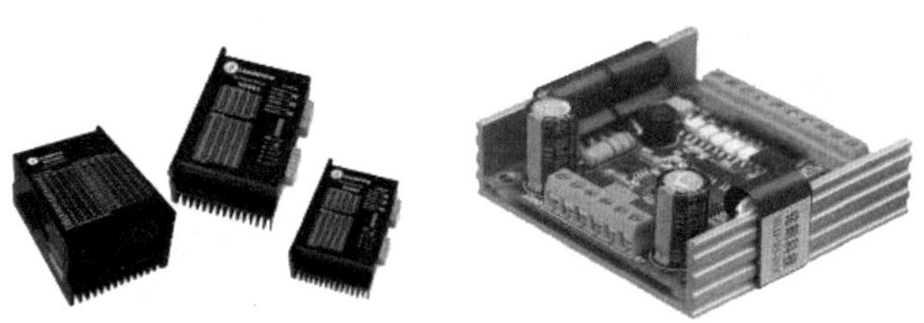

图 2-61　常见步进驱动器实物

驱动要求：

（1）能够提供较快的电流上升和下降速度，使电流波形尽量接近矩形。具有供截止期间释放电流流通的回路，以降低绕组两端的反电动势，加快电流衰减。

（2）具有较高功率及效率。

步进电动机的相数是指电动机内部的线圈组数，目前常用的有二相、三相、四相、五相步进电动机。电动机相数不同，其步距角也不同，一般二相电动机的步距角为 1.8°、三相为 1.5°、五相为 0.72°。在没有细分驱动器时，用户主要靠选择不同相数的步进电动机来满足步距角的要求。如果使用细分驱动器，则相数将变得没有意义，用户只需在驱动器上改变细分数，就可以改变步距角。

图 2-62 所示步科 3M458 驱动器引脚中，PLS-、PLS+ 为脉冲信号，脉冲的数量、频率与步进电动机的位移、速度成比例，DIR-、DIR+ 为方向信号，它的高低电平决定电动机的旋转方向。FREE-、FREE+ 为脱机信号，一旦这个信号为 ON，驱动器将断开输入到步进电动机的电源回路。V+ 和 GND 接 24 V 直流电源供电。U、V、W 连接到步进电动机输入电源。

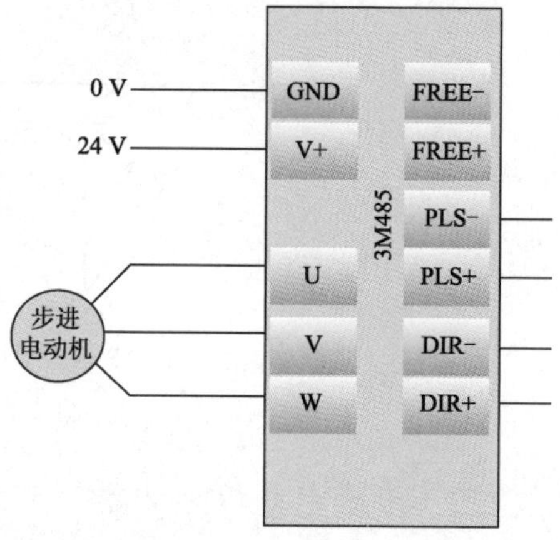

图 2-62　步科 3M458 驱动器引脚

在 3M458 驱动器的侧面连接端子中间有一个红色的 8 位 DIP 功能设置开关，可以用来设置驱动器的工作方式和工作参数，包括细分设置、静态电流设置和运行电流设置。图 2-63 所示为该 DIP 开关功能划分说明。

DIP开关的正视图

ON 1 2 3 4 5 6 7 8

开关序号	ON 功能	OFF 功能
DIP1~DIP3	细分设置用	细分设置用
DIP4	静态电流全流	静态电流半流
DIP5~DIP8	电流设置用	电流设置用

图 2-63　3M458 DIP 开关功能划分说明

子任务三　认识伺服电动机及驱动器

20 世纪 80 年代以来，随着集成电路、电力电子技术和交流可变速驱动技术的发展，永磁交流伺服驱动技术有了突出的发展，交流伺服系统已成为当代高性能伺服系统的主要发展方向。

当前，高性能的电伺服系统大多采用永磁同步型交流伺服电动机，控制驱动器多采用快速、准确定位的全数字位置伺服系统。典型生产厂家如德国西门子、美国科尔摩根和日本及安川等公司。YL-158GA1 现代电气控制系统实训考核装置上提供了台达 ASD-B2 系列伺服电动机及驱动器。

伺服电动机功能好强，下面我们就学习其内容。

一、伺服电动机

伺服电动机是指在伺服系统中控制机械元件运转的发动机，是一种补助马达间接变速装置。伺服电动机可使控制速度、位置精度非常准确，可以将电压信号转化为转矩和转速以驱动控制对象。伺服电动机转子转速受输入信号控制，并能快速反应，在自动控制系统中，用作执行元件，且具有机电时间常数小、线性度高、始动电压等特性，可把所收到的电信号转换成电动机轴上的角位移或角速度输出。伺服电动机分为直流和交流两大类，其主要特点是，当信号电压为零时无自转现象，转速随着转矩的增加而匀速下降。伺服电动机实物如图 2-64 所示。

图 2-64　伺服电动机实物图

1. 伺服电动机的使用

伺服电动机的主要外部部件有连接电源电缆、内置编码器、编码器电缆等。其中，编码器电缆和电源电缆为选件，内置编码器的伺服电动机如图 2-65 所示。

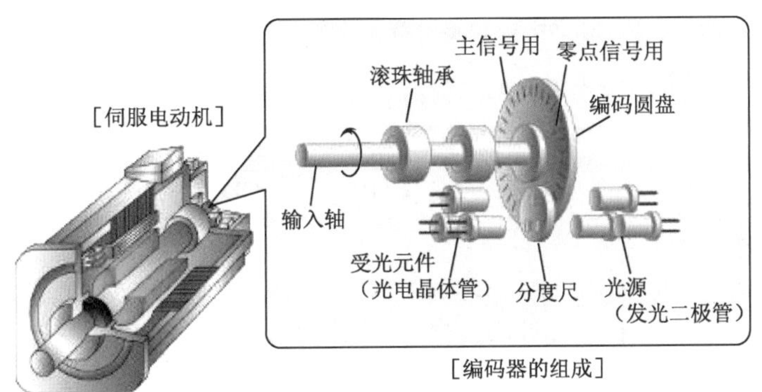

图 2-65　内置编码器的伺服电动机

对于带电磁制动的伺服电动机，单独需要电磁制动电缆，电缆部件如图 2-66 所示。

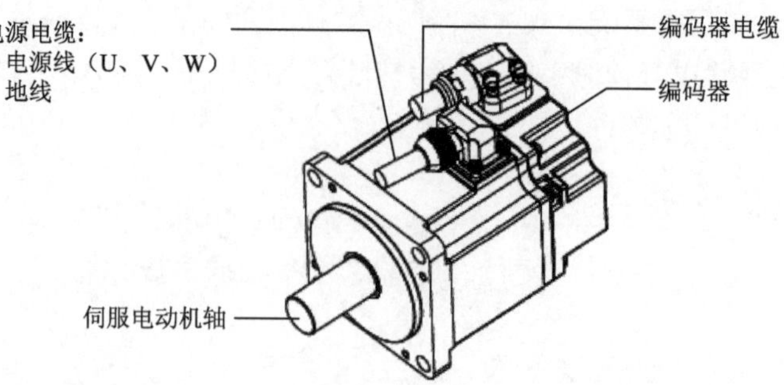

图 2-66　伺服电动机部件图

在使用伺服电动机时，需要先计算一些关键的电动机参数，如位置分辨率、电子齿轮、速度和指令脉冲频率等，以此为依据进行后面伺服驱动器的参数设置。

2．位置分辨率和电子齿轮计算

位置分辨率（每个脉冲的行程 ΔL）取决于伺服电动机每转的行程 ΔS 和编码器反馈脉冲数目 P_t，如式（2-1）所示，反馈脉冲数目取决于伺服电动机系列。

$$\Delta L=\frac{\Delta S}{P_t} \tag{2-1}$$

式中：ΔL——每个脉冲的行程（mm/p）；

ΔS——伺服电动机每转的行程（mm/r）；

P_t——反馈脉冲数目（p/r）。

当驱动系统和编码器确定之后在控制系统中 ΔL 为固定值。但是，每个指令脉冲的行程可以根据需要利用参数进行设置。

如图 2-67 所示，指令脉冲乘以参数中设置的 CMX/CDV 则为位置控制脉冲。

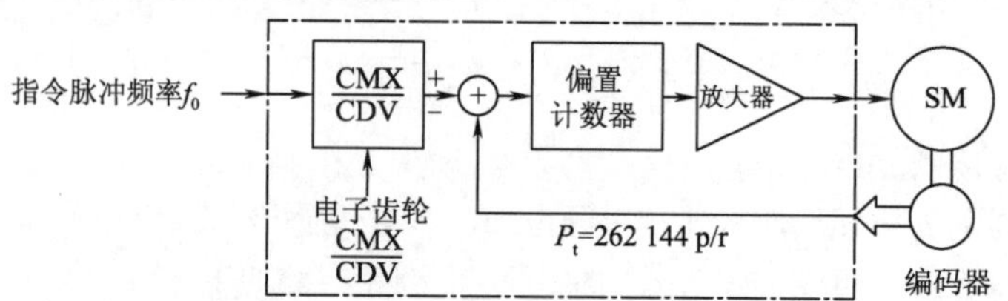

图 2-67　位置分辨率和电子齿轮关系图

每个指令脉冲的行程值用式（2-2）计算。

$$\Delta L_0=\frac{P_t}{\Delta S}\cdot\frac{\text{CMX}}{\text{CDV}}=\Delta L\cdot\frac{\text{CMX}}{\text{CDV}} \tag{2-2}$$

式中：CMX——电子齿轮（指令脉冲乘数分子）；

CDV——电子齿轮（指令脉冲乘数分母）。

利用上述关系式，每个指令脉冲的行程可以设置为整数值。

3．速度和指令脉冲频率计算

伺服电动机以指令脉冲和反馈脉冲相等时的速度运行。因此，指令脉冲频率和反馈脉冲频率相等，电子齿轮比与反馈脉冲的关系如图 2-68 所示。

参数设置（CMX，CDV）的关系如下：

$$f_0 \cdot \frac{\text{CMX}}{\text{CDV}} = P_t \cdot \frac{N_0}{60} \qquad (2-3)$$

式中：f_0——指令脉冲频率（采用差动线性驱动器时）(p/s)；

N_0——伺服电动机速度 [r/min]；

P_t——反馈脉冲数目 [p/r](P_t=262144，HF-KP)。

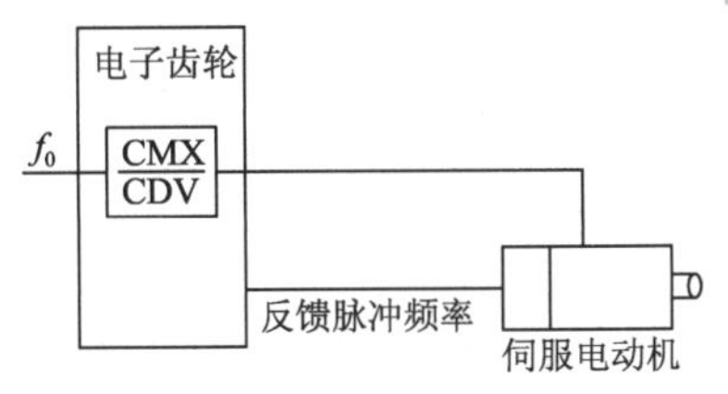

图 2-68　电子齿轮比与反馈脉冲的关系

根据式 2-3，可以推导得出伺服电动机的电子齿轮和指令脉冲频率的计算公式，使伺服电动机旋转。

二、伺服驱动器

1．认识伺服驱动器

伺服驱动器又称“伺服控制器”“伺服放大器”，是用来控制伺服电动机的一种控制器，其作用类似于变频器作用于普通交流电动机，属于伺服系统的一部分，主要应用于高精度的定位系统。伺服驱动器一般通过位置、速度和力矩 3 种方式对伺服电动机进行控制，实现高精度的传动系统定位，目前是传动技术的高端产品。

交流永磁同步伺服驱动器主要由伺服控制单元、功率驱动单元、通信接口单元、伺服电动机及相应的反馈检测器件组成，其控制器系统结构框图如图 2-69 所示。其中，伺服控制单元包括位置控制器、速度控制器、转矩和电流控制器等。

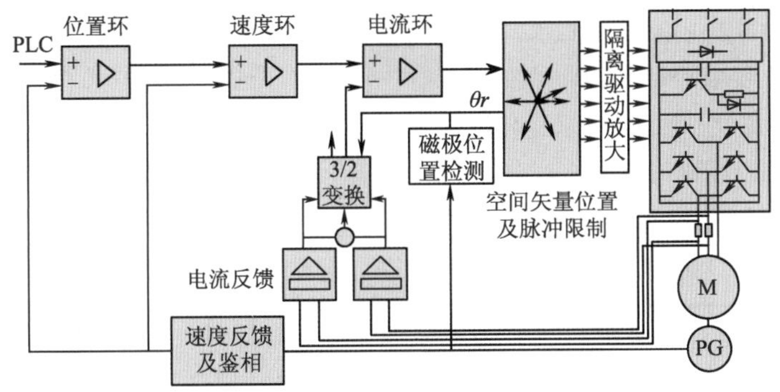

图 2-69　伺服驱动器控制器系统结构框图

伺服电动机一般为 3 个闭环负反馈 PID 调节系统，最内侧是电流环，第 2 环是速度环，最外侧是位置环，各环的功能如表 2-16 所示。

表 2-16　3 个闭环调节系统功能

电 流 环	速 度 环	位 置 环
在伺服驱动系统内部进行，通过霍尔装置检测驱动器给电动机的各相的输出电流，负反馈给电流的设置进行 PID 调节，从而达到输出电流尽量接近等于设置电流。电流环是控制电动机转矩的，所以在转矩模式下驱动器的运算最小，动态响应最快	通过检测伺服电动机编码器的信号来进行负反馈 PID 调节，它的环内 PID 输出直接就是电流环的设置，所以速度环控制时就包含了速度环和电流环，所以电流环是控制的根本。在速度和位置控制的同事系统实际也在进行电流（转矩）的控制，以达到对速度和位置的响应控制	在驱动器和伺服电动机编码器之间构建，也可以在外部控制器和电动机编码器或最终负载之间构建，要根据实际情况来定。由于位置控制环内部输出就是速度环的设置，位置控制模式下系统进行所有 3 个环的运算，此时系统运算量最大，动态响应速度也最慢

一般伺服都有 3 种控制方式：转矩控制方式、位置控制方式、速度控制方式。

速度控制和转矩控制都是用模拟量来控制的。位置控制是通过发脉冲来控制的。如果对电动机的速度、位置都没有要求，只要输出一个恒转矩，当然是用转矩控制方式。如果对位置和速度有一定的精度要求，而对实时转矩不是很关心，用转矩控制方式不太方便，用速度或位置控制方式比较好。如果上位控制器有比较好的闭环控制功能，用速度控制方式效果会好一点。如果本身要求不是很高，或者基本没有实时性的要求，用位置控制方式。就伺服驱动器的响应速度来看，转矩控制方式运算量最小，驱动器对控制信号的响应最快；位置控制方式运算量最大，驱动器对控制信号的响应最慢。

（1）转矩控制方式：转矩控制方式是通过外部模拟量的输入或直接的地址的赋值来设置电动机轴对外的输出转矩的大小，具体表现为（例如 10 V 对应 5 N · m），当外部模拟量设置为 5 V 时电动机轴输出为 2.5 N · m，如果电动机轴负载低于 2.5 N · m 时电动机正转，外部负载等于 2.5 N · m 时电动机不转，大于 2.5 N · m 时电动机反转（通常在有重力负载情况下产生）。可以通过即时改变模拟量的设置来改变设置的力矩大小，也可通过通信方式改变对应的地址的数值来实现。应用主要在对材质的受力有严格要求的缠绕和放卷的装置中，例如绕线装置或拉光纤设备，转矩的设置要根据缠绕的半径的变化随时更改以确保材质的受力不会随着缠绕半径的变化而改变。

（2）位置控制方式：位置控制模式一般是通过外部输入的脉冲的频率来确定转动速度的大小，通过脉冲的个数来确定转动的角度，也有些伺服可以通过通信方式直接对速度和位移进行赋值。由于位置控制方式可以对速度和位置都有很严格的控制，所以一般应用于定位装置。应用领域如数控机床、印刷机械等。

（3）速度控制方式：通过模拟量的输入或脉冲的频率都可以进行转动速度的控制，在有上位控制装置的外环 PID 控制时速度模式也可以进行定位，但必须把电动机的位置信号或直接负载的位置信号给上位反馈以做运算用。速度控制方式也支持直接负载外环检测位置信号，此时的电动机轴端的编码器只检测电动机转速，位置信号就由直接的最终负载端的检测装置来提供，这样的优点在于可以减少中间传动过程中的误差，增加了整个系统的定位精度。

2．认识台达伺服驱动器

（1）伺服驱动器面板与接口。现在使用的台达 ASD-B2 伺服驱动器属于进阶泛用型，内置泛用功能应用，减少机电整合的差异成本。除了可简化配线和操作设置，大幅提升电动机尺寸的对应性和产品特性的匹配度，可方便地替换其他品牌，且针对专用机提供了多样化的操作选择。其面板、接口名称与功能如图 2-70 所示。

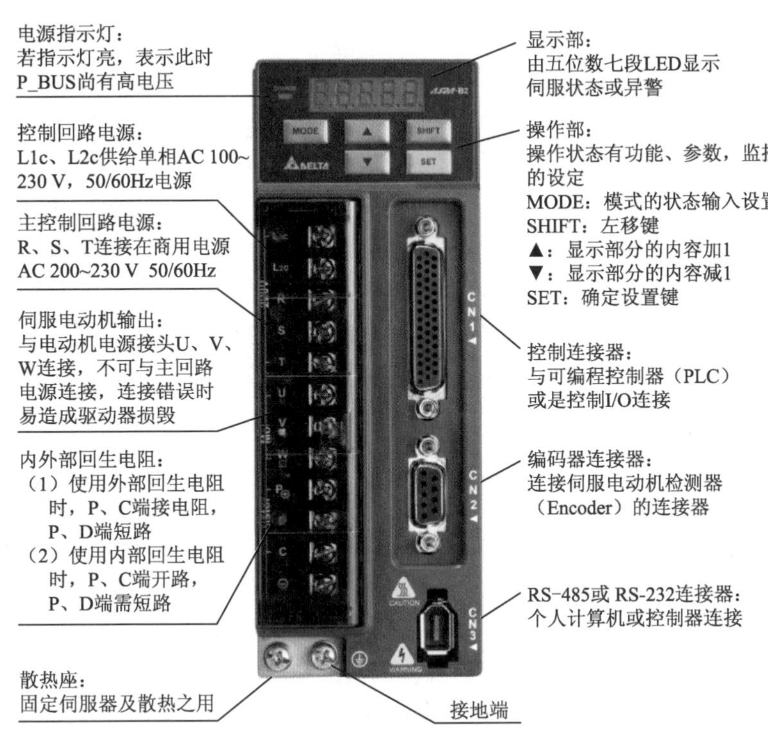

图 2-70　台达 ASD-B2 的面板、接口名称与功能

（2）操作面板说明。ASD-B2 伺服驱动器的参数共有 187 个，P0-××、P1-××、P2-××、P3-××、P4-×× 可以在驱动器的面板上进行设置，操作面板各部分名称如图 2-71 所示。

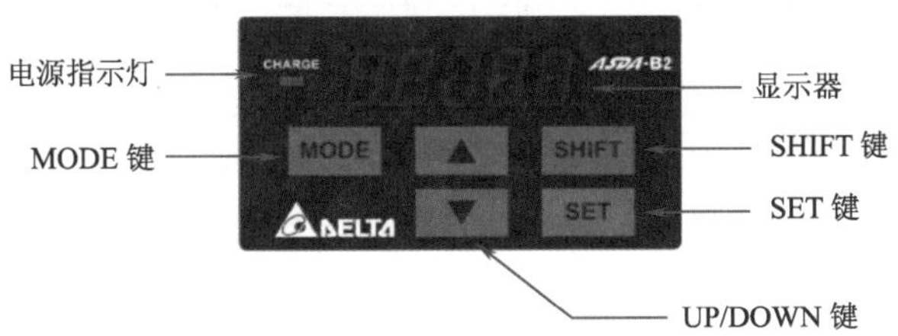

图 2-71　台达 ASD-B2 操作面板各部分名称

各个按钮的说明如表 2-17 所示。

表 2-17　台达 ASD-B2 操作面板各按钮功能

名　称	各部分功能
显示器	五位七段显示器用于显示监视值、参数值及设置值
电源指示灯	主电源回路电容量的充电显示
MODE 键	切换监视模式 / 参数模式 / 异警显示，在编辑模式时，按 MODE 键可跳出到参数模式
SHIFT 键	参数模式下可改变群组码。编辑模式下闪烁字符左移可用于修正较高的设置字符值。监视模式下可切换高 / 低位数显示
UP 键	变更监视码、参数码或设置值
DOWN 键	变更监视码、参数码或设置值
SET 键	显示及存储设置值。监视模式下可切换十 / 十六进制显示。在参数模式下，按 SET 键可进入编辑模式

（3）参数设置操作说明：

① 驱动器电源接通时，显示器会先持续显示监视变量符号约 1 s，然后才进入监控模式。

② 按 MODE 键可切换参数模式—监视模式—异警模式，若无异警发生则略过异警模式。

③ 当有新的异警发生时，无论在何种模式都会马上切换到异警显示模式下，按 MODE 键可以切换到其他模式，如果连续 20 s 没有任何键被按下，则会自动切换回异警模式。

④ 在监视模式下，若按下 UP/DOWN 键可切换监视变量。此时监视变量符号会持续显示约 1 s。

⑤ 在参数模式下，按 SHIFT 键时可切换群组码，按 UP/DOWN 键可变更后两字符参数码。

⑥ 在参数模式下，按 SET 键，系统立即进入编辑设置模式。显示器同时会显示此参数对应的设置值，此时可利用 UP/DOWN 键修改参数值，或按 MODE 键脱离编辑设置模式并回到参数模式。

⑦ 在编辑设置模式下，可按 SHIFT 键使闪烁字符左移，再利用 UP/DOWN 键快速修正较高的设置字符值。

⑧ 设置值修正完毕后，按下 SET 键，即可进行参数存储或执行命令。

⑨ 完成参数设置后，显示器会显示结束代码 SAVED，并自动回复到参数模式。

（4）部分参数说明：在 YL-158GA1 上，伺服驱动装置工作于位置控制模式，S7-200 SMART ST30 的 Q0.0 输出脉冲作为伺服驱动器的位置指令，脉冲的数量决定伺服电动机的旋转位移，脉冲的频率决定了伺服电动机的旋转速度。S7-200 SMART ST30 的 Q0.2 输出信号作为伺服驱动器的方向指令。对于控制要求较为简单，伺服驱动器可采用自动增益调整模式。根据上述要求，台达 ADS-B2 伺服驱动器常用参数功能如表 2-18 所示。

表 2-18　台达 ASD-B2 伺服驱动器常用参数功能

序号	参　数		设置数值	功 能 含 义
	参 数 编 号	参 数 名 称		
1	P0-02	LED 初始状态	00	显示电动机反馈脉冲数
2	P1-00	外部脉冲列指令输入形式设置	2	脉冲列“+”符号
3	P1-01	控制模式及控制命令输入源设置	00	位置控制模式（相关代码 Pt）
4	P1-44	电子齿轮比分子（N）	1	指令脉冲输入比值设置： 指令脉冲输入 f_1 → $\boxed{\frac{N}{M}}$ → 位置指令 f_2　$f_2=f_1\times\frac{N}{M}$ 指令脉冲输入比值范围：$1/50<N/M<200$ 当 P1-44 分子 设置为“1”P1-45 分母设置为“1”时，脉冲数为 10 000。 $一周脉冲数=\frac{P1-44分子=1}{P1-45分母=1}\times 10\,000=10\,000$
5	P1-45	电子齿轮比分母（M）	1	
6	P2-00	位置控制比例增益	35	位置控制增益值加大时，可提升位置应答性及缩小位置控制误差量。但若设置太大时易产生振动及噪声
7	P2-02	位置控制前馈增益	5000	位置控制命令平滑变动时，增益值加大可改善位置跟随误差量。若位置控制命令不平滑变动时，降低增益值可降低机构的运转振动现象
8	P2-08	特殊参数输入	0	10：参数复位

3．伺服驱动器和伺服电动机的连接

下面以 ASD-B2 伺服驱动器与 ECMA-C20604RS 的连接作为示例（位置伺服、增量型），伺服驱动器外围主要器件的连接（见图 2-72），按照位置控制运行模式。

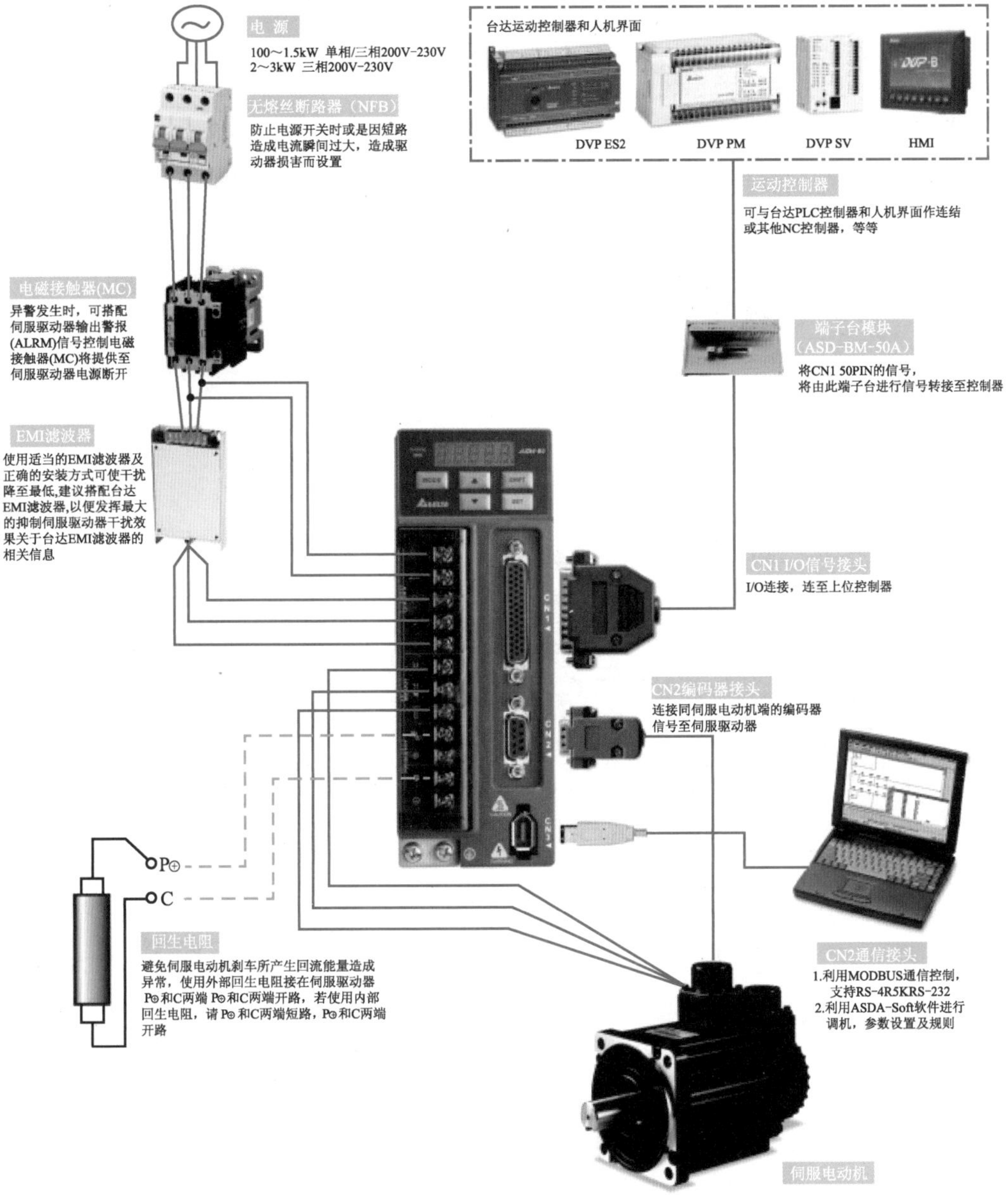

图 2-72　台达 ASD-B2 的连线图

① 伺服驱动器电源：其端子（R、S）连接二相电源。

② CN1 连接图：主要的几个信号为定位模块的脉冲发出等，编码器的 A、B、Z 的信号脉冲，以及急停、复位、正转行程限位、反转行程限位、故障、零速检测等。CN1 连接图如图 2-73 所示。

③ CN2 和伺服电动机连接图：CN2 连接伺服电动机内置编码器，伺服驱动器输出 U、V、W 依次连接伺服电动机 2、3、4 引脚，相序不能错误。伺服报警信号接入内部电磁制动器。CN2 和伺服电动机连接图如图 2-74 所示。

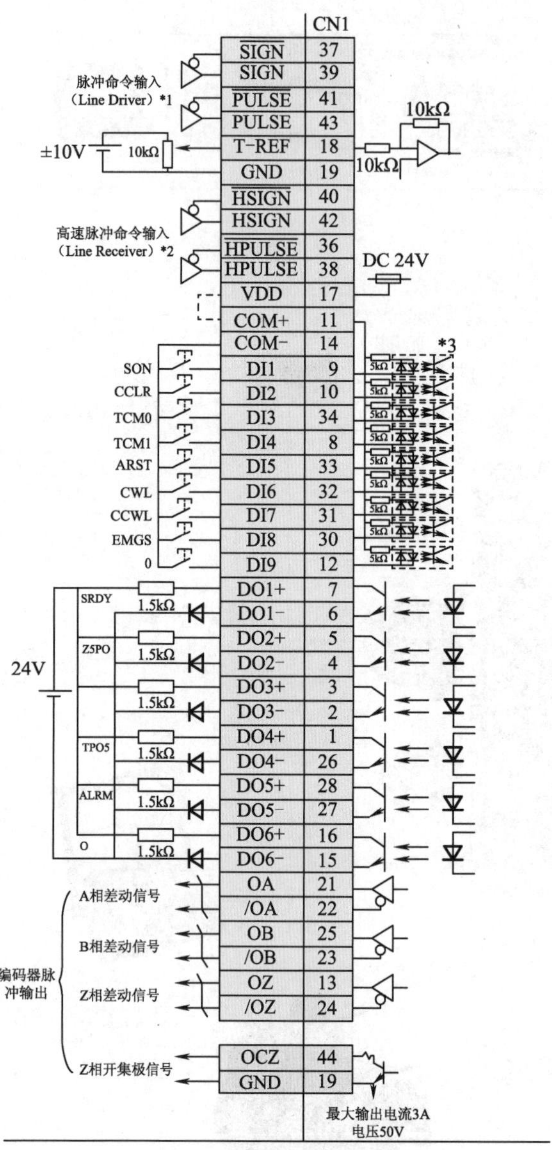

图 2-73　CN1 连接图

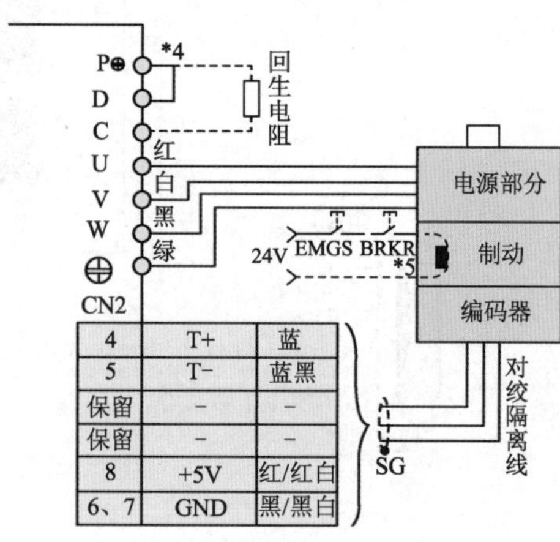

图 2-74　CN2 和伺服电动机连接图

我还看到一种叫“气动伺服系统”，它不是电驱动，执行机构采用活塞式气缸，上网查查。

知识、技术归纳

认识变频器、步进电动机及驱动器、伺服电动机及驱动器，这些都是运动控制中最常见的交直流调速器件。变频器的调速工作方式、步进驱动器的脉冲细分、伺服驱动器的闭环调节等功能，体现了电气控制技术的升级，已逐步取代传统电气控制环节。

工程创新素质培养

变频器、步进驱动器、伺服驱动器的参数都较多，一定要查阅器件手册，充分发挥器件的功能。同时，外部端口较复杂，认识所有外部端口的作用，自己尝试在手动方式下进行这三大运动器件的功能检验。

任务五　认识工业现场网络

任务目标

(1) 掌握工业以太网的 S7 通信；

(2) 能够对西门子 PLC 进行通信设置与编程。

在现代电气控制系统中，会有不同的工作站控制设备并非是独立运行，在 YL-158GA1 中就有 3 台 PLC，需要通过网络实现相互之间的信息交换，从而形成一个整体。提高了设备的控制能力、可靠性，实现了“集中处理、分散控制”。

作为现代电气控制系统的重要一员，PLC 也提供了强大的通信能力。通过 PLC 的通信接口，能够使 PLC 和 PLC 之间进行数据交换。本设备中重点使用的计算机、触摸屏、S7-300 和 2 台 S7-200 SMART，可以通过交换机构成工业以太网构架，如图 2-75 所示。

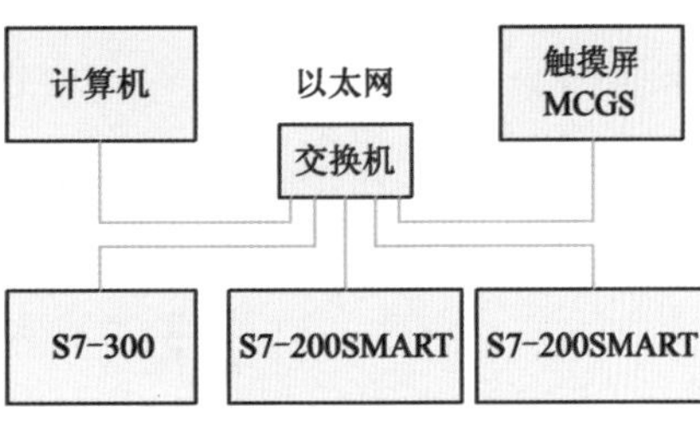

图 2-75　以太网构架

子任务一　认识S7通信

围绕西门子 S7 系列 PLC 的通信技术称为 S7 通信，有 S7 系列 PLC 基于 PPI、MPI、PROFIBUS、Ethernet 等网络的一种优化的通信协议，主要用于 S7-200/300/400 PLC、S7-1200/1500 PLC，以及相关控制器件之间的通信。

另外，S7-200 SMART PLC V2.0 版本支持 SMART PLC 之间的 PUT/GET 通信，经过测试发现 S7-300/400 集成的 PN 口与 S7-200 SMART PLC 之间的 PUT/GET 通信也是可以成功的，但是需要

S7-300/400 侧编程调用 PUT/GET 指令。要通过 S7-300/400CPU 的集成 PROFINET 接口实现 S7 通信，需要在硬件组态中建立通信连接。表 2-19 所示为 4 种 PLC 自带和扩展支持的通信类型。

表 2-19　4 种 PLC 的通信类型

PLC 类 型	通 信 类 型
S7-200 SMART	基于 CPU 自身通信端口：PPI、MPI、自由口、USS、MODBUS、以太网（TCP/IP）； 基于扩展板：自由口、USS、MODBUS
S7-300	基于 CPU 自身通信端口：MPI、PROFIBUS-DP、自由口、MODBUS、以太网（TCP/IP）； 基于扩展模块：MPI、PROFIBUS-DP、自由口、MODBUS、以太网 (TCP/IP)、AS-i
S7-1200	基于 CPU 自身通信端口：以太网（TCP/IP）； 基于扩展模块：MPI、PROFIBUS-DP、自由口、MODBUS、CANOPEN
S7-1500	基于 CPU 自身通信端口：MPI、PROFIBUS-DP、以太网（TCP/IP）； 基于扩展模块：PROFIBUS-DP、自由口、MODBUS、以太网（TCP/IP）

下面主要介绍 S7-300 与 S7-200 SMART 之间的以太网通信，两台 S7-200 SMART 之间的工业以太网通信。

子任务二　S7-300与S7-200 SMART之间的通信

S7-300 CPU 采用 1 个 315-2 PN/DP 和 1 个 S7-200SMART PLC 使用以太网进行通信。在 STEP7 中创建一个新项目，项目名称为“300 与 200SMART 以太网”。STEP7 中 Hard Ware 硬件组态插入导轨、电源和 CPU 315-2 PN/DP，如图 2-76 所示。

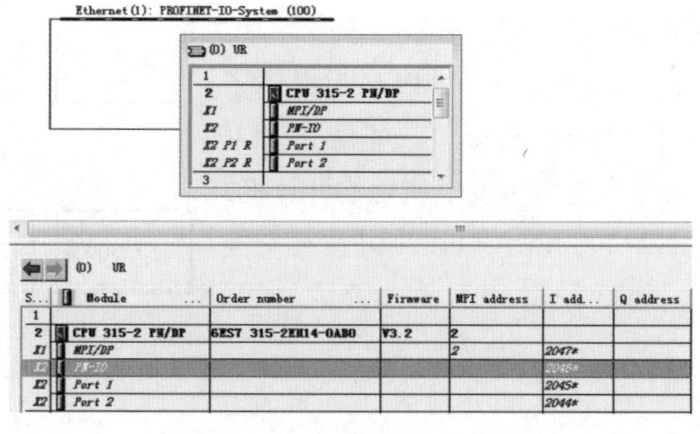

图 2-76　插入 CPU 315-2 PN/DP

双击 PN-IO，设置 CPU 315-2 PN/DP 的 IP 地址：192.168.0.1，如图 2-77 所示。硬件组态完成后，即可保存下载该组态。

打开 NetPro 设置网络参数，选中 CPU 315-2 PN/DP，在连接列表中建立新的连接。选择 PN-IO 端口，右击选择 Insert New Connection 命令，如图 2-78 所示。

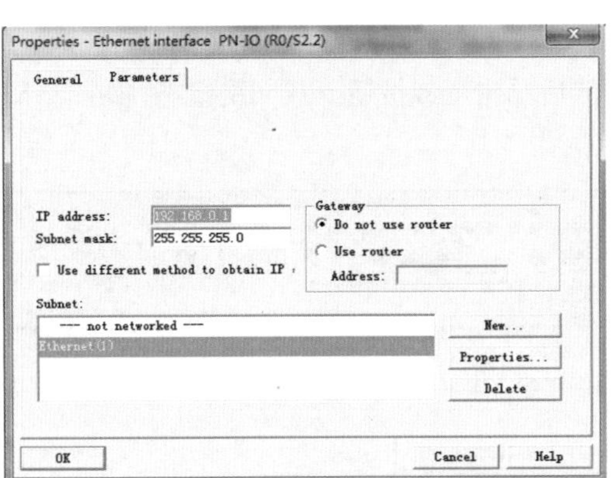

图 2-77　设置 IP 地址

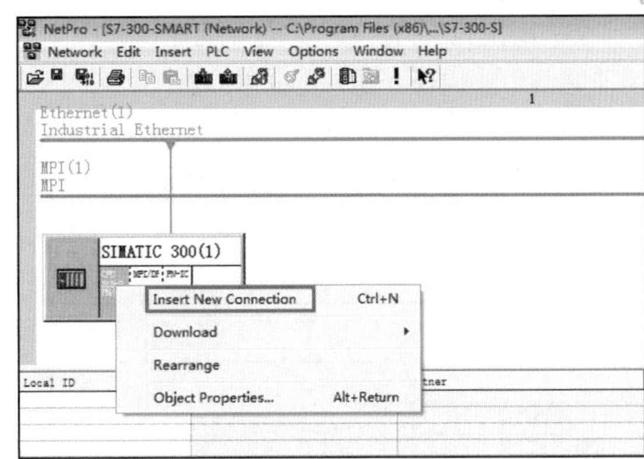

图 2-78　建立新连接

在打开的网络连接窗口，选择 Unspecified 站点，选择通信协议 S7 connection，单击 Apply 按钮，如图 2-79 所示。

在打开的 S7 connection 属性对话框中，勾选 Establish an active connection 复选框，设置 Partner address:192.168.0.2(S7-200 SMART PLC IP 地址)，如图 2-80 所示。

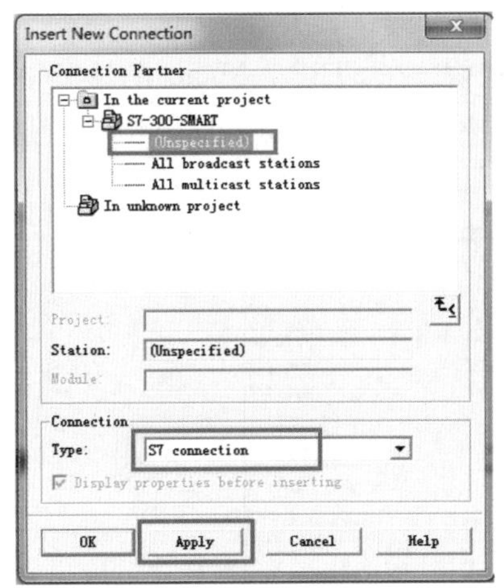

图 2-79　选择 S7 通信协议

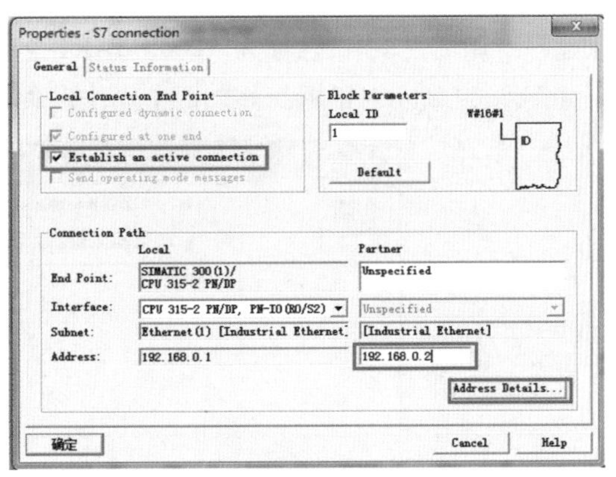

图 2-80　设置伙伴 IP 地址

单击 Address Details 按钮，在打开的对话框中设置 Partner 的 Slot 为 1，完成后单击 OK 按钮即可关闭该对话框，如图 2-81 所示。

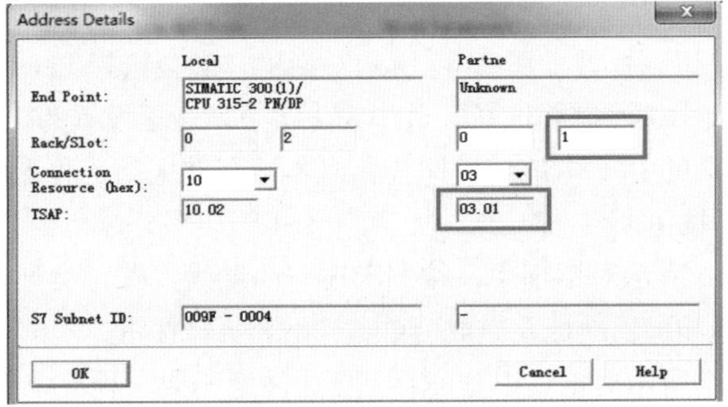

图 2-81　设置槽号

网络组态创建完成后，需要编译，如图 2-82 所示。

网络组态编译无错，先单击 CPU 315-2 PN/DP，然后单击下载按钮下载网络组态，如图 2-83 所示。

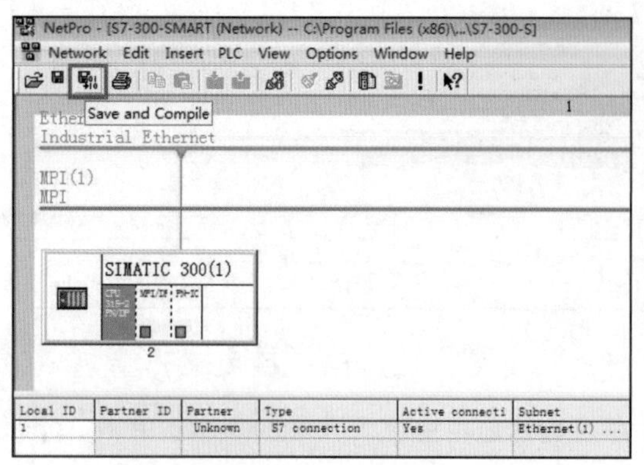

图 2-82　编译组态

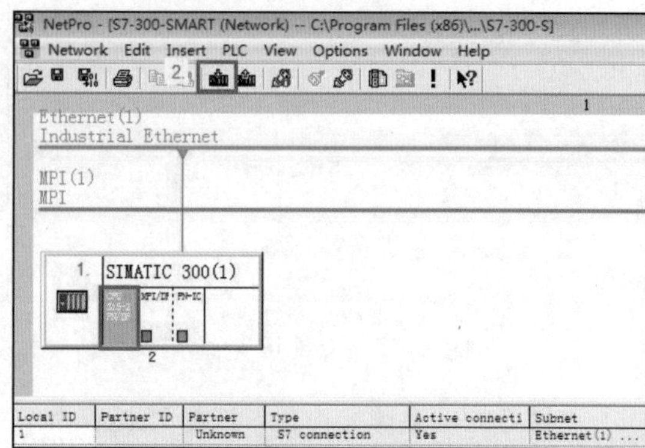

图 2-83　下载组态

子任务三　S7-200S MART与S7-200 SMART之间的通信

CPU 采用 2 个 S7-200 SMART PLC 使用以太网进行通信。在 STEP 7-Micro/WIN SMART 中创建一个新项目，项目名称为“200SMART 之间以太网”。单击右侧工具栏中的 Get/Put 按钮，打开如图 2-84 所示对话框。添加两个操作，命名为“发送”和“接收”。

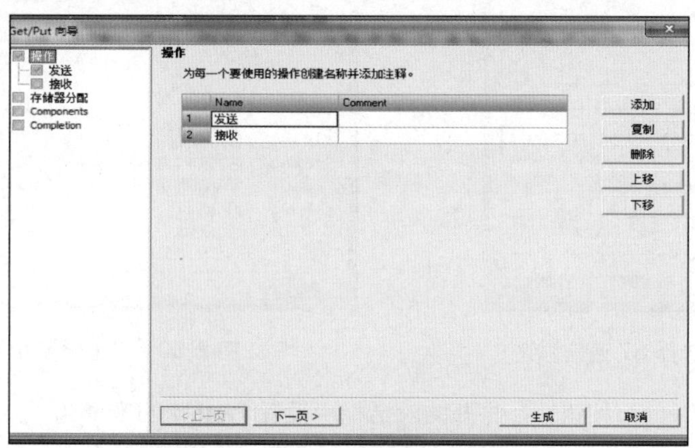

图 2-84　创建通信操作

单击“下一页”按钮，打开如图 2-85 所示对话框，类型选择 Put，即从本地 PLC 向远程 PLC 发送信息；传送大小按照需要选择，最小为 1 字节，这里设置为 1 字节；远程 PLC 的 IP 地址设置为待连接 PLC 的 IP；本地地址即为信息本地存储区；远程地址为信息远程存储区。完成后单击“下一页”按钮。

在打开的如图 2-86 所示对话框中，按照上述方法继续设置，类型选择 Get，即获取远程 PLC 的信息，修改本地和远程地址，完成后单击“下一页”按钮。

在打开的如图 2-87 所示对话框中分配存储区，注意不要在程序中使用该存储区。最后单击“生成”按钮。

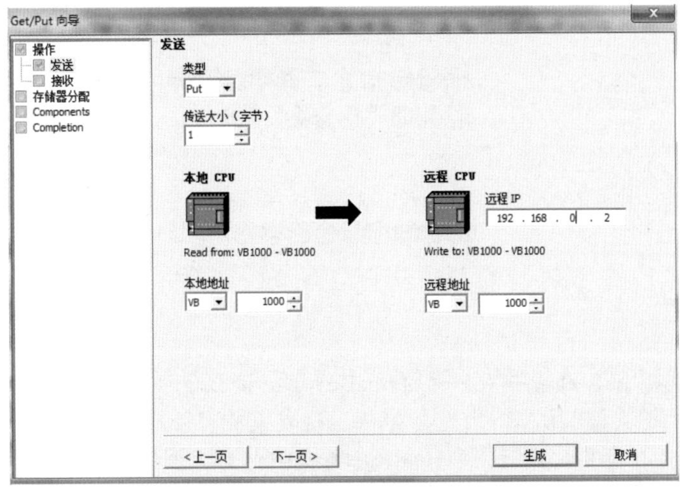

图 2-85 发送数据设置

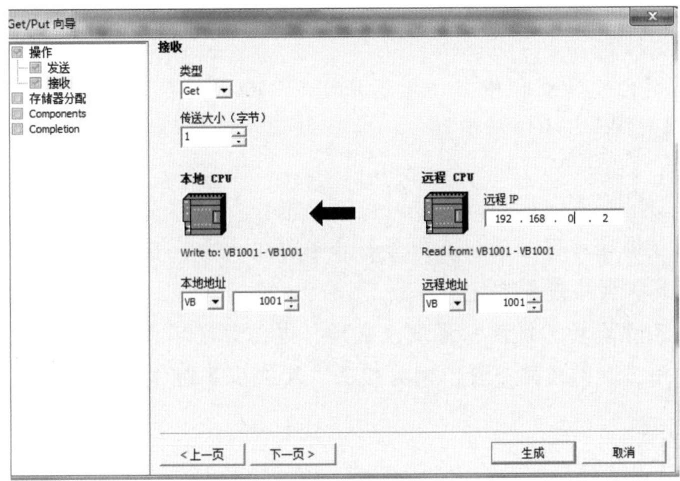

图 2-86 接收数据设置

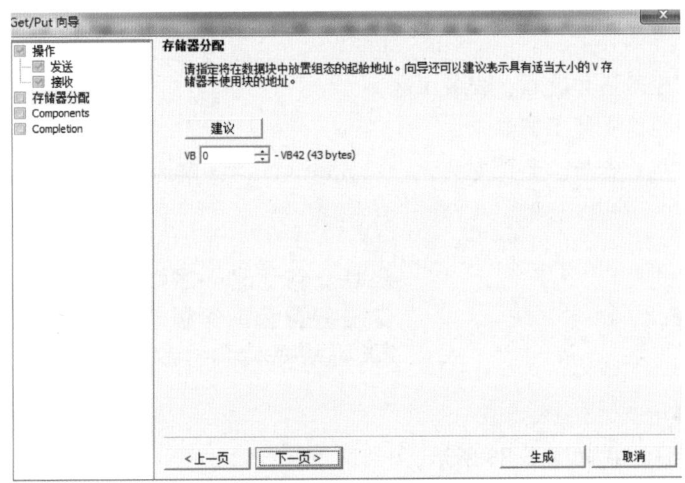

图 2-87 存储区分配

1972年，有两个著名网络专家，叫Metcalfe和David Boggs，他们把不同的ALTO计算机连接在一起，同时还连接了EARS激光打印机。这就是世界上第一个个人计算机局域网，这个网络在1973年5月22日首次运行。Metcalfe在首次运行这天写了一段备忘录，备忘录中把该网络改名为以太网（Ethernet），其灵感来自于“电磁辐射是可以通过发光的以太来传播”这一想法。

知识、技术归纳

认识西门子常用的几种通信模式，主要介绍 S7-300 与 S7-200 SMART 之间的以太网通信，两台 S7-200 SMART 之间的以太网通信。

工程创新素质培养

可以查阅西门子通信硬件手册，在配置符合条件情况下，自己尝试完成 MPI、PPI、PROFIBUS 等网络构建，比较几种网络使用的优劣。

同时也要考虑工业现场的温度、湿度、磁场、电源等环境因素和磁电因素的抗干扰情况，构建网络所需的专用工具、线路布置、网络接头、交换机等制作与布线，这些也需要技能实践和现场调试。

任务六　认识电控柜安装工艺

任务目标

（1）掌握电控柜的制作流程、安装工艺；

（2）掌握电控柜的安装工艺要求；

（3）掌握电控柜的布局、元件安装、一次线路和二次线路的要求。

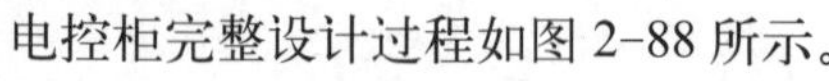
电控柜完整设计过程如图 2-88 所示。

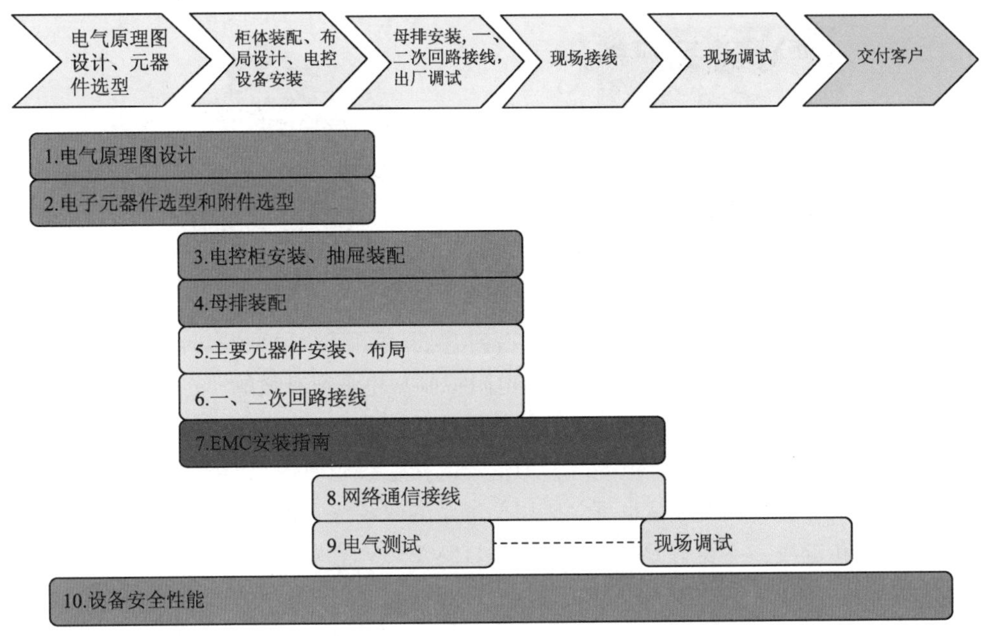

图 2-88　电控柜完整设计过程

电气控制柜接线要按照《电气装置安装工程盘、柜及二次回路接线施工及验收规范》国家标准 GB 50171—2012 等相关标准进行。

一、电柜布局

（1）确保传动柜中的所有设备接地良好，使用短和粗的接地线连接到公共接地点或接地母排上。连接到变频器的任何控制设备（比如一台 PLC）要与其共地，同样也要使用短和粗的导线接地。最好采用扁平导体（例如金属网），因其在高频时阻抗较低。

（2）为电控柜低压单元、继电器、接触器使用熔断器加以保护。当对主电源电网的情况不了解时，建议最好加进线电抗器，如图 2-89 所示。

（3）如果设备运行在一个对噪声敏感的环境中，为减小辐射干扰可以采用 EMC 滤波器，如图 2-90 所示。同时，为达到最优的效果，应确保滤波器与安装板之间有良好的接触。

图 2-89　电控柜进线电抗器

图 2-90　EMC 滤波器

（4）确保传导柜中的接触器有灭弧功能，交流接触器采用 R-C 抑制器，直流接触器采用“飞轮”二极管（见图 2-91），装入绕组中。压敏电阻抑制器也是很有效的。

（5）信号线最好只从一侧进入电控柜，信号电缆的屏蔽层双端接地。如果非必要，避免使用长电缆。控制电缆最好使用屏蔽电缆。模拟信号的传输线应使用双屏蔽的双绞线。低压数字信号线最好使用双屏蔽的双绞线，也可以使用单屏蔽的双绞线。模拟信号和数字信号的传输电缆应该分别屏蔽和走线。不要将 DC 24V 和 AC 115V/230V 信号共用同一条电缆槽。在屏蔽电缆进入电控柜的位置时，其外部屏蔽部分与电柜嵌板都要接到一个大的金属台面上。

（6）电动机电缆应独立于其他电缆走线，其最小距离为 500 mm。同时，应避免电动机电缆与其他电缆长距离平行走线。如果控制电缆和电源电缆交叉，应尽可能使它们按 90° 角交叉。同时必须用合适的夹子将电动机电缆和控制电缆的屏蔽层固定到安装板上。

（7）为了有效地抑制电磁波的辐射和传导，变频器的电动机电缆必须采用屏蔽电缆，屏蔽层的电导必须至少为每相导线芯电导的 1/10。

（8）中央接地排组和 PE 导电排必须接到横梁上，如图 2-92 所示。它们必须在电缆压盖处正对的附近位置。中央接地排额外还要通过另外的电缆与保护电路（接地电极）连接。屏蔽总线用于确保各个电缆的屏蔽连接可靠，它通过一个横梁实现大面积的金属到金属连接。

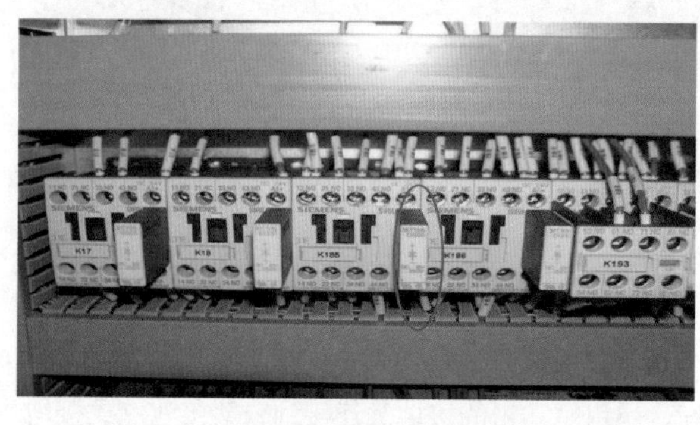

图 2-91“飞轮”二极管

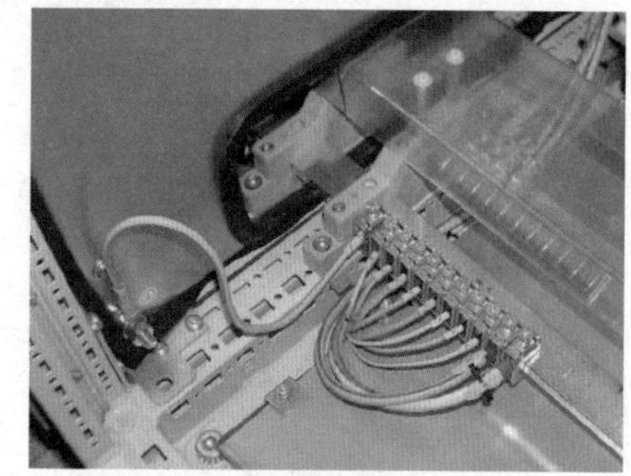
图 2-92　中央接地排组

（9）不能将装有显示器的操作面板安装在靠近电缆和带有线圈的设备旁边，例如电源电缆、接触器、继电器、螺线管阀、变压器等，因为它们可以产生很强的磁场。

（10）功率部件（变压器、驱动部件、负载功率电源等）与控制部件（继电器控制部分、可编程控制器）必须要分开安装，如图 2-93 所示。将模块安装到一个导电良好、黑色的金属板上，并将金属板安装到一个大的金属台面上。喷过漆的电控柜面板，DIN 导轨或其他只有小的支撑表面的设备都不能满足这一要求。

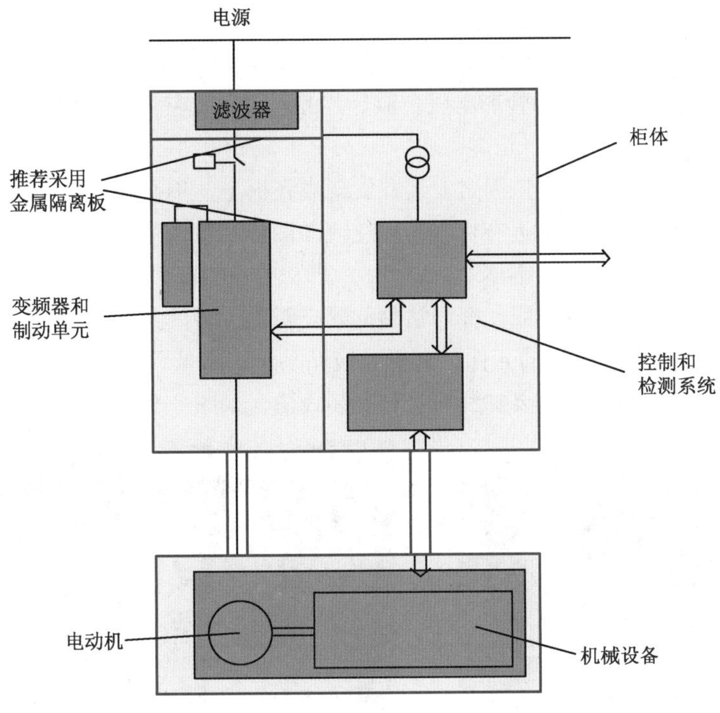

图 2-93　功率部件与控制部件分开安装

(11) 设计控制柜体时要注意 EMC 的区域原则，把不同的设备规划在不同的区域中。每个区域对噪声的发射和抗扰度有不同的要求。区域在空间上最好用金属壳或在柜体内用接地隔板隔离，并且考虑发热量，进风风扇与出风风扇的安装，一般发热量大的设备安装在靠近出风口处。进风风扇一般安装在下部，出风风扇安装在柜体的上部。

(12) 根据电控柜内设备的防护等级，需要考虑电控柜防尘及防潮功能，一般使用的设备主要有：空调、风扇、热交换器、抗冷凝加热器。

二、元器件安装要求

(1) 元器件组装顺序应从板前开始，由左至右，由上至下；同一型号产品应保证组装一致性，面板、门板上的元件中心线的高度应符合规定，如表 2-20 所示。

表 2-20　元件安装高度

元 件 名 称	安装高度 /m
指示仪表、指示灯	0.6 ~ 2.0
电能计量仪表	0.6 ~ 1.8
控制开关、按钮	0.6 ~ 2.0
紧急操作件	0.8 ~ 1.6

(2) 组装产品应符合以下条件：

① 操作方便。元器件在操作时，不应受到空间的防碍，不应有触及带电体的可能。

② 维修容易。能够较方便地更换元器件及维修连线。

③ 各种电气元件和装置的电气间隙、爬电距离应符合相应的规定。

④ 保证一、二次线的安装距离。

(3) 组装所用紧固件及金属零部件均应有防护层，对螺钉过孔、边缘及表面的毛刺、尖锋应打磨平整后再涂敷导电膏。

（4）对于螺栓的紧固应选择适当的工具，不得破坏紧固件的防护层，并注意相应的扭距。

（5）主回路上面的元器件、一般电抗器、变压器需要接地，断路器不需要接地。

（6）对于发热元器件（例如管形电阻、散热片等）的安装应考虑其散热情况，安装距离应符合元器件规定。

（7）所有元器件及附件，均应固定安装在支架或底板上，不得悬吊在电器及连线上。

（8）接线面每个元器件的附近有标牌，标注应与图样相符。除元器件本身附有供填写的标志牌外，标志牌不得固定在元件本体上。

（9）标号应完整、清晰、牢固。标号粘贴位置应明确、醒目。

（10）安装于面板、门板上的元件、其标号应粘贴于面板及门板背面元件下方，如下方无位置时可贴于左方，连接电缆需要加塑料管和安装线槽，如图 2-94 所示。

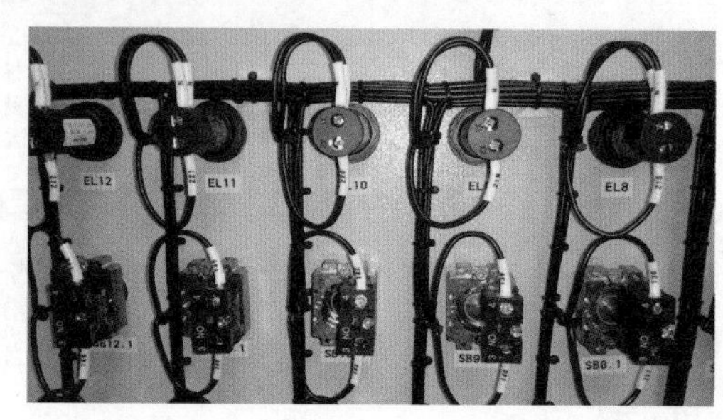

图 2-94　门板元件安装

（11）保护接地连续性利用有效接线来保证。柜内任意两个金属部件通过螺钉连接时如有绝缘层均应采用相应规格的接地垫圈并注意将垫圈齿面接触零部件表面［见图 2-95（a)］，或者破坏绝缘层，如图 2-95（b）所示。

（12）门上的接地处要加“抓垫”，防止因为油漆的问题而接触不好，而且连接线尽量短，如图 2-95（c）所示。

(a) 垫圈齿面接触零部件表面

(b) 破坏绝缘层

(c) 接地处加“抓垫”

图 2-95　接地要求

（13）安装因振动易损坏的元件时，应在元件和安装板之间加装橡胶垫减震。

（14）对于有操作手柄的元件应将其调整到位，不得有卡阻现象。

三、一次回路布线要求

（1）一次配线应尽量选用矩形铜母线，当用矩形铜母线难以加工时或电流小于等于 100 A

时可选用绝缘导线。接地铜母排的截面面积＝电柜进线母排单相截面面积 ×1/2。

（2）汇流母线应按设计要求选取，主进线柜和联络柜母线按汇流选取，分支母线的选择应以自动空气开关的脱扣器额定工作电流为准，如自动空气开关不带脱扣器，则以其开关的额定电流值为准。汇流母线外观如图 2-96 所示。

图 2-96　汇流母线外观

（3）铜母线载流量选择需查询有关文档，聚氯乙烯绝缘导线在线槽中，或导线成束状走行时，或防护等级较高时应适当考虑裕量。

（4）母线应避开飞弧区域。

（5）当交流主电路穿越形成闭合磁路的金属框架时，三相母线应在同一框孔中穿过。接线不规范，必须把进入线槽的大电缆外层都剥开，把所有导线压进线槽。

（6）电缆与柜体金属有摩擦时，需加橡胶垫圈以保护电缆。

（7）电缆连接在面板和门板上时，需要加塑料管和安装线槽。柜体出线部分为防止锋利的边缘割伤绝缘层，必须加塑料护套。

（8）柜体内任意两个金属零部件通过螺钉连接时如有绝缘层均应采用相应规格的接地垫圈，并注意将垫圈齿面接触零件表面，以保证保护电路的连续性。

（9）当需要外部接线时，其接线端子及元件接点距结构底部距离不得小于 200 mm，且应为连接电缆提供必要的空间。

四、二次回路布线要求

（1）按图施工、连线正确。

（2）电源线的颜色必须严格按照国家标准区分应用，U——黄色；V——绿色；W——红色；N——蓝色；PE——黄绿色，控制电路导线选用黑色，如图 2-97 所示。

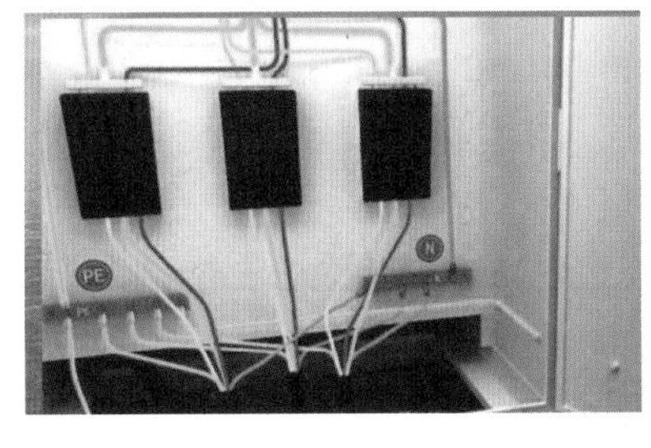

图 2-97　导线颜色

（3）三相电路一般使用 1.0 mm^2 的电线连接，控制电路中控制电动机的主回路及电气柜连接到外部的线路用 0.75 mm^2 的电线连接，其他线一般都使用 0.5 mm^2 的电线。

（4）信号传感器、仪表通信、计算机通信、模拟量板卡输入、示波器输入等信号线都要用屏蔽线连接。

（5）剥线钳一般剥线长度为 5 ~ 7 mm，不应剥太长，更不可以用斜口钳剥线，容易损伤电线。

（6）导线与线鼻要压紧，使导线与线鼻接触良好，不能露铜过长，也不能压绝缘层。导线插入端子口中，直到感觉到导线已插到底部，上部不能露铜，如图 2-98 所示。

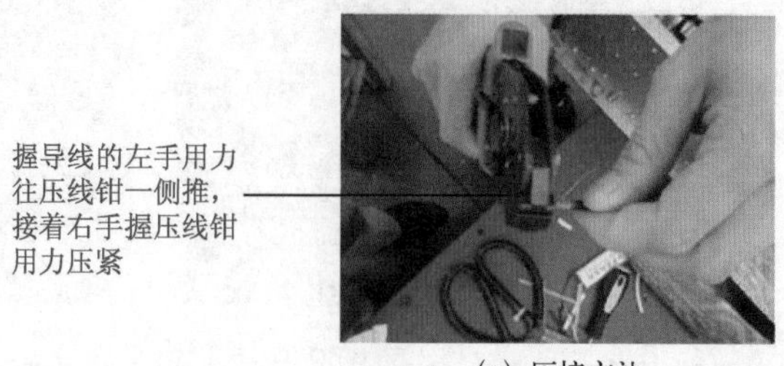

(a) 压接方法

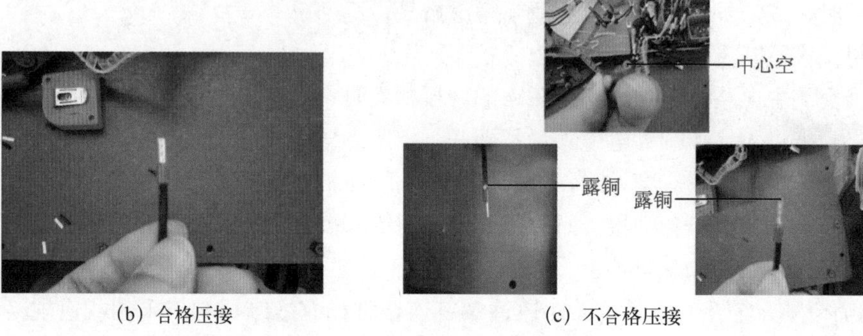

(b) 合格压接　　(c) 不合格压接

图 2-98　导线与线鼻压接

（7）做线鼻前要先套入编码套管，且导线两端都必须套上编码套管，编码套管上文字的方向一律从右看入，编码套管标号要写清楚，不能漏标、误标。同一列器件的线号读向尽量保持一致。惯例为从左到右，从下到上，从内到外，如图 2-99 所示。

图 2-99　编码套管标号

（8）所有二次回路连接导线中间不应有接头，连接头只能位于器件的接线端子或接线端子排上。

（9）每个电气元件的接点最多允许接 2 根线。每个端子的接线点一般不宜接二根导线，特殊情况时如果必须接两根导线，则连接必须可靠。

（10）屏蔽电缆的连接，拧紧屏蔽线至约 15 mm 长为上，用线鼻把导线与屏蔽压在一起，压过的线回折在绝缘导线外层上，屏蔽线采用单端接地，如图 2-100 所示。

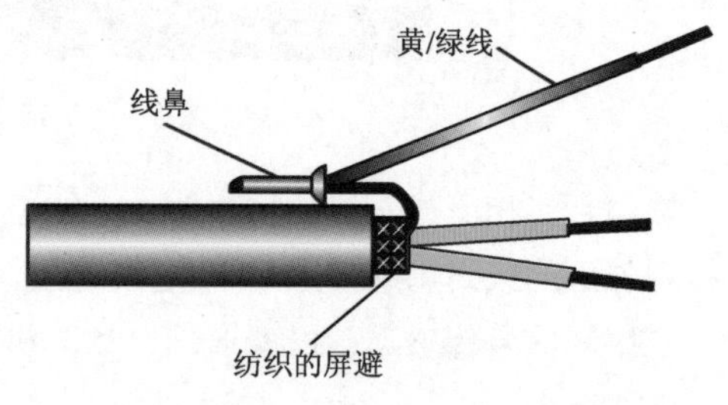

图 2-100　屏蔽电缆连接示意图

完成整个电控柜的安装后，电控柜整体效果图如图 2-101 所示。

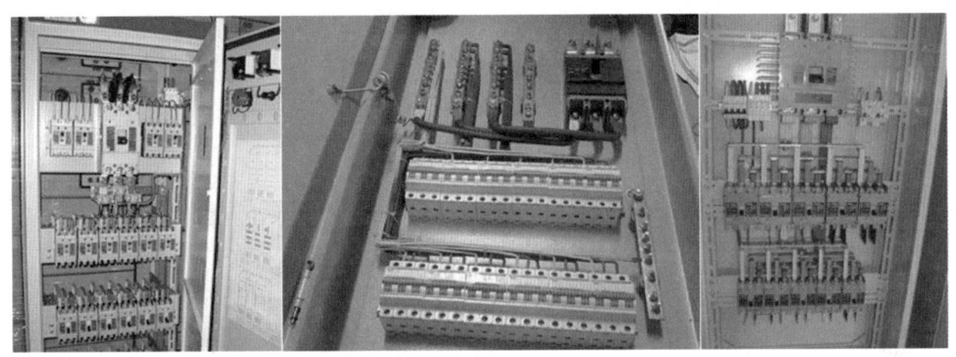

图 2-101　电控柜效果图

按工艺要求接的电气柜真漂亮，像工艺品一样！

知识、技术归纳

认识在电控柜的设计流程，特别关注电控柜的布局规范、安装要求、一次回路布线要求、二次回路布线要求等，严格参照国际标准和国家标准。

工程创新素质培养

对于电气工程设计人员，一定要严格按照《电气装置安装工程盘、柜及二次回路接线施工及验收规范》、国家标准 GB 50171—2012 等标准设计安装电控柜。

有了这些基本功，我要试试自己的身手，接招了！

现代电气控制系统安装与调试

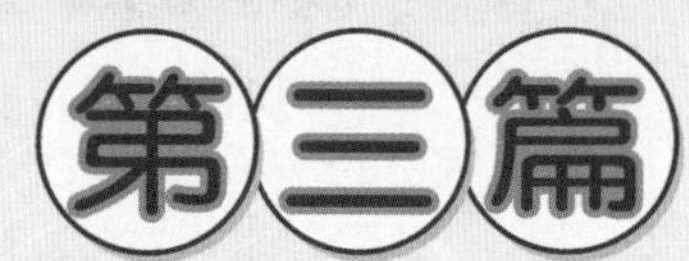

第三篇 项目演练——现代电气控制系统的单元调试

师傅，十八般武艺都已学会，想找个对手来切磋切磋！

徒儿，莫心急！所学招式要会融会贯通，师傅再教你七个套路！

通过在第二篇项目备战中核心技术的学习，已经掌握了现代电气控制安装与调试所具备的核心知识点和技能点。本篇将在 YL-158GA1 现代电气控制系统实训考核装置上来挑战搅拌机、鼓风机、刨床传送带灌装机恒压供水、双色印刷机、自动切带机、T68 镗床等控制系统的安装与调试，单项或多项综合地应用异步电动机、双速电动机、传感器、智能仪表、PLC、HMI、变频调速、步进控制、伺服控制、工业以太网等技术。

每个典型控制系统项目都有一种主要技术应用，同时还有其他技术出现，宾主相拥，多次

重复，由易到难，如图 3-1 所示。通过不同工作情境的反复应用，可厘清现代电气核心技术与教学环境一体化课程建设思路。

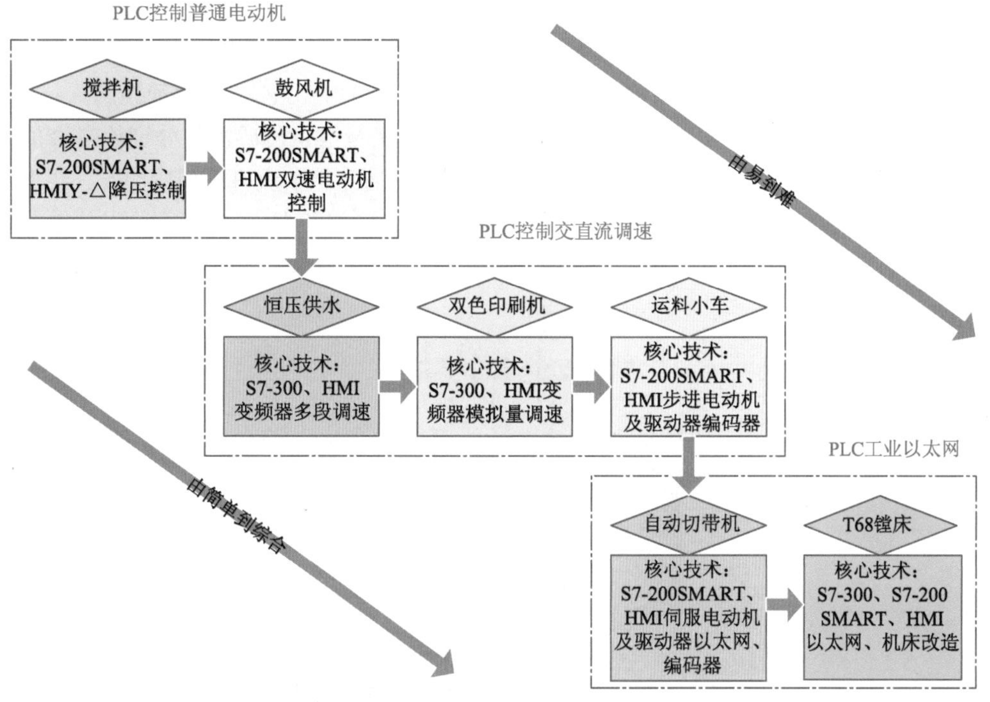

图 3-1　项目演练进程

训练模式：每个教学班组有 24 位同学，实训室配置 12 套设备，每两人为一组分工协作，完成典型控制系统的方案设计、安装接线、PLC 编程、人机组态、整体调试等工作。两人在实施不同项目时，可以交换工作任务，实践不同的核心技术。

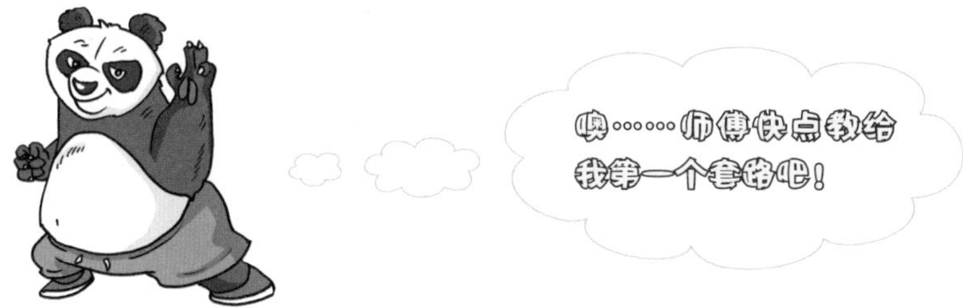

任务一　搅拌机电气控制系统安装与调试

任务目标

（1）能用 S7-200SMART 控制三相异步电动机的 Y-△降压启动；

（2）能完成三相异步电动机的 Y-△降压启动系统的连接；

（3）能使用 MCGS 设计搅拌机电气控制系统的监控界面；

（4）能完成搅拌机电气控制系统的运行与调试。

搅拌机无论是在现代工业还是农业的发展上都起着非常重要的作用，特别是液体搅拌机，用 PLC 控制具有可靠性高、功能完善、编程简单等特点，而且能完成两种或多种液体按一定比例的混合搅拌。

搅拌机的搅拌器一般是由三相异步电动机驱动，对于容量大于 11 kW 的电动机或电动机容量超过变压器容量 20%，需要降压启动。本任务的电动机采用 Y- △降压启动控制。

图 3-2 是某食品厂一台原料混合搅拌机，有 3 个开关量液位传感器，分别检测液位的高、中和低，另有启动按钮和停止按钮，控制对象有 2 个进料泵、1 个放料泵和搅拌器。要求对 A、B 两种液体原料按等比例混合。

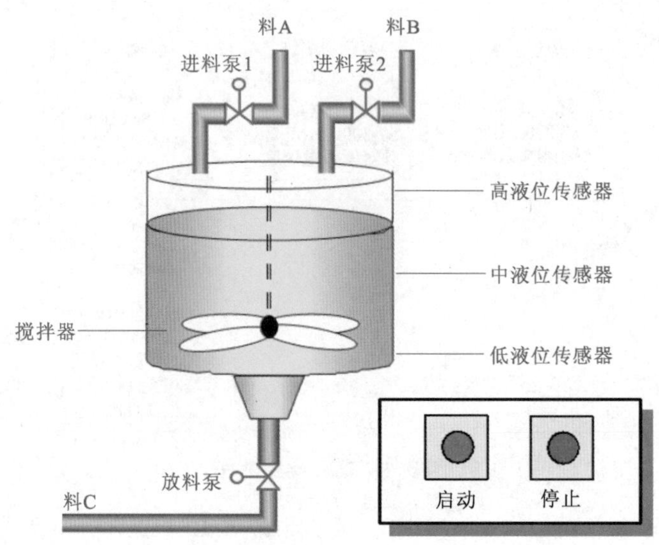

图 3-2　液体搅拌机结构示意图

控制要求：按启动按钮后系统自动运行，首先打开进料泵 1，开始加入液料 A →中液位传感器动作后，则关闭进料泵 1，打开进料泵 2，开始加入液料 B →高液位传感器动作后，关闭进料泵 2，启动搅拌器。搅拌器驱动电动机 Y 形降压启动，5 s 后搅拌电动机完全启动后，电动机三相绕组三角形连接运行，搅拌 10 s 后，关闭搅拌器，开启放料泵→当低液位传感器动作后，延时 5 s 后关闭放料泵。按“停止”按钮，系统应立即停止运行。请在触摸屏上做出启动与停止按钮两个控件，同时做 3 个指示灯控件来表示电源接触器、电动机 Y 形降压启动与△全压运行的工作状态。

师傅，什么是降压启动啊？除了降压启动还有哪些启动方法？

电动机启动时，使加到其定子绕组上的电源电压适当降低，电动机降压启动，启动后再使加到电动机定子绕组上的电源电压恢复到额定值，使电动机全压运行。星形 - 三角形（Y - △）

降压启动是三相异步鼠笼式电动机常用的降压启动方法之一。

启动时先将绕组作Y形连接，降低启动电压，待转速升高到一定值后，再将绕组改为△连接，使电动机全压运行。

三相鼠笼式异步电动机常见启动方法有直接启动、定子串电阻启动、Y-△启动、串自耦变压器启动、延边三角形启动。表3-1所示为几种启动方法的适用范围和特点。

表3-1　几种启动方法的适用范围和特点

启动方法	适用范围	特点
直接	电动机容量小于10 kW	不需要启动设备，但启动电流大
定子串电阻	电动机中等容量，启动次数不太多的场合	线路简单、价格低、电阻消耗功率大，启动转矩小
Y-△启动	额定电压为380 V，正常工作时为△接法的电动机，轻载或空载启动	启动电流和启动转矩为正常工作时的1/3
串自耦变压器	电动机容量较大，要求限制对电网的冲击电流	启动转矩大，设备投入成本较高
延边三角形	适用于定子绕组特别设计的电动机	兼取Y形连接启动电流小、△连接启动转矩大的优点

一、系统方案设计

搅拌机控制系统框图如图3-3所示。西门子S7-200 SMART SR40作为控制器，控制电动机（接触器）与电磁阀（指示灯）；触摸屏提供启动、停止信号，同时监视电动机Y-△降压启动的接触器的工作状态及3个电磁阀的工作状态。

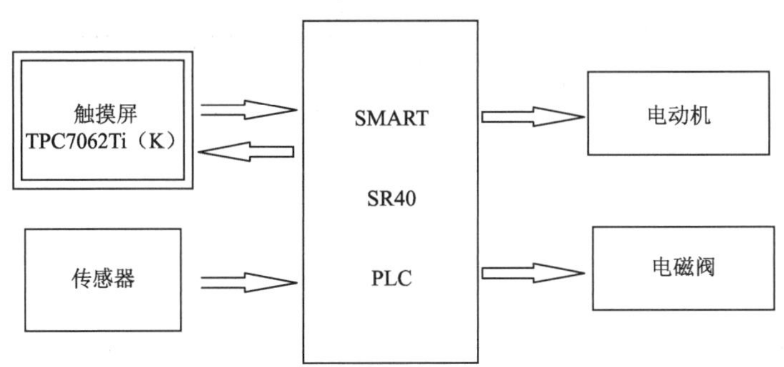

图3-3　搅拌机控制系统框图

二、系统电气设计

1．电气原理分析

如图3-4、图3-5所示，Y-△降压启动控制是对电动机进行低、高速切换运行而设计的，用手按下“启动”按钮后电动机得电运行，接触器KM1、KM3（Y）线圈得电，电动机Y连接低速运行，当软件定时器T得电延时一段时间后，KM3（Y）停止运行，KM1、KM2（△）线圈得电，电动机△连接高速运行，按下停止按钮后，控制回路失电，电动机停止运行。

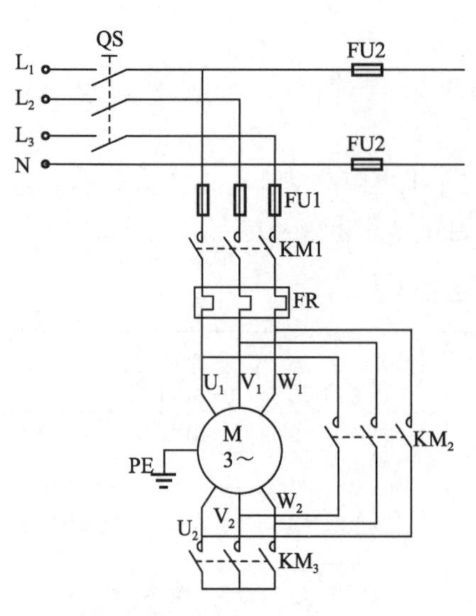

图 3-4　主电路图

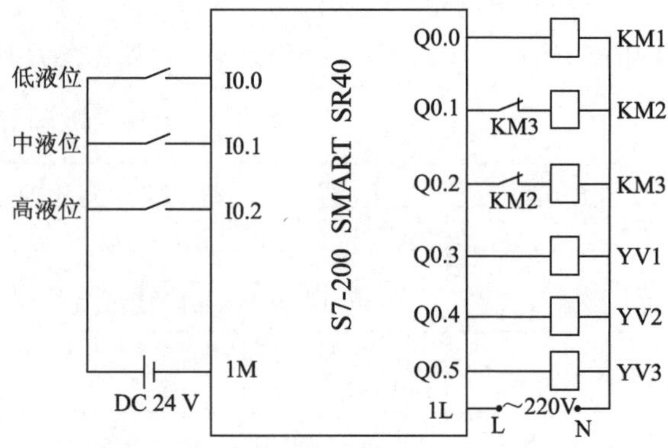

图 3-5　控制系统的 PLC 接线图

2. I/O地址分配

根据Y-△降压启动控制主电路实现功能分析，对搅拌机电气控制系统的I/O地址合理分配，如表 3-2 所示。

表 3-2　I/O 地址分配表

输入信号			输出信号		
序号	信号名称	PLC 输入点	序　号	信号名称	PLC 输出点
1	低液位	I0.0	1	电源接触器 KM	Q0.0
2	中液位	I0.1	2	Y 形接触器 KMY	Q0.1
3	高液位	I0.2	3	三角形接触器 KMΔ	Q0.2
			4	进料泵 1	Q0.3
			5	进料泵 2	Q0.4
			6	放料泵	Q0.5

三、系统安装

1. 认识工具和电气元件清单

本任务是学生第一次在 YL-158GA1 电气控制技术实训考核装置上进行任务实施，先认识工作必须配备的电工工具和机械安装工具。请各组学生根据表 3-3 和表 3-4 所列工具清单仔细核对所配工具型号、用途、规格、数量和质量。

表 3-3　普通工具清单

工　具	规格要求	数　量
剥线钳	硬度 46–52HRC	1
压线钳	SLD–301/301H	1
尖嘴钳	铬钒合金钢、铁丝 ϕ1 铜丝 ϕ2	1
斜口钳	得力 DL2206	1
螺丝刀	一字头、十字头（大、中、小）	6
万用表	数字万用表	1
测电笔	KT8–690　110 ~ 250V	1

表 3-4　电气元件清单

名　称	电气代号	型　号	数　量
三相异步电动机	M	YS5024	1
组合开关	QS	DZ47LE–32	1
熔断器	FU1	RT18–32	3
	FU2	RT18–32	2
交流接触器	KM	CJX2–09	3
热继电器	FR	NR2–25	1
按钮	SB	LA68B	2
接线端子排	XT1	TD–15A	1

2. 认识电源部分

在实训设备右下方，有一航空插座，从外部插头接入 380 V 三相五线制交流电源（U、V、W、N、PE），给本实训设备进行供电，如图 3-6 所示。在实训场所布置好电源，接入插头后设备就可以开始使用。

图 3-6　电源输入插座

在实训设备正反两面柜门面板都有电源指示及控制（见图 3-7），包括电压表、电流表、三相功率表、报警蜂鸣器、启动按钮、急停按钮等，人机界面 MCGS 也在正面柜门面板上。如果需要设备通电，先合上 3 个单相空气开关，再合上三相空气开关，最后按下绿色电源启动按钮。

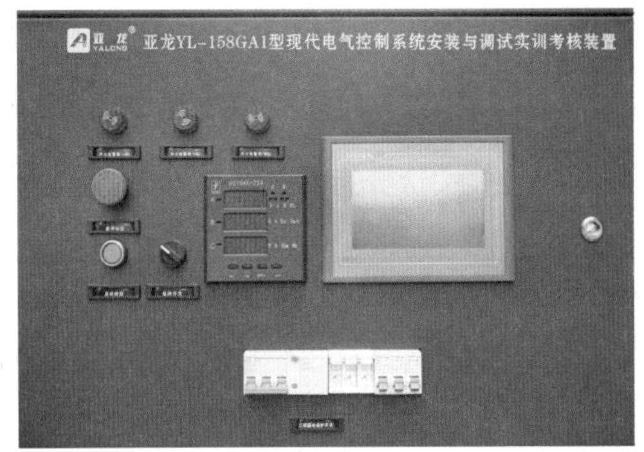

(a) 正面

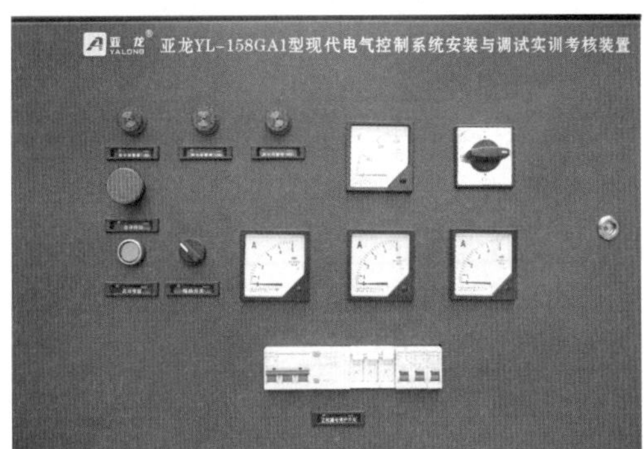

(b) 反面

图 3-7　柜门电源面板

在实训设备接入电源后，完成本任务安装。如果需要 380 V/220 V 三相交流电源，可以通过以下几个地方提供：①在柜门电源盒背面右上角，提供了三相五线的电源输出接口，如图 3-8

(a) 所示；②打开柜门反面的按钮指示灯盒，在两排接线端子的左上角，提供了三相五线的电源输出接线端子，如图 3-8 (b) 所示；③在柜体右后侧，有交流 220 V 电源插座，可以用来给计算机供电，如图 3-8 (c) 所示。

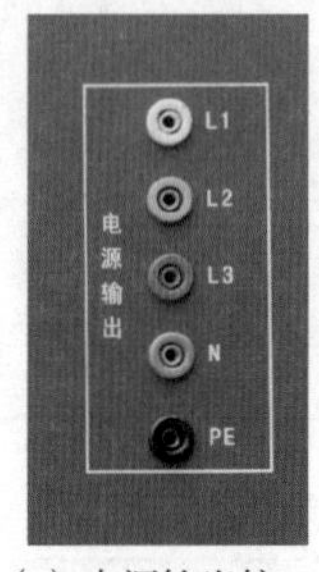

(a) 电源输出接口

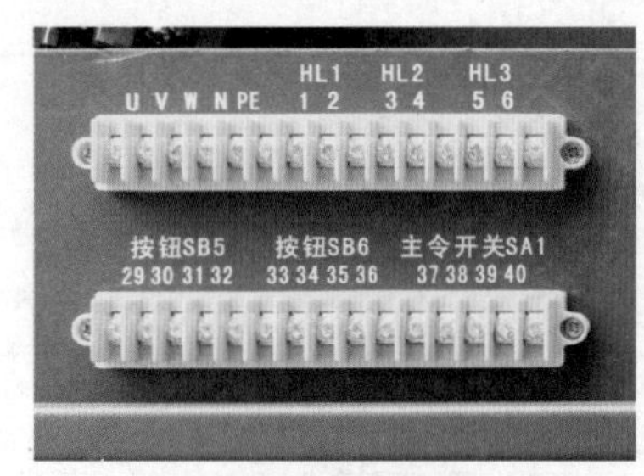

(b) 接线端子

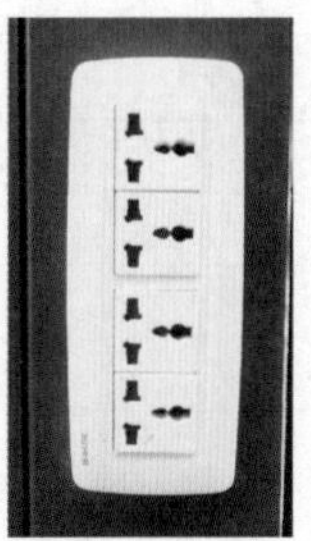
(c) 电源插座

图 3-8　交流电源输出

如果需要直流电源，可以通过以下几个地方提供：①正反面 PLC 挂板左侧，提供了可调的 0 ~ 10 V 电压输出和 4 ~ 20 mA 电流输出，如图 3-9 (a) 所示；②在反面 PLC 挂板左下侧，有一组稳压电源，提供了 5 V 和 24 V 两种开关电源输出，如图 3-9 (b) 所示；③在伺服驱动器右上方有单相整流桥，可以接入交流电源整流成直流电源输出，能用于电动机能耗制动，如图 3-9 (c) 所示。其他在负载允许的情况下，PLC（电源模块）上有自带 24 V 电源输出可使用。

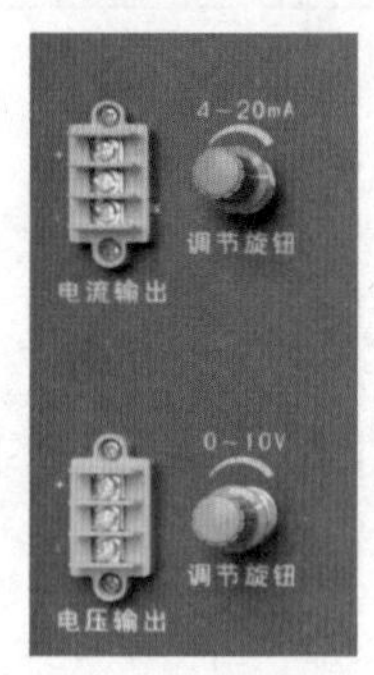

(a) 0 ~ 10 V 输出

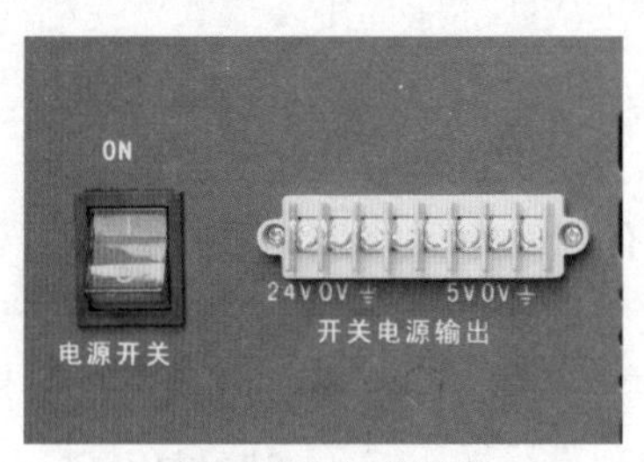

(b) 5 V 和 24 V 输出

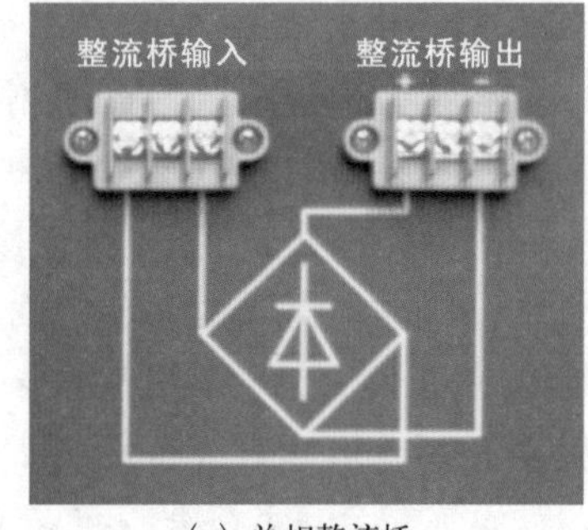

(c) 单相整流桥

图 3-9　直流电源输出

3. 认识控制部分

本任务电气控制部分主要使用交流接触器、热继电器、按钮、指示灯、电动机等元器件。在本任务设备中元件遵守电气柜设计规范要求进行选用，并合理布置和使用。

交流接触器的选用原则：作为通断负载电源的设备，应满足被控制设备的要求，除额定工作电压与被控设备的额定工作电压相同外，被控设备的负载功率、使用类别、控制方式、操作频率、使用寿命、安装方式、安装尺寸以及经济性是选择的重要依据。本设备选用的型号为 CJX2-09 的交流接触器，安装如图 3-10 所示。

热继电器的选用原则：主要用于保护电动机，在电动机发热烧坏前，热继电器必须动作。所以，基本按照电动机额定电流选择，热继电器最小电流 < 电动机额定电流 < 热继电器最大电流，最好接近中间位置。本设备选用的型号为 NR2-25 的热继电器，安装如图 3-11 所示。

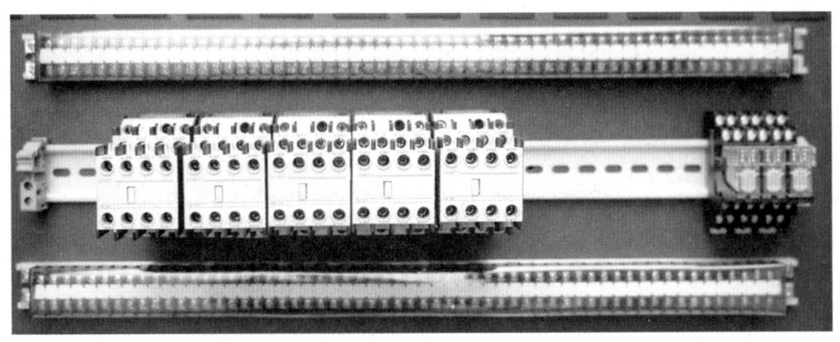

图 3-10　交流接触器选用与安装

按钮开关选用原则：①根据用途选择开关的形式，如紧急式、钥匙式、指示灯式等；②根据使用环境选择按钮开关的种类，如开启式、防水式、防腐式等；③按工作状态和工作情况的要求，选择按钮开关的颜色。在正反面柜门都有如图 3-12 所示的按钮开关指示灯面板。

另外，在面板正面左侧有一块欧姆龙 E5CZ-C2MT 温度控制器，型号含义：C 表示电流输出，2 表示 2 路继电器输出，M 为可以增加可选单元，T 为热电偶，非接触式传感器 / 铂测温电阻体。

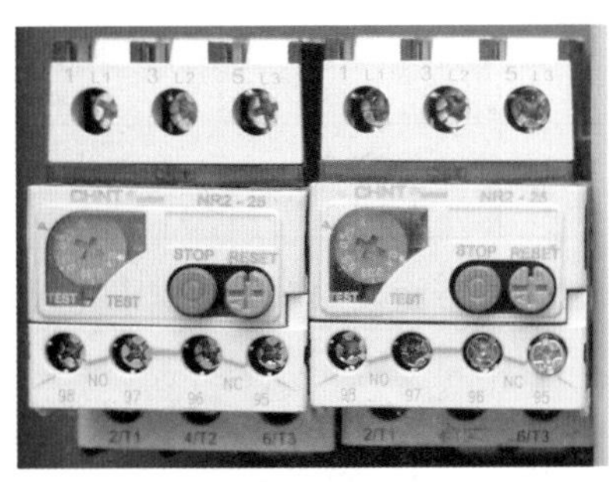

图 3-11　热继电器选用与安装

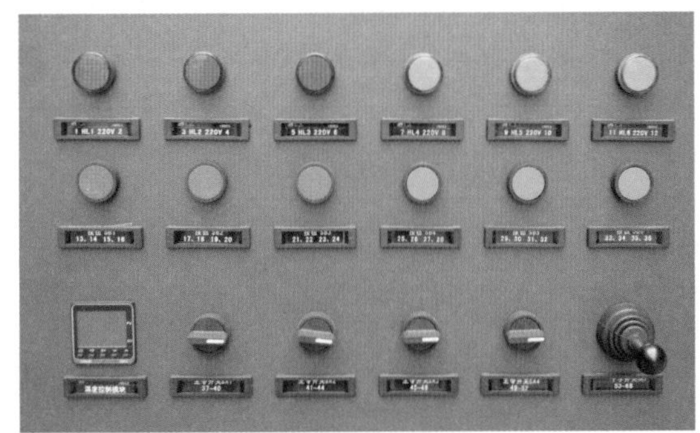

图 3-12　按钮开关指示灯面板

4．安装实施步骤

在认识并准备好上述元器件后，就可以开始搅拌机 Y- △降压启动电气控制系统的安装与调试。系统和安装内容及要点如表 3-5 所示，接线时注意安装规范和接线工艺要求。

表 3-5　系统安装内容及要点

序　号	安 装 内 容	安 装 要 点
1	主电路电源	从按钮盒引出电源； 三相五线制电源接入导线线色与线径
2	接触器主回路	接触器排列位置与间隙 1 cm； 三相电源接入导线线色与线径
3	控制电动机	电动机外壳接地； 三相电源接入导线线色与线径
4	控制回路（PLC 输入部分）	输入回路直流电源； 输入元件漏型或源型连接
5	控制回路（PLC 输出部分）	输出回路交流电源； 输出元件公共端连接，接触器硬件互锁

四、软件组态设计

1. MCGS组态设计

在进行 PLC 程序设计之前，先进行触摸屏组态设计，制作画面和元器件关联，特别是与 PLC 的关联元件（见表 3-6），这样可以发出控制命令和监控运行状态。

表 3-6　PLC 通道与 MCGS 设备连接表

序　　号	PLC 通道	MCGS 设备	序　　号	PLC 通道	MCGS 设备
1	M0.0	启动按钮	1	Q0.0	KM
2	M0.1	停止按钮	2	Q0.1	KMY
			3	Q0.2	KMΔ
			4	Q0.3	进料泵 1
			5	Q0.4	进料泵 2
			6	Q0.5	放料泵

第一次设计触摸屏画面时，建议安装“MCGS 7.8 嵌入版”，下面按照设计步骤来完成搅拌机电气系统的触摸屏：

（1）打开 MCGS 软件，在工具栏选中“新建工程”，选择触摸屏型号“TPC7062KW”，如图 3-13 所示。

（2）设置完成后双击工作台上的“设备窗口”，如图 3-14 所示。

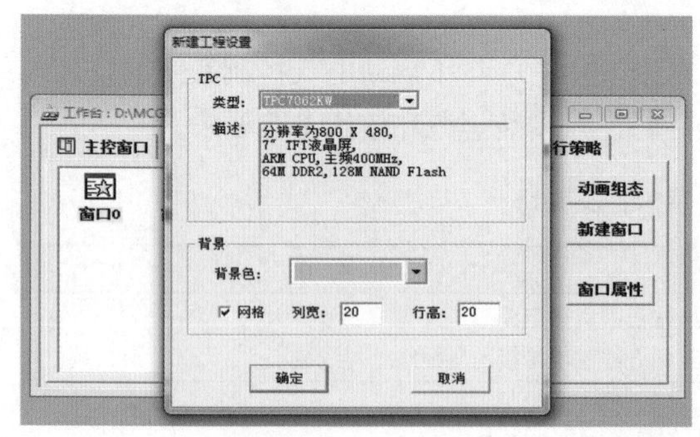

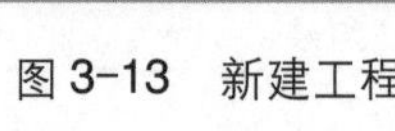
图 3-13　新建工程

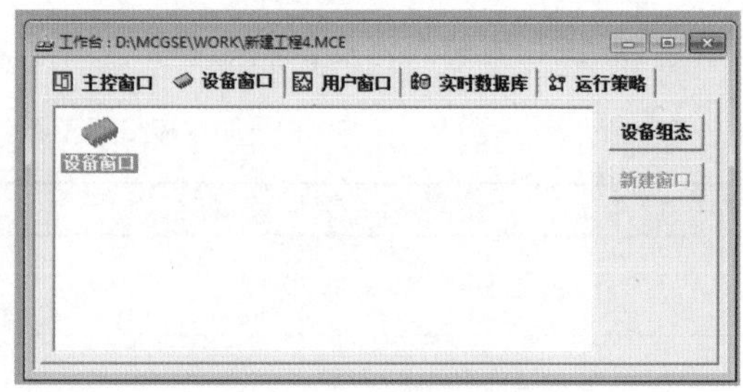

图 3-14　工作台界面

（3）进入设备窗口，右击“设备工具箱”，再单击“设备管理”，如图 3-15 所示。

（4）双击“通用 TCP/IP 父设备”，然后双击“西门子 _Smart200”选项，如图 3-16 所示。

（5）回到设备组态窗口后，依次添加“通用串口父设备”和“西门子 _Smart200”，然后双击“设备 0”，设置 IP 地址，如图 3-17 所示。

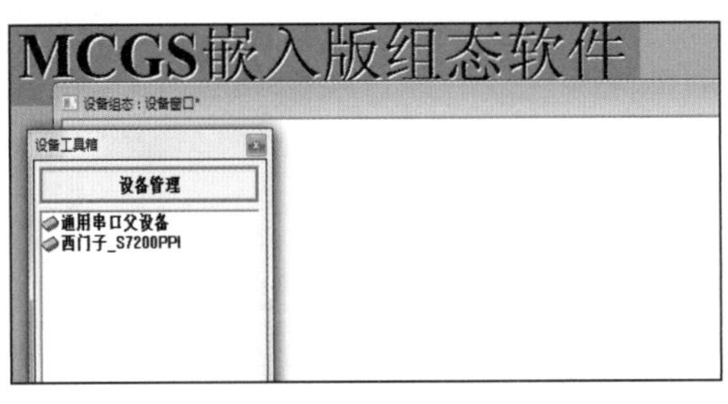

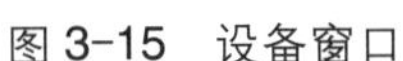
图 3-15　设备窗口

图 3-16　设备管理

图 3-17　设置 IP 地址

若MCGS模拟运行，则图3-17的本地IP地址是计算机的IP地址。

(6) 回到工作台，单击“用户窗口”，单击“新建窗口”按钮，新建“窗口 0”（见图 3-18），在窗口属性里填入窗口名称“搅拌机电气控制系统安装与调试”。

(7) 双击“窗口 0”，进入动画组态窗口，如图 3-19 所示。

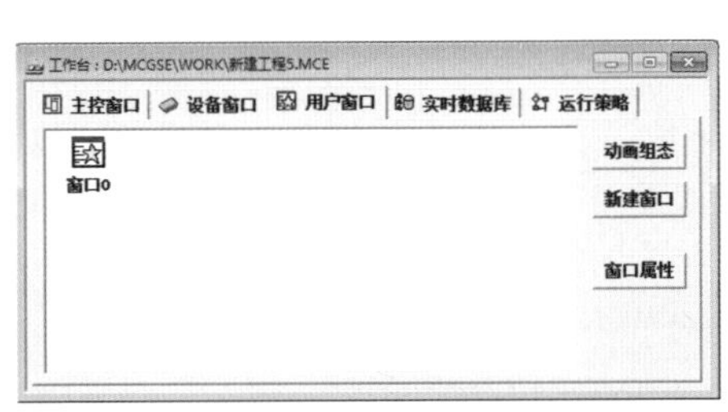

图 3-18　新建窗口

图 3-19　动画组态窗口

（8）插入一个标准按钮，双击按钮，进入属性设置窗口，将基本属性中的文本改为“启动按钮”；单击“操作属性”选项卡，选中“数据对象值操作”复选框，选择“按 1 松 0”，如图 3-20 所示。

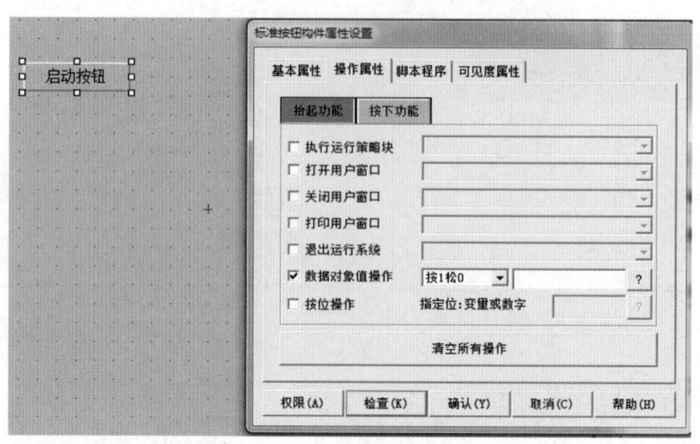

图 3-20　标准按钮的操作属性窗口

（9）点击后面的“？”按钮，进入变量选择窗口，如图 3-21 所示。选中“根据采集信息生成”单选按钮，设备连接的通道类型根据表 3-6，选择“M 内部继电器”，通道地址“0”，数据类型“通道的第 00 位”，相当于把触摸屏上的“启动按钮”与 SMART PLC 的 M0.0 连接。

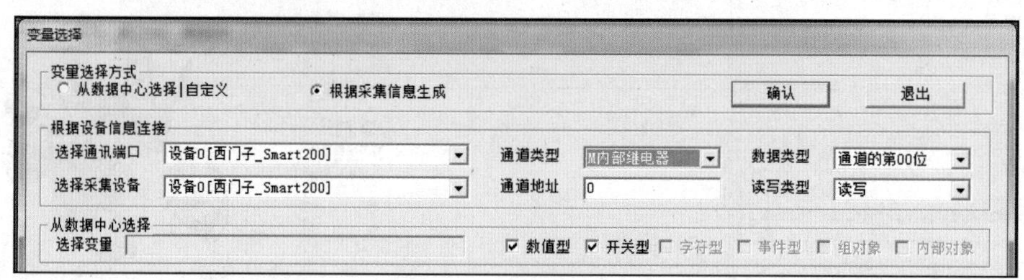

图 3-21　变量选择窗口

同理做一个“停止按钮”，将其与 SMART PLC 的 M0.1 连接。

（10）在动画组态窗口，插入一个指示灯。如图 3-22 所示。单击工具箱中的“插入元件”，点开“指示灯”，插入“指示灯 3”，单击“确定”按钮。在指示灯下面插入一个标签，注明“KM”。

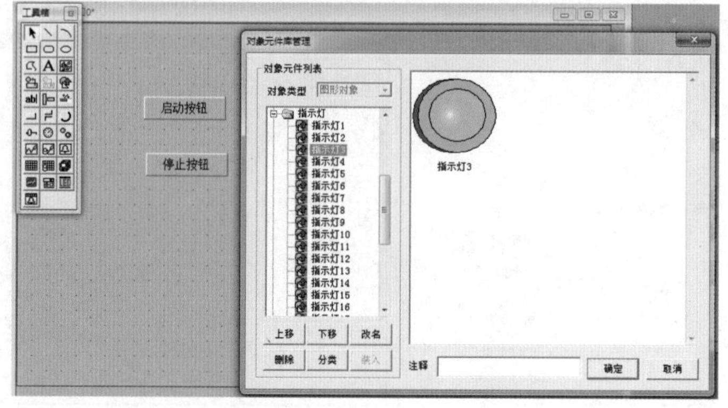

图 3-22　插入指示灯

(11) 回到动画组态窗口，双击指示灯，进入图 3-23 所示的“单元属性设置”窗口。

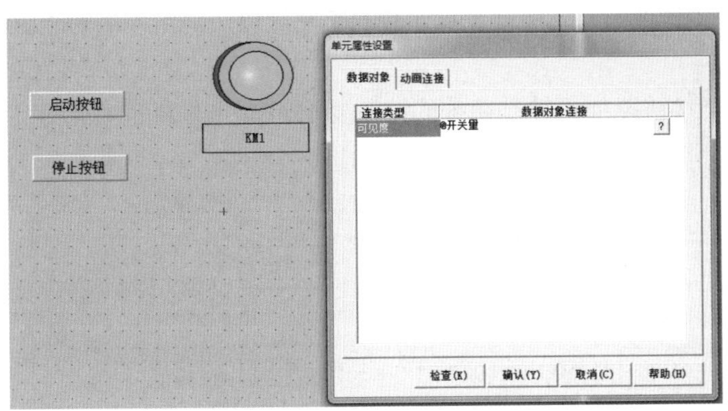

图 3-23 设置指示灯属性

(12) 单击“数据对象”选项卡，选择可见度，单击后面的“？”按钮，进入变量选择窗口，设置如图 3-24 所示。相当于把触摸屏上指示灯的可见度与 SMART PLC 的 Q0.0 连接。

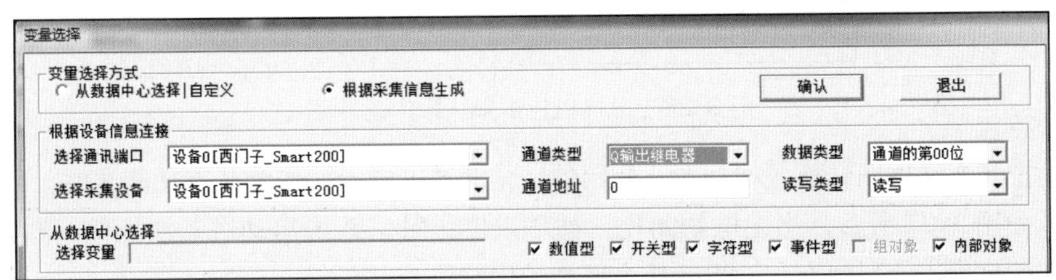

图 3-24 指示灯变量选择窗口

同理，插入指示灯 KMY，将其与 SMART PLC 的 Q0.1 连接；插入指示灯 KM △，将其与 SMART PLC 的 Q0.2 连接；插入指示灯进料泵 1，将其与 SMART PLC 的 Q 0.3 连接；插入指示灯进料泵 2，将其与 SMART PLC 的 Q0.4 连接；插入指示灯放料泵，将其与 SMART PLC 的 Q 0.5 连接。最后的组态界面如图 3-25 所示。

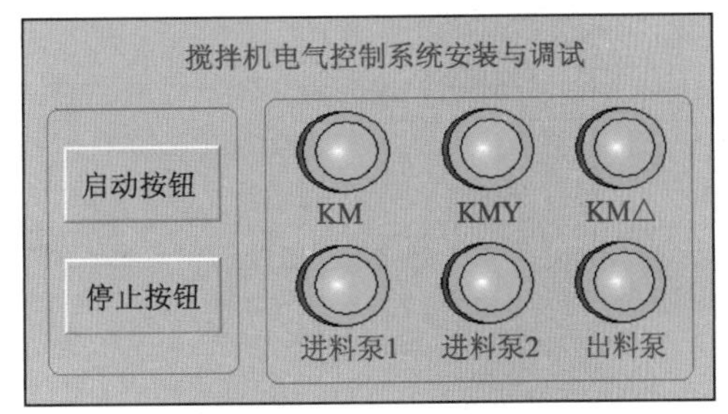

图 3-25 搅拌机组态界面

2. PLC程序设计

搅拌机控制系统的工作过程是一个典型顺序控制过程，所以可以用顺序控制设计法来设计程序，也就是状态转移图（SFC）设计程序。

什么样的流程是顺序控制呢？

所谓顺序控制就是针对顺序控制系统，按照生产工艺预先规定的流程顺序，在各个输入信号的作用下，根据内部状态和时间的顺序，在生产过程中各个执行机构自动、有秩序地进行操作。使用顺序控制设计法时，首先要根据系统的工艺过程，画出顺序功能图，然后根据顺序功能图设计梯形图。

图 3-26 所示为按照搅拌机控制系统的控制要求而设计的顺序功能图（SFC），步骤清晰，安装调试方便。

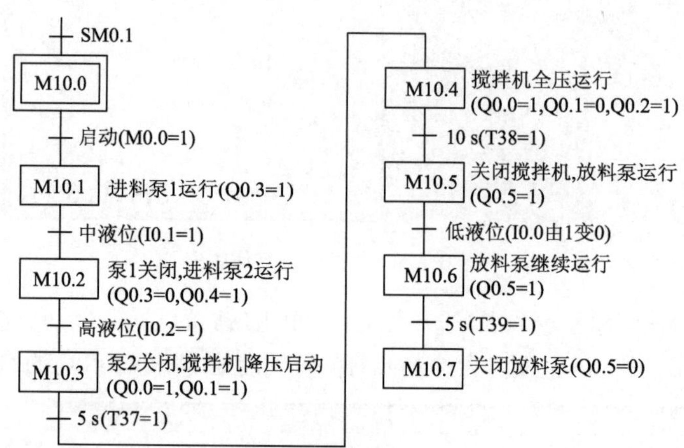

图 3-26　搅拌机控制系统顺序功能图

下面把状态转移图转换成梯形图，使用的是辅助继电器元件作为状态功能元件。

（1）如图 3-27 所示，当上电初始化、循环或停止时，系统启动进入初始化。如图 3-28，当上电初始化后，流程状态和输出元件全部初始化复位。

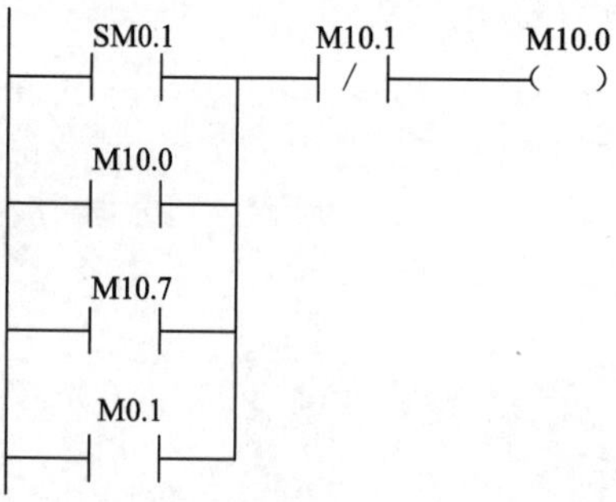

SM0.1　M10.1　M10.0
M10.0
M10.7
M0.1

图 3-27　系统初始化

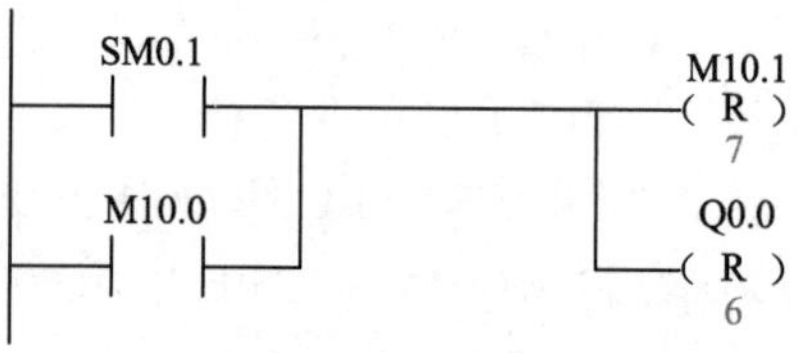

SM0.1　M10.1 (R) 7
M10.0　Q0.0 (R) 6

图 3-28　初始化复位

（2）如图 3-29 所示，在 M10.1 状态中，进料泵 1 得电运行。

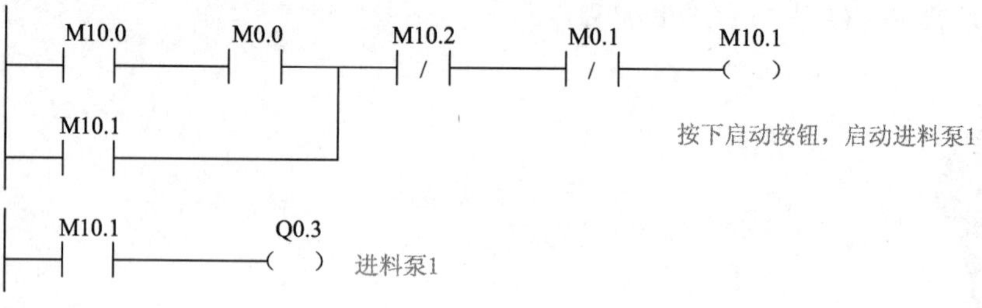

M10.0　M0.0　M10.2　M0.1　M10.1
M10.1
按下启动按钮，启动进料泵1

M10.1　Q0.3　进料泵1

图 3-29　进料泵 1 得电运行

(3) 如图 3-30 所示，在 M10.2 状态中，进料泵 1 关闭，进料泵 2 得电运行。

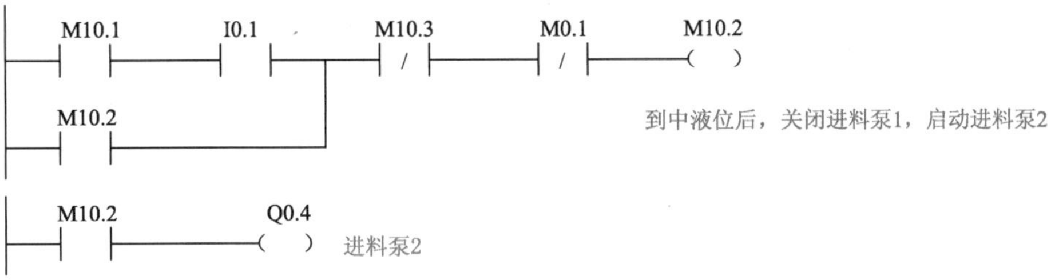

M10.1 I0.1 M10.3 M0.1 M10.2

M10.2

到中液位后，关闭进料泵1，启动进料泵2

M10.2 Q0.4 进料泵2

图 3-30 进料泵 2 得电运行

(4) 如图 3-31 所示，在 M10.3 状态中，进料泵 2 关闭，搅拌机 Y 连接降压启动。

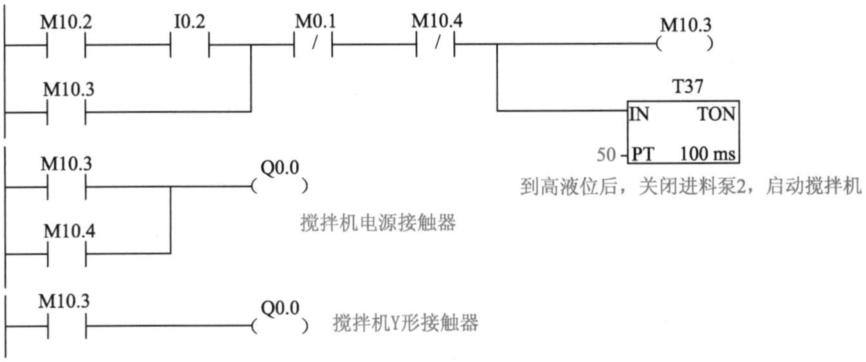

M10.2 I0.2 M0.1 M10.4 M10.3

M10.3 T37 IN TON 50 PT 100 ms

到高液位后，关闭进料泵2，启动搅拌机

M10.3 Q0.0

M10.4 搅拌机电源接触器

M10.3 Q0.0 搅拌机Y形接触器

图 3-31 进料泵 2 关闭，搅拌机 Y 形降压启动

(5) 如图 3-32 所示，在 M10.4 状态中，搅拌机△连接全压运行。

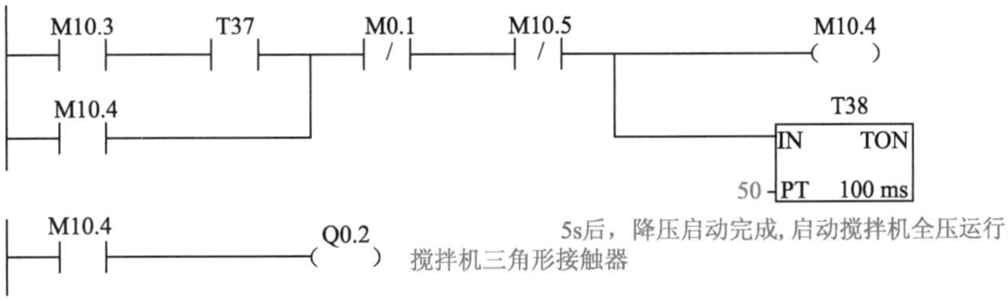

M10.3 T37 M0.1 M10.5 M10.4

M10.4 T38 IN TON 50 PT 100 ms

5s后，降压启动完成,启动搅拌机全压运行

M10.4 Q0.2 搅拌机三角形接触器

图 3-32 搅拌机△连接全压运行

(6) 如图 3-33 所示，在 M10.5 状态中，搅拌机停止运行，放料泵开启。

M10.4 T38 M10.6 M0.1 M10.5

M10.5

10s后，关闭搅拌机，启动放料泵

M10.5 Q0.5 放料泵

M10.6

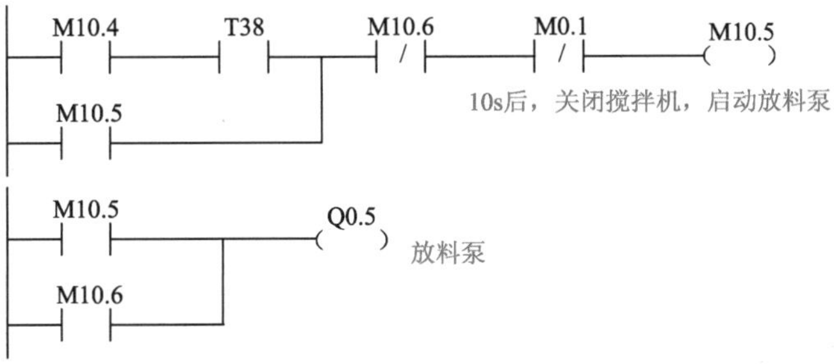

图 3-33 搅拌机停止运行，放料泵开启

（7）如图 3-34 所示，在 M10.6 状态中，低于低液位时，放料泵继续开启。

M10.5　I0.0　N　M0.1　M10.7　M10.6
M10.6
T39
IN　TON
50 PT　100 ms
低液位传感器由1变0，放料泵继续运行5s

M10.6　T39　M10.0　M10.7
M10.7
放料泵继续放料5s，停止，等待下次启动

图 3-34　低于低液位时，放料泵继续开启

（8）在 M10.7 状态中，放料泵关闭，同时返回初始状态。

程序编写完毕后，下载程序。先用网线把计算机的网络端口和 S7-200 SMART PLC 的以太网通信连接上，再进行通信设置，设置 MAC 地址、IP 地址、子网掩码等，并可以通过查找 CPU 和闪烁指示灯来确认是否连接成功，如图 3-35 所示。

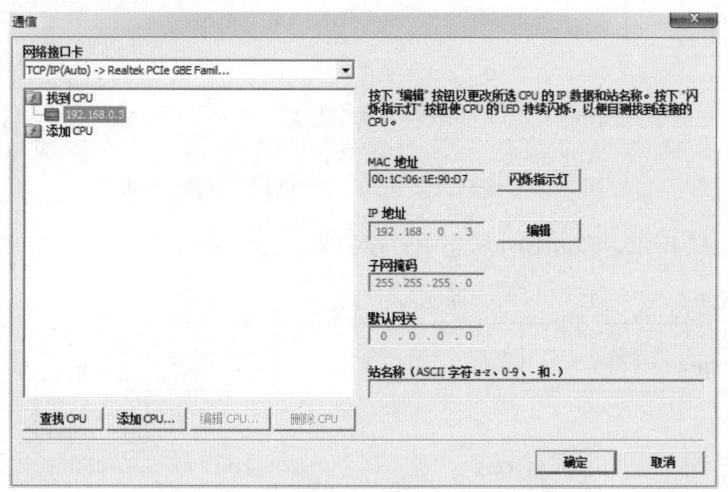

图 3-35　SMART PLC 以太网通信对话框

如何设置SMART PLC的IP地址？前面有了理论基础，我们一起来实操试试吧！

双击项目树中的“通信”，打开“通信”对话框，从“网络接口卡”下拉列表选中使用的以太网网卡，单击“查找 CPU”按钮，将会显示出网络上所有可访问设备的 IP 地址。

如果需要确认谁是选中的 CPU，单击“闪烁指示灯”按钮，被选中的 CPU 的 STOP、RUN 和 ERROR 灯将会同时闪烁，直到下一次单击该按钮。单击“编辑”按钮，可以修改 IP

地址与子网掩码等，单击“设置”按钮，修改后的值被下载到 CPU，如图 3-36 所示。

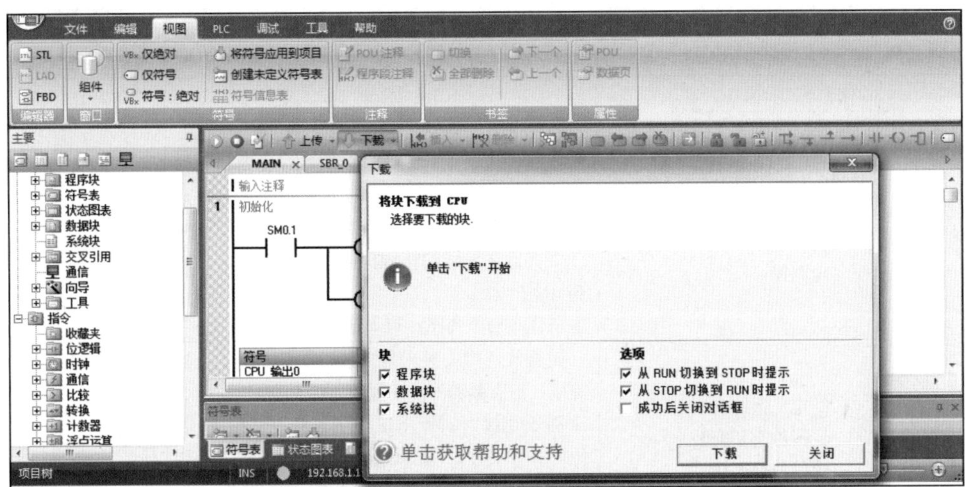

图 3-36 “下载” 对话框

PLC通信连上，程序下载成功，
我们可以开始调试系统了！

五、整体调试

在完成电气系统安装和软件设计后，开始调试，分为通电前调试和通电后调试，通电调试时可只连接输入设备、再连接输出设备、再接上实际负载等逐步进行调试。通电时，必须征得指导老师同意，在指导老师的监护下进行通电测试。

调试中，学生把测试数据记录到表 3-7 中（以“1”代表得电，以“0”代表失电），观察电动机、接触器、PLC 输入 / 输出点等的运行状况。

表 3-7　运行记录表

项目 设备	按下启动按钮	中液位	高液位	5 s 后	10 s 后	低液位	5 s 后
KM							
KMY							
KM △							
进料泵 1							
进料泵 2							
放料泵							

指导老师和学生可参照表 3-8 对本次任务进行评分。

表 3-8　评分表

评分表 _____学年		工作形式 □个人 □ 小组分工 □小组	实践工作时间 __________	
训练项目	训练内容	训练要求	学生自评	教师评分
搅拌机电气控制系统	(1) 工作计划和图样 (20 分) —工作计划； —材料清单； —电路图	制图草率，徒手画图，扣 0.5 分； 不能实现要求的功能、可能造成设备或元件损坏，漏画、错画元件，不合要求每处扣 0.5 分； 电路图形符号不规范，不合要求每处扣 0.5 分； 主要器件漏画的接地保护等，不合要求每处扣 0.5 分； 图样布局不合理，扣 2 分		
	(2) 电气系统安装 (25 分) —元器件选型安装； —电气线路连接； —电气安装工艺	元器件选型安装未能完成，扣 2.5 分；装配完成，但有紧固件松动现象，扣 1 分； 端子连接，插针压接不牢或超过 2 根导线，每处扣 0.5 分，端子连接处没有线号，每处扣 0.5 分；电路接线没有绑扎或电路接线凌乱，扣 2 分；号码管没套，每处扣 0.5 分，没有标注或标注错误，每处扣 0.25 分		
	(3) 人机界面设计 (15 分) —组态界面设计； —和 PLC 连接	完成界面设计，缺主要元件每个扣 0.5 分，控制功能与任务书要求不符合每个扣 0.5 分； 触摸屏没有和 PLC 正确连接扣 3 分，通信参数设置错误扣 2 分		
	(4) PLC 程序设计 (30 分) —PLC 程序； —系统整体调试	启动 / 停止方式不按控制要求，扣 2 分； 运行测试不满足要求，每处扣 1 分； 循环运行不满足要求，扣 2 分		
	(5) 职业素养与安全意识 (10 分)	现场操作安全保护符合安全操作规程；工具摆放、包装物品、导线线头等的处理符合职业岗位的要求；团队合作有分工又合作，配合紧密；遵守纪律，尊重教师，爱惜设备和器材，保持工位的整洁		

任务拓展

本书主要以 S7-300+S7-200 SMART 方案作为控制器，本设备另外一套方案 S7-1500+S7-1200 只做简单讲述。本任务拓展选择 CPU1214C DC/DC/DC（或 CPU 1214C DC/DC/AC）为主机，I/0 定义与 S7-200 SMART 系统一样，接线方式也与 S7-200 SMART 系统一样。完成外部接线，使用 SIMATIC STEP 7 Basic V11 软件创建新项目，下面通过一个完整的 S7-1200 控制系统编程调试，重点介绍完成的流程，虽然程序环境不一样，但指令含义相近，这里不再叙述。

一、设备组态

打开 STEP 7 Basic，进入“启动画面”（见图 3-37），选择“创建新项目”，在右侧（见图 3-38）项目名称中输入供料站后，单击“创建”按钮，建立项目文件。

图 3-37　启动画面

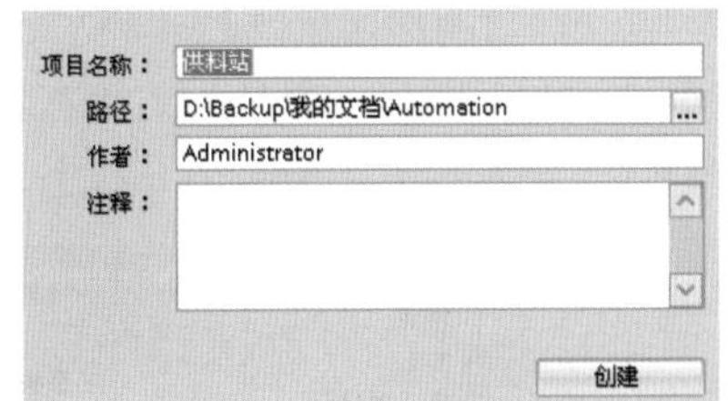

图 3-38　创建新项目

进入开始界面（见图 3-39），进行“组态设备”“创建 PLC 程序”“组态 HMI 画面”设置。进入“组态设备”后，再单击“添加新设备”，选择 CPU 型号及设备订货号，如“6ES7 214-1AG31-0XB0”（见图 3-40），此处一定仔细核对 PLC 实物上的订货号。

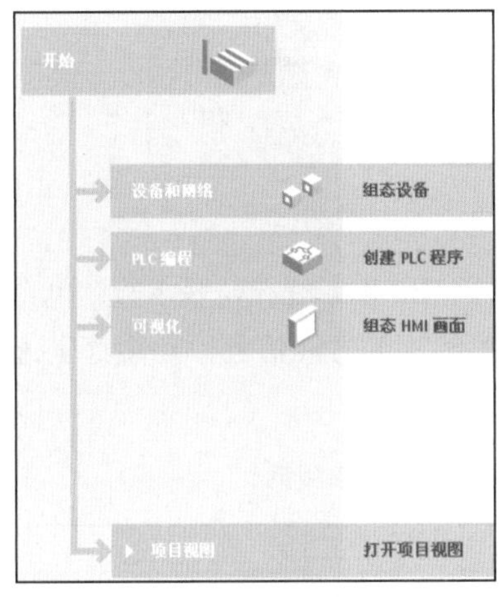

图 3-39　开始界面

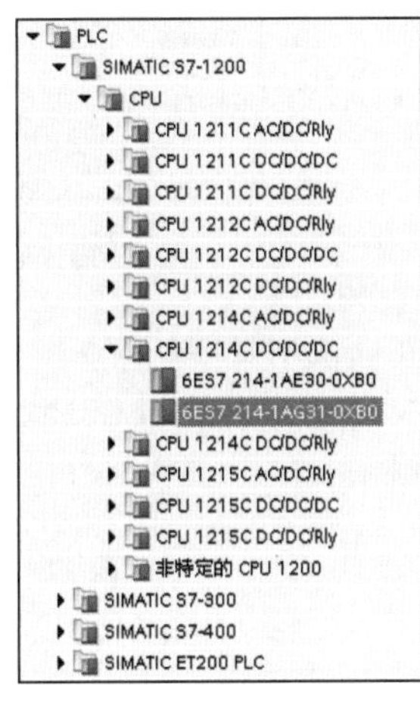

图 3-40　选择设备

进入“创建 PLC 程序”的工程编辑界面后，在软件设备视图（见图 3-41）中可以看到已组态 CPU 主机模块，如果需要在 S7-1200 机架上继续对信号模块进行组态扩展，可以从右侧硬件目录（见图 3-42）的设备中继续添加。

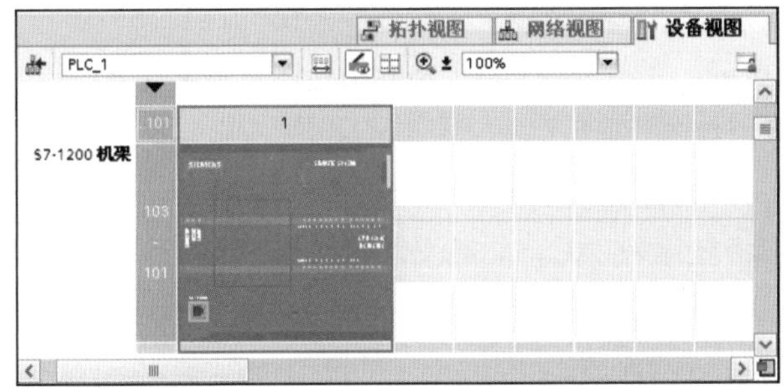

图 3-41　设备视图区

图 3-42　硬件目录

二、CPU模块参数设置

在“系统和时钟存储器”（见图 3-43）中设置，选中“允许使用系统存储器字节”复选框，采用默认的 MB1 作系统存储器字节，也可以修改字节地址。

（1）M1.0（首次循环）：仅在进入 RUN 模式的首次扫描时为 1 状态，以后为 0 状态。

（2）M1.1（诊断图形已更改）：CPU 登陆了诊断事件时，在一个扫描周期内为 1 状态；

（3）M1.2（始终为 1）：总是为 1 状态，其常开触点总是闭合；

（4）M1.3（始终为 0）：总是为 0 状态，其常闭触点总是闭合。

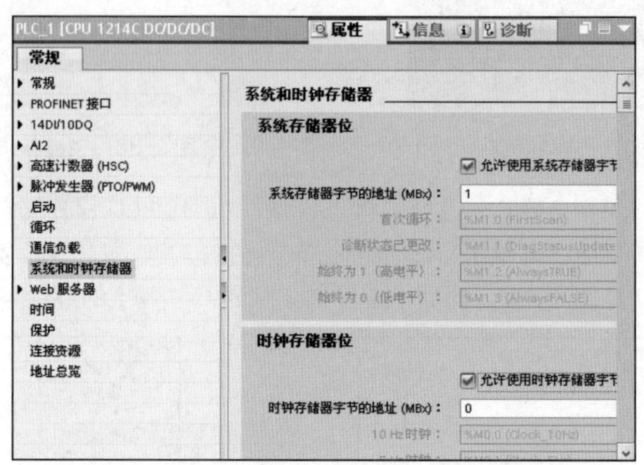

图 3-43　组态系统存储器字节与时钟存储器字节

选中“允许使用时钟存储器字节”，采用默认的 MB0 作系统存储器字节，也可以修改字节地址。时钟脉冲是一个周期内 0 状态和 1 状态各占 50% 的方波信号，元件对应脉冲周期或频率如表 3-9 所示。

表 3-9　时钟存储器字节与周期频率关系

位	7	6	5	4	3	2	1	0
周期 /s	2	1.6	4	0.8	0.5	0.4	0.2	0.1
频率 /Hz	0.5	0.625	1	1.25	2	2.5	5	10

三、创建程序

I/0 定义与 S7-200SMART 系统一样，下面举例介绍程序结构和部分指令。

1．MAIN主程序

在编程软件左侧项目树中，选择程序块中“MAIN”编写主程序。如图 3-44 所示，I1.5 作为启动条件，指令 SR（复位优先位锁存器）。

SR：复位优先位锁存器。输入 R1 的优先级高于输入 S。当 S 和 R1 两个输入的信号状态为“1”时，指定操作数的信号状态将复位为“0”。此触发器用法与 S7-200SMART 是相反的，RS 为置位优先位锁存器。

2．子程序

添加 FB（函数块）作为子程序，如图 3-45 所示。函数块是将自身的值永久存储在背景数

据块中的代码块，从而在块执行后这些值仍然可用。

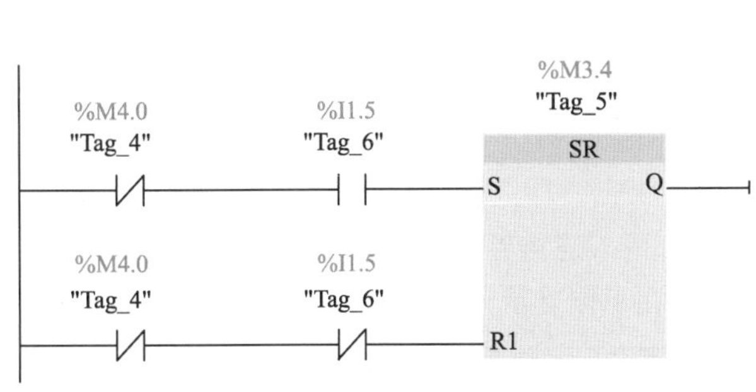

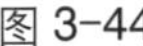

图 3-44

图 3-45 添加 FB 函数块

在调用 FB 时，同时生成 DB，如图 3-46 所示。调用定时器（计数器）时，也会同时生成定时器（计数器）数据块，如图 3-47 所示。

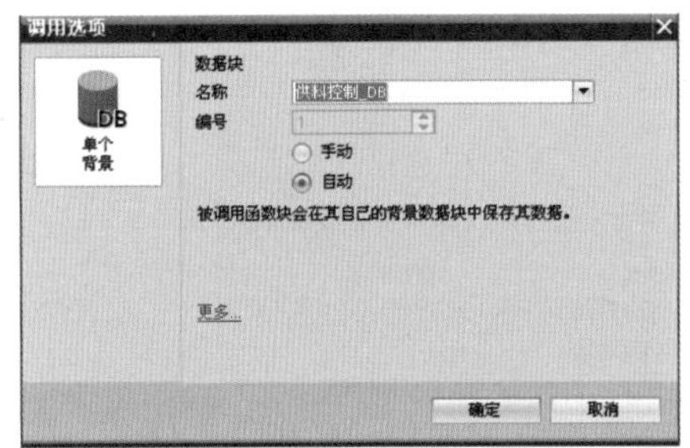

图 3-46 函数快调用生成数据块

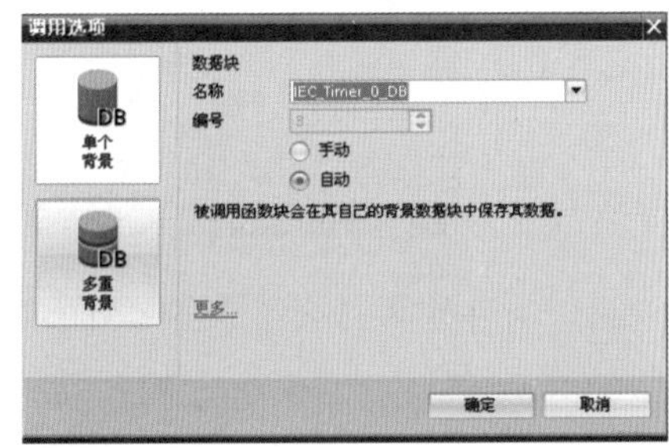

图 3-47 定时器调用生成数据块

三、下载调试

一对一的通信不需要交换机，两台以上的设备通信则需要交换机。CPU 可以使用直通的或交叉的以太网电缆进行通信。

1. 设置计算机网卡的IP地址

计算机网卡和 CPU 的以太网接口的 IP 地址应在同一个子网内，即它们的 IP 地址中前 3 个字节的子网地址完全相同。此外，它们还应使用相同的子网掩码。子网地址一般采用默认的 192.168.0，第 4 个字节是子网设备的地址，不能与网络中其他设备的 IP 地址重叠。计算机和 CPU 的子网掩码一般采用默认的 255.255.255.0。

设置“网上邻居”属性→“本地连接”属性→“Internet 协议（TCP/IP）”，手动设置计算机的 IP 地址和子网掩码，如图 3-48 所示。

2. 组态CPU的PROFINET接口

在已经完成的 S7-1200 项目中，双击项目树中的“设备配置”，打开 PLC 的设备视图，选中 CPU 后再选中下面巡视窗口左边的“以太网地址”组（见图 3-49），按要求设置 IP 地址和子网掩码，设置的地址在下载后才起作用。

○自动获得 IP 地址(O)
◎使用下面的 IP 地址(S):
IP 地址(I): 192 .168 . 0 .101
子网掩码(U): 255 .255 .255 . 0
默认网关(D): 192 .168 . 2 . 1

图 3-48　设置计算机网卡的 IP 地址

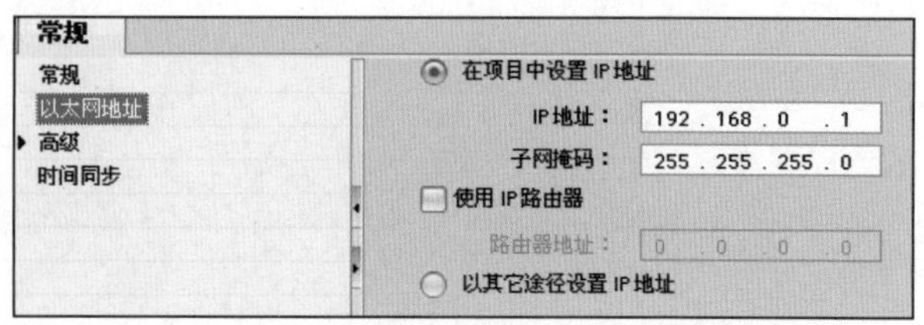

图 3-49　设置 CPU 集成的以太网接口的 IP 地址

3．下载项目到CPU

单击编程软件工具栏中的“下载到设备”，进入连接界面，选择 PG/PC 接口类型为“PN/IE”，自动搜索设置为上述 IP 地址的 PLC 设备，在下侧显示，如图 3-50 所示。

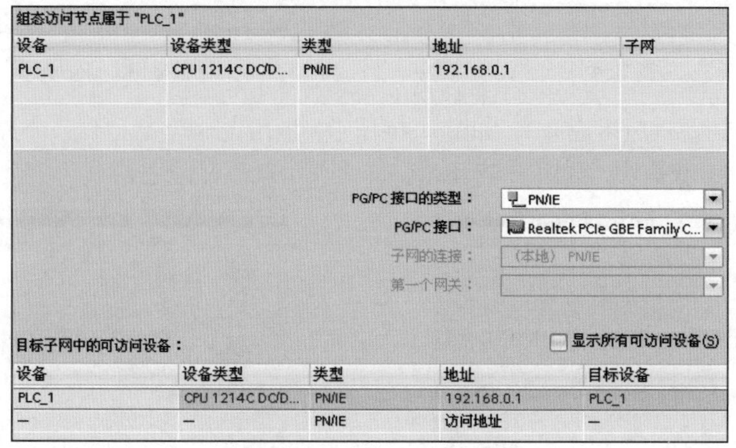

图 3-50　搜索 PLC 设备

连接上对应 IP 地址的 PLC 设备后，可以点击界面左侧的“闪烁 LED”进行连接测试，如连接成功，则能观察到 PLC 上的 ERROR、MAINT 闪烁。

测试完成后单击“下载”按钮，下载完成后 CPU 就自动进入运行状态。

知识、技术归纳

使用 S7-200SMART（晶体管输出）和 HMI 实现搅拌机电气系统控制，会使异步电动机的 Y-△降压启动运行。掌握 S7-1200 的编程与调试过程。

初次在本考核装置上实训，要认识在电控柜的设计流程，特别关注电控柜的布局规范、安装要求、一次回路布线要求、二次回路布线要求等，严格参照国际标准和国家标准。

工程创新素质培养

初次独立完成电气柜的设计、安装、编程与调试，对于电气工程设计人员，一定要严格按照国标工作，掌握工程工作的方法方式和严谨的工作作风。

任务二　鼓风机电气控制系统安装与调试

任务目标

（1）能用 S7-200SMART 控制双速电动机的高、低速运行；

（2）能完成双速电动机三角形和双星形接法的电路连接；

（3）能使用 MCGS 设计鼓风机电气控制系统的监控界面；

（4）能完成鼓风机电气控制系统的运行与调试。

在现代企业的生产车间中，为了通风、降温、除尘和物料输送等，使用着大大小小各种不同型号的鼓风机。这些鼓风机都是由双速三相异步电动机驱动的，在工作中还要根据生产的进度、温度环境的变化、气体的浓度等参数进行开关、高低转换或自动控制。

控制要求：图 3-51 所示为一台鼓风机系统，由两个按钮分别控制鼓风机的启动与停止。按“启动”按钮后鼓风机系统启动，首先双速电动机带动风机低速运行，10 s 后，双速电动机自动转换为高速运行，按停止按钮，双速电动机转为低速运行，10 s 后系统停止运行。

请在触摸屏上做出“启动”与“停止”按钮，同时做两个指示灯来表示双速电动机的高、低运行状态。

图 3-51　鼓风机示意图

双速电动机属于异步电动机变极调速，是通过改变定子绕组的连接方法达到改变定子旋转磁场磁极对数，从而改变电动机的转速。

根据公式 $n=60f/p$（p 为异步电动机的磁极对数），可知异步电动机的同步转速与磁极对数成反比，磁极对数增加一倍，同步转速 n 下降至原转速的一半，电动机额定转速 n 也将下降近似一半，所以改变磁极对数可以达到改变电动机转速的目的。这种调速方法是有级的，不能平滑调速，而且只适用于鼠笼式电动机。

最常见的单绕组双速电动机，转速比等于磁极倍数反比，如 2 极 /4 极、4 级 /8 极，从定子绕组△接法变为 YY 接法，磁极对数从 $2p=2$ 变为 $2p=1$，所以转速比是 1 : 2。

双速电动机调速时，需要通过切换外部控制线路，来改变电动机线圈绕组的连接方式，

图 3-52 所示为 34 槽交流双速电动机绕组接线方式。

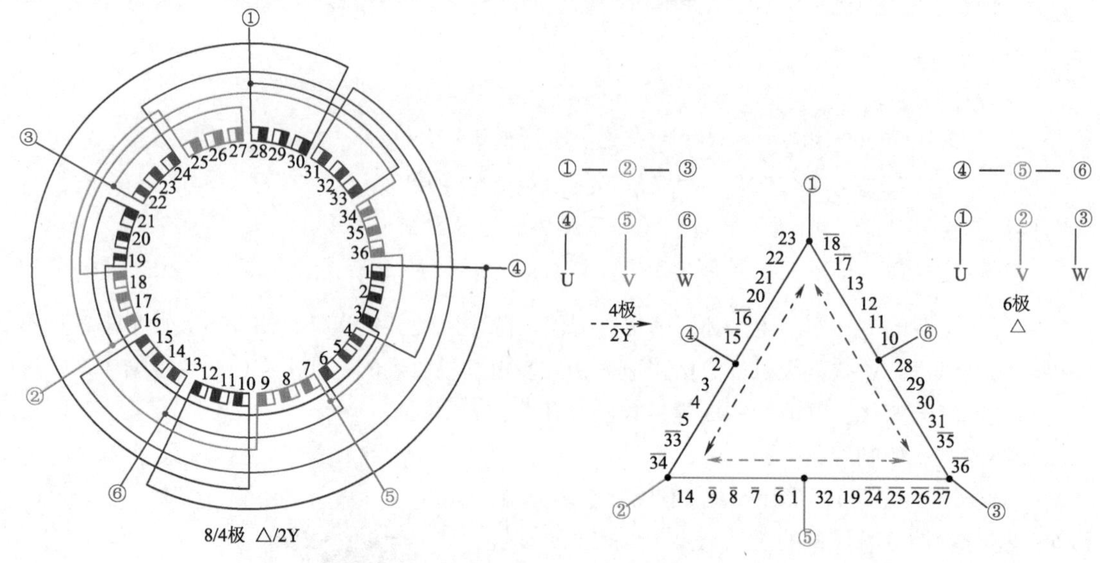

图 3-52　34 槽交流双速电动机绕组接线方式

一、系统方案设计

系统框图如图 3-53 所示。西门子 S7-200 SMART SR40 作为控制器，控制电动机运行速度，触摸屏提供启动、停止信号，同时监视双速电动机的工作状态。

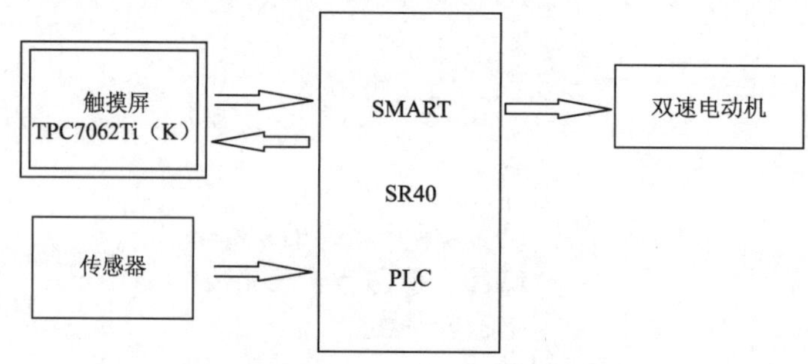

图 3-53　鼓风机控制系统框图

二、电气设计与安装

1. 电气原理分析

主电路如图 3-54 所示，当合上空气开关 QS，按下启动按钮，KM1 线圈得电，KM1 主触点闭合，电动机△型连接低速运转。软件定时器延时后，KM2、KM3 线圈得电，KM2、KM3 主触点闭合，电动机双 Y 型连接高速运行，运行过程示意如图 3-55 所示。

停止时，可以按下“停止”按钮，KM2、KM3 线圈失电，双速电动机立即停止运行。

2. I/O地址分配

根据延时切换的双速电动机调速控制，对主电路实现功能分析，对鼓风机电气控制系统的 I/O 地址合理分配，如表 3-10 所示。

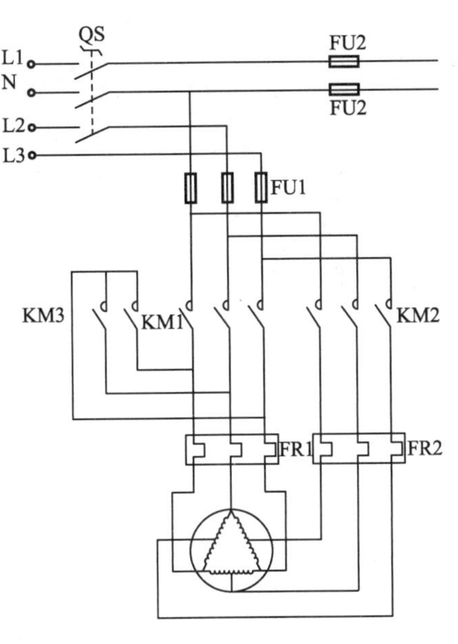

图 3-54　鼓风机控制系统主电路

按下"启动"按钮 ⇨ KM1线圈得电 ⇨ KM1主触点闭合 ⇨ 双速电动机△形连接，低速运行

⇨10 s后 ⇨ KM2、KM3线圈得电 ⇨ KM2、KM3主触点闭合 ⇨ 双速电动机双Y形连接，高速运行

图 3-55　鼓风机运行过程示意图

徒儿，主电路和搅拌机系统相类似，观察区别在哪里？

表 3-10　I/O 地址分配表

输入信号			输出信号		
序号	信号名称	PLC 输入点	序号	信号名称	PLC 输出点
1	启动按钮	I0.0	1	△形接触器 KM1	Q0.0
2	停止按钮	I0.1	2	双 Y 形接触器 KM2	Q0.1
			3	双 Y 形接触器 KM3	Q0.2

控制系统的 PLC 接线图如图 3-56 所示。

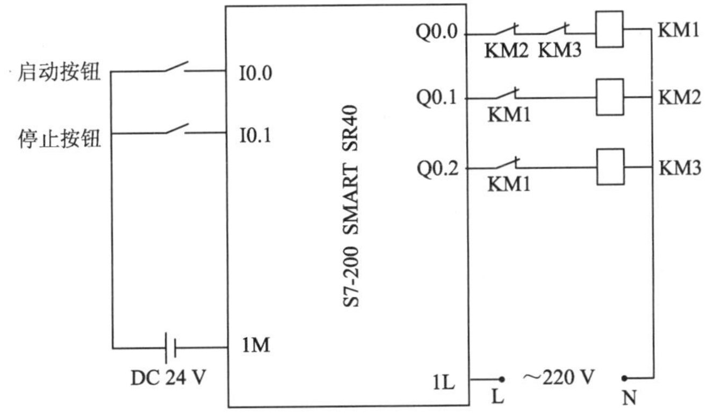

图 3-56　鼓风机控制系统 PLC 端子接线图

三、系统安装

图 3-57　双速电动机的接线示意图

本项目实施延时切换的双速电动机调速控制，在认识并准备好所需元器件后，其中 YL-158GA1 电气控制技术实训考核装置上选用的是型号 YS502/4 双速电动机。准备工作完成后就可以开始电气系统的安装与调试，接线时注意安装规范和接线工艺要求，注意双速电动机线圈的 6 个引出端的接线，如图 3-57 所示。

四、软件组态设计

1. MCGS组态设计

在进行 PLC 程序设计之前，先进行触摸屏组态设计，制作画面和元器件关联，特别是与 PLC 的关联元器件（见表 3-11），这样可以发出控制命令和监控运行状态。

表 3-11　PLC 通道与 MCGS 设备连接表

序　　号	PLC 通道	MCGS 设备	序　　号	PLC 通道	MCGS 设备
1	M0.0	“启动”按钮	1	Q0.0	低速指示灯
2	M0.1	“停止”按钮	2	Q0.1	高速指示灯

鼓风机组态界面如图 3-58 所示。

2. PLC程序设计

鼓风机控制系统 PLC 控制程序如图 3-59 所示。在程序中省略了部分元器件，同学可以在调试程序中加入，例如 :“启动”按钮 SB1、“停止”按钮 SB2 等。

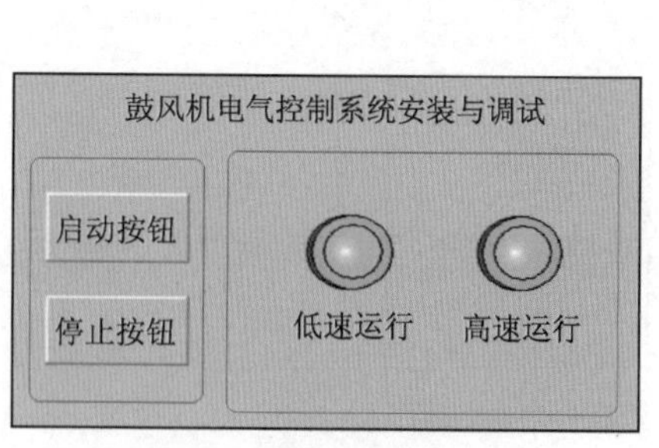

图 3-58　鼓风机组态界面

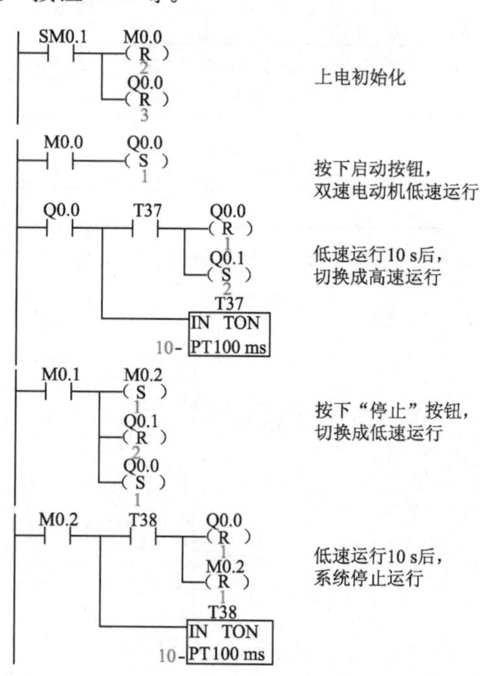

图 3-59　鼓风机控制系统 PLC 控制程序

学生把测试数据记录到表 3-12 中（以“1”代表得电，以“0”代表失电）。

表 3-12　运行记录表

项目 元器件	按下启动按钮	10 s后	按下停止按钮	10 s后
接触器 KM1（△型）				
接触器 KM2（双 Y 型）				
接触器 KM3（双 Y 型）				

任务拓展

下面设计一个传送带传输双速电动机控制系统。传送带可以在两种速度下传动，正反向均可运行，使用一台双速电动机拖动。无齿轮箱变速，传送带正向或反向传输到一定位置时必须停止。传送带简易实物图如图 3-60 所示，传送带光电传感器示意图如图 3-61 所示。

控制要求：系统上电后，此时传送带应处于停止状态，当 A 点光电检测开关检测到工件后，双速电动机低速启动，当工件经过 B 点时，双速电动机转为高速运行，经过 C 点时，双速电动机转为低速运行，到达 D 点时，双速电动机停止运行，10 s 后，双速电动机低速启动，当工件经过 C 点时，双速电动机转为高速运行，经过 B 点时，双速电动机转为低速运行，到达 A 点时，双速电动机停止运行。此时，需取走当前工件，再次放入工件，系统方可继续运行。

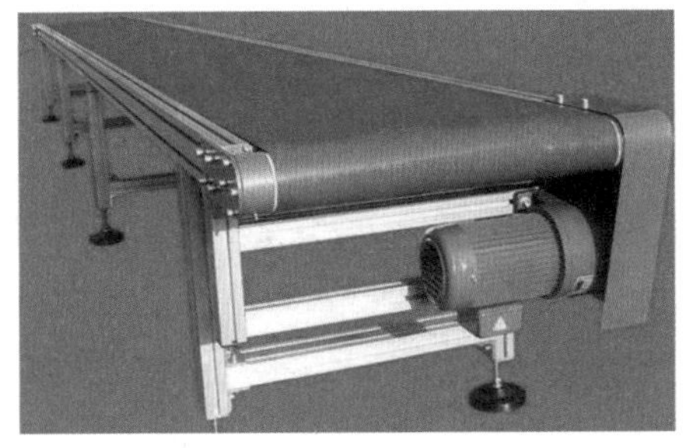

图 3-60　传送带简易实物图

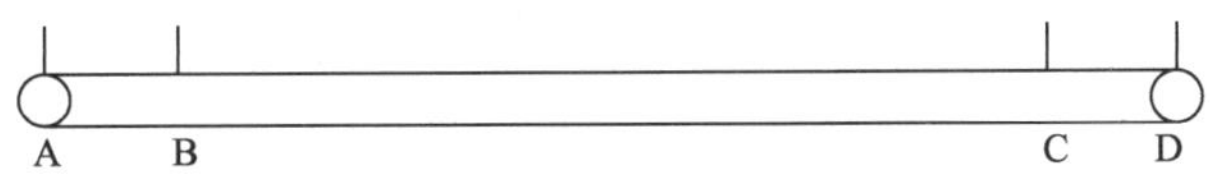

图 3-61　传送带光电传感器示意图

一、电气原理图

1. 主电路

传送带的双速电动机主电路在此省略，基本原理图参见图 3-54。

2. PLC控制电路

I/O 地址分配如表 3-13 所示。

表 3-13 I/O 地址分配表

输入信号			输出信号		
序号	信号名称	PLC 输入点	序号	信号名称	PLC 输出点
1	启动	I0.0	1	△形接触器 KM1	Q0.0
2	停止	I0.1	2	双 Y 形接触器 KM2	Q0.1
3	A 点检测	I0.2	3	双 Y 形接触器 KM3	Q0.2
4	B 点检测	I0.3	4	正转接触器 KM4	Q0.3
5	C 点检测	I0.4	5	反转接触器 KM5	Q0.4
6	D 点检测	I0.5			

传送带的 PLC 控制电路如图 3-62 所示。

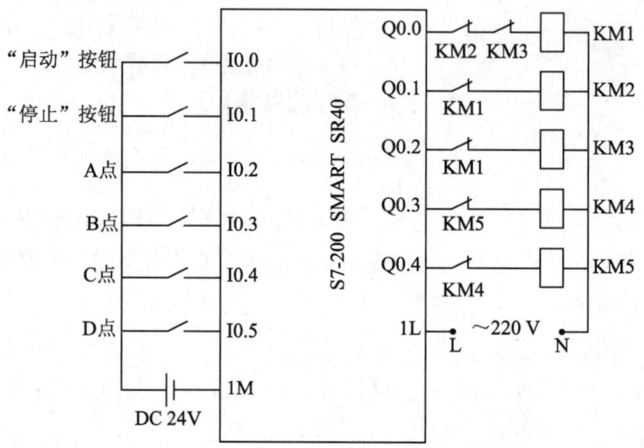

图 3-62 PLC 控制电路

二、软件组态设计

程序设计主要包括上电初始化、顺序功能和输出控制。

上电初始化程序如图 3-63 所示。

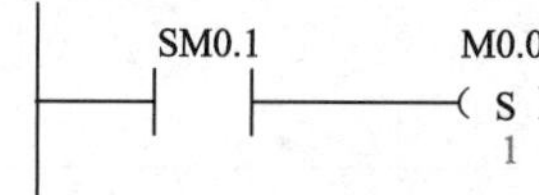

上电初始化

图 3-63 上电初始化

顺序功能流程如图 3-64 所示。

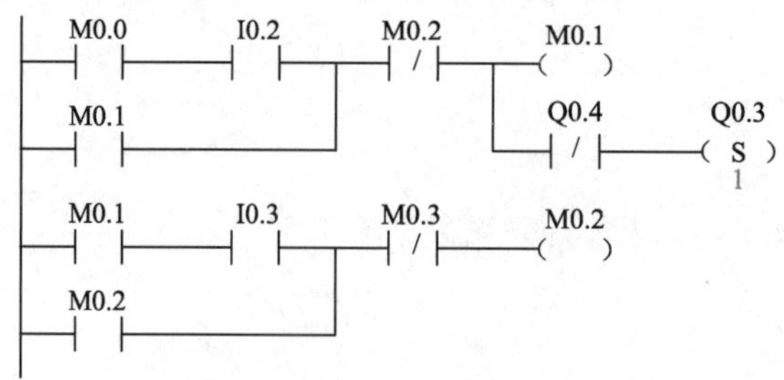

当A点检测到工件后，双速电动机正转低速运行

当B点检测到工件后，双速电动机正转高速运行

图 3-64 顺序功能流程

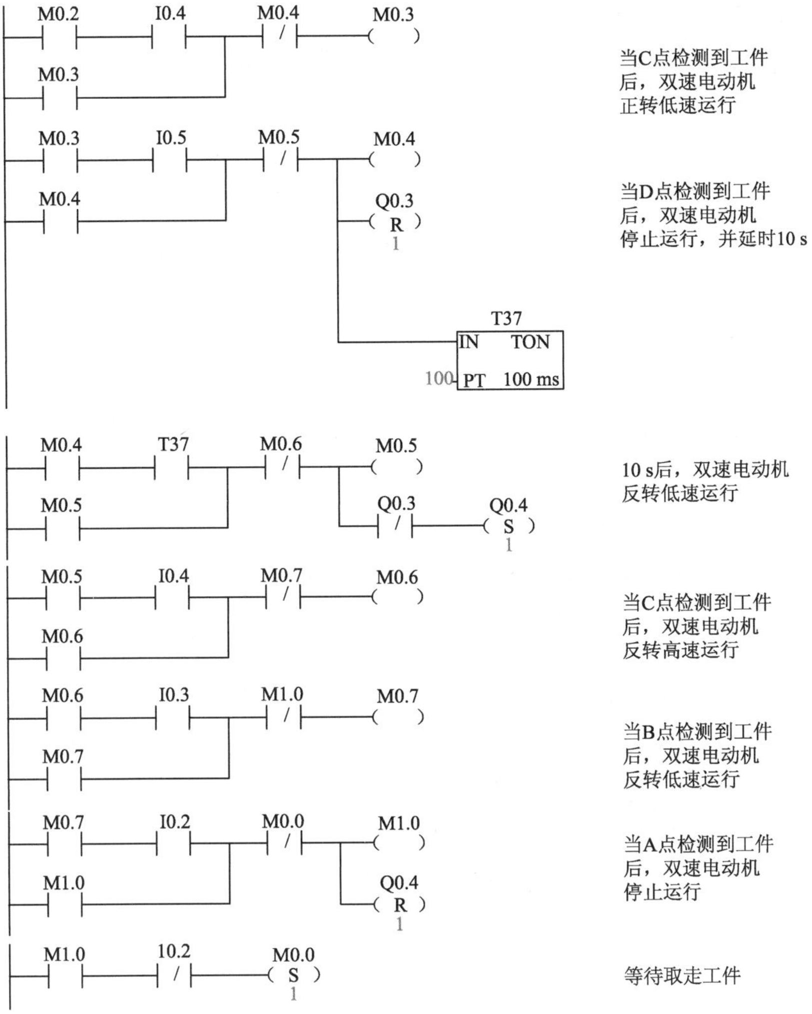

M0.2　I0.4　M0.4（/）　M0.3（ ）
M0.3

当C点检测到工件后，双速电动机正转低速运行

M0.3　I0.5　M0.5（/）　M0.4（ ）
M0.4　Q0.3（R）1
T37：IN TON，100 PT 100 ms

当D点检测到工件后，双速电动机停止运行，并延时10 s

M0.4　T37　M0.6（/）　M0.5（ ）
M0.5　Q0.3（/）　Q0.4（S）1

10 s后，双速电动机反转低速运行

M0.5　I0.4　M0.7（/）　M0.6（ ）
M0.6

当C点检测到工件后，双速电动机反转高速运行

M0.6　I0.3　M1.0（/）　M0.7（ ）
M0.7

当B点检测到工件后，双速电动机反转低速运行

M0.7　I0.2　M0.0（/）　M1.0（ ）
M1.0　Q0.4（R）1

当A点检测到工件后，双速电动机停止运行

M1.0　I0.2（/）　M0.0（S）1

等待取走工件

图 3-64　顺序功能流程（续）

输出控制程序如图 3-65 所示。

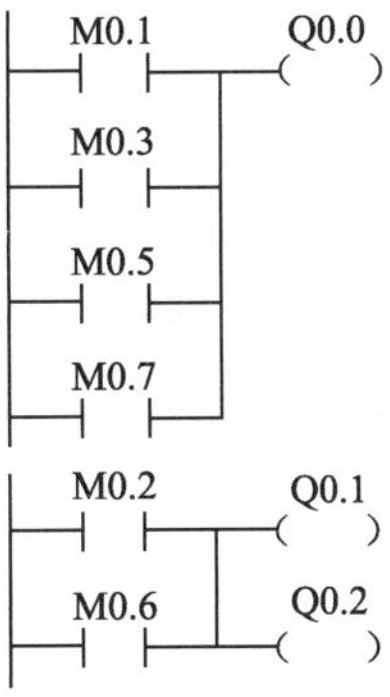

M0.1　Q0.0（ ）
M0.3
M0.5
M0.7

M0.2　Q0.1（ ）
M0.6　Q0.2（ ）

图 3-65　输出控制

同时，请在触摸屏上做出“启动”与“停止”按钮，以及 4 个模拟检测信号。同时，做指

示灯来表示双速电动机的高速、低速、正转、反转运行状态。这些触摸屏元件未加入程序中，调试过程可以加入，便于调试运行。传输带组态界面的PLC通道与MCGS设备连接表如表3-14所示。

表3-14　PLC通道与MCGS设备连接表

输入信号			输出信号		
序　号	PLC通道	MCGS设备	序　号	PLC通道	MCGS设备
1	启动	M2.0	1	高速指示灯	M3.0
2	停止	M2.1	2	低速指示灯	M3.1
3	A点检测	M2.2	3	正转指示灯	M3.2
4	B点检测	M2.3	4	反转指示灯	M3.3
5	C点检测	M2.4			
6	D点检测	M2.5			

传输带组态界面如图3-66所示。

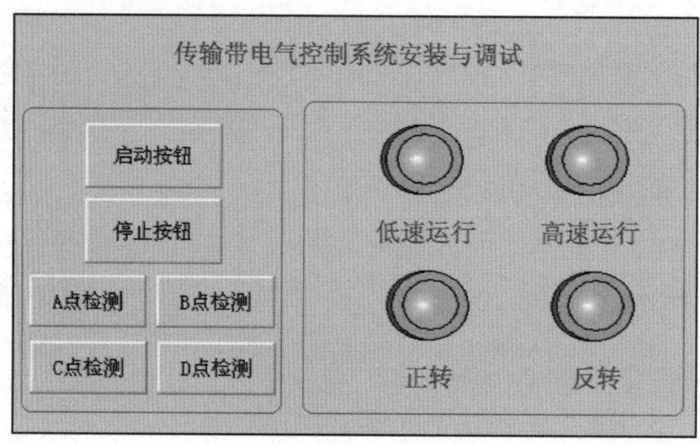

图3-66　传输带组态界面

知识、技术归纳

使用S7-200SMART（继电器输出）和HMI实现鼓风机电气系统控制，会双速电动机的接线和控制。对比三相交流异步电动机的Y-△的控制方式，双速电动机有异曲同工之处。

工程创新素质培养

双速电动机的选型、双速电动机的应用。

任务三　龙门刨床电气控制系统安装与调试

任务目标

(1) 能用S7-300控制变频器对电动机进行多段速操作；

(2) 能完成S7-300、变频器的龙门刨床的电路连接；

(3) 能使用MCGS设计龙门刨床电气控制系统的监控界面；

(4) 能完成龙门刨床电气控制系统的运行与调试。

龙门刨床主要用于刨削大型工件，也可在工作台上装夹多个零件同时加工。龙门刨床的工

作台运动带着工件通过门式框架作直线往复运动。机床工作台的常规驱动采用发电机－电动机组或晶闸管直流调速方式进行调速，现多数采用 MM420 变频器驱动该机床工作台电动机。

图 3-67 所示为一台龙门刨床，控制系统有 1 个“启动”按钮与 4 个开关量位置传感器，分别控制系统的启停与各个位置的检测。西门子 MM420 变频器控制电动机运行可以多段速运行，而且设置参数的方法多样化，多数龙门刨床中是五段速运行，如图 3-68 所示，控制方式可以是触摸屏 HMI+S7-300PLC+MM420 变频器的联合实现。

图 3-67　龙门刨床

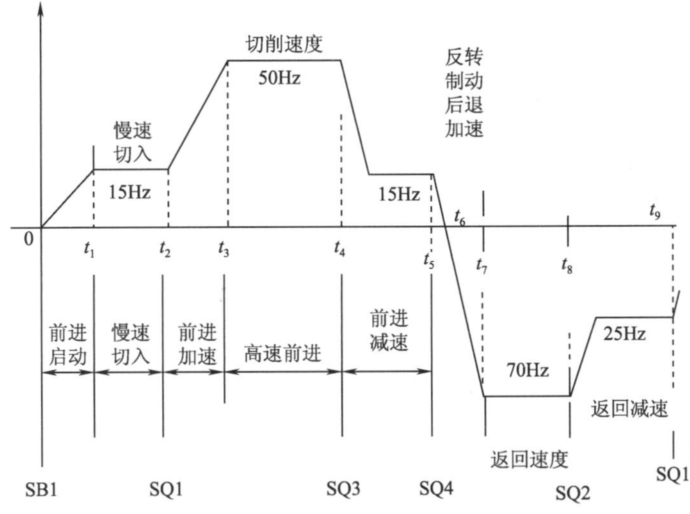

图 3-68　龙门刨床工作台运行速度示意图

控制要求：按“启动”按钮后系统自动运行，首先启动变频器以 15 Hz 的频率带动工件慢速切入，当工件达到 SQ1 位置时加速至 50 Hz 带动工件高速前进，当工件到达 SQ3 位置时减速至 15 Hz 运行，当工件到达 SQ4 位置时工件以 -70 Hz 的速度加速返回，到达 SQ2 位置时，减速至 -25 Hz 运行，当到达 SQ1 位置时变频器停止工作，在 HMI 上添加各个位置按钮，模拟工件的运动位置，并且显示电动机当前的运行频率。

先复习一下什么
是变频原理吧！

变频就是改变供电频率，从而调节负载，起到降低功耗、减小损耗、延长设备使用寿命等作用。变频技术的核心是变频器，通过对供电频率的转换来实现电动机运转速度率的自动调节，把 50 Hz 的固定电网频率改为不同的变化频率。同时，还使电源电压适应范围达到 142 ~ 270 V，解决了由于电网电压的不稳定而影响电器工作的难题。通过改变供电频率的方式实现交流电控制的技术叫作变频技术。

为什么采用直接选择+ON命令+二进制编码的方式设置变频器参数？

采用直接选择的方法设置参数后，需要单独给变频器启动信号而且只能选择 3 个速度，这样不仅实现不了龙门刨床的五段速控制，还额外增加了 PLC 的输出点数，采用直接选择 +ON 命令 + 二进制编码的方法设置可减少 PLC 的输出点数。

西门子 MM420 变频器的命令源参数 P0700=2（外部 I/O），选择频率设置的信号源参数 P1000=3（固定频率），并设置数字输入端子 DIN1、DIN2、DIN3 等相应的功能后，就可以通过外接的开关器件的组合通断改变输入端子的状态实现电动机速度的有级调整。这种控制频率的方式称为多段速控制功能。

选择数字输入 1（DIN1）功能的参数为 P0701，默认值 =1；

选择数字输入 2（DIN2）功能的参数为 P0702，默认值 =12；

选择数字输入 3（DIN3）功能的参数为 P0703，默认值 =9。

为了实现多段速控制功能，应该修改这 3 个参数，给 DIN1、DIN2、DIN3 端子赋予相应的功能。参数 P0701、P0702、P0703 均属于“命令，二进制 I/O”参数组（P0004=7），可能的设置值如表 3-15 所示。

表 3-15　参数 P0701、P0702、P0703 可能的设置值

设　置　值	所指定参数值意义	设　置　值	所指定参数值意义
0	禁止数字输入	13	MOP（电动电位计）升速（增加频率）
1	接通正转 / 停车命令 1	14	MOP 降速（减少频率）
2	接通反转 / 停车命令 1	15	固定频率设置值（直接选择）
3	按惯性自由停车	16	固定频率设置值（直接选择 + ON 命令）
4	按斜坡函数曲线快速降速停车	17	固定频率设置值（二进制编码的十进制数（BCD 码）选择 + ON 命令）
9	故障确认	21	机旁 / 远程控制
10	正向点动	25	直流注入制动
11	反向点动	29	由外部信号触发跳闸
12	反转	33	禁止附加频率设置值
		99	使能 BICO 参数化

由表 3-15 可见，参数 P0701、P0702、P0703 设置值取值为 15、16、17 时，选择固定频率的方式确定输出频率（FF 方式）。这 3 种选择说明如下：

（1）直接选择（P0701 ~ P0703=15）：在这种操作方式下，一个数字输入选择一个固定频率。如果有几个固定频率输入同时被激活，选定的频率是它们的总和。例如：FF1+FF2+FF3。在这种方式下，还需要一个 ON 命令才能使变频器投入运行。

（2）直接选择 +ON 命令（P0701 ~ P0703=16）：选择固定频率时，既有选定的固定频率，又带有 ON 命令，把它们组合在一起。在这种操作方式下，一个数字输入选择一个固定频率。

如果有几个固定频率输入同时被激活，则选定的频率是它们的总和。例如：FF1+FF2+FF3。

（3）二进制编码的十进制数（BCD 码）选择 +ON 命令（P0701 ~ P0703=17）：使用这种方法最多可以选择 7 个固定频率。各个固定频率的数值如表 3-16 所示。

表 3-16　固定频率的数值选择

参　数	频　率	DIN3	DIN2	DIN1
—	OFF	不激活	不激活	不激活
P1001	FF1	不激活	不激活	激活
P1002	FF2	不激活	激活	不激活
P1003	FF3	不激活	激活	激活
P1004	FF4	激活	不激活	不激活
P1005	FF5	激活	不激活	激活
P1006	FF6	激活	激活	不激活
P1007	FF7	激活	激活	激活

综上所述，为实现多段速控制的参数设置步骤如下：

（1）设置 P0004=7，选择“外部 I/O”参数组，然后设置 P0700=2；指定命令源为“由端子排输入”。

（2）设置 P0701、P0702、P0703=15 ~ 17，确定数字输入 DIN1、DIN2、DIN3 的功能。

（3）设置 P0004=10，选择“设置值通道”参数组，然后设置 P1000=3，指定频率设置值信号源为固定频率。

（4）设置相应的固定频率值，即设置参数 P1001 ~ P1007 有关对应项。

一、系统方案设计

系统框图如图 3-69 所示。西门子 S7-300 作为控制器，控制电动机的转速；触摸屏提供启动、停止信号，同时监视电动机运行频率。

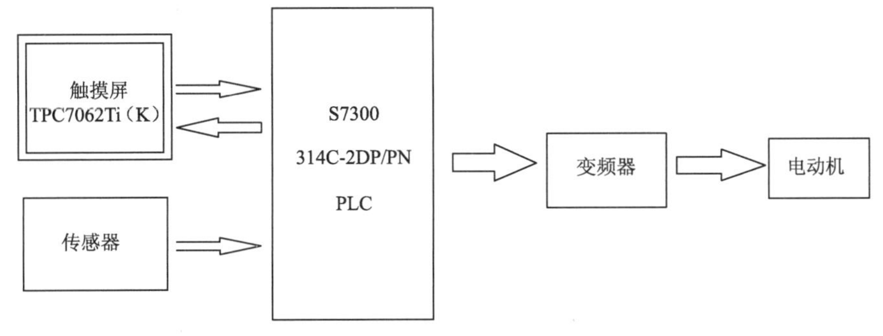

图 3-69　龙门刨床控制系统框图

二、电气设计与安装

1. I/O分配表（见表3-17）

表 3-17　龙门刨床电气控制系统 I/O 分配表

输入信号			输出信号		
序　号	信号名称	PLC 输入点	序　号	信号名称	PLC 输出点
1	SB1	M 0.0	1	第一段速 15 Hz	Q136.0
2	SQ1	M 0.1	2	第二段速 50 Hz	Q136.1
3	SQ2	M 0.2	3	第三段速 15 Hz	Q136.0
4	SQ3	M 0.3	4	第四段速 −70 Hz	Q136.0 Q136.1
5	SQ4	M 0.4	5	第五段速 −25 Hz	Q136.2

注意：在本任务中因第一段速与第三段速频率相同，所以将第一段速与第三段速的输出合并为相同的一组，达到对PLC输出点数的合理利用。

2. 龙门刨床电气控制系统变频器多段速组合（见表3-18）

表 3-18　龙门刨床电气控制系统变频器多段速组合

段速 \ 输入端子	端子 7 Q136.2	端子 6 Q136.1	端子 5 Q136.0
第一段速 15 Hz	0	0	1
第二段速 50 Hz	0	1	0
第三段速 −70 Hz	0	1	1
第四段速 −25 Hz	1	0	0

3. 变频器参数表（见表3-19）

表 3-19　龙门刨床电气控制系统变频器参数表

参　数	设　置　量
P0010	30
P0970	1
P0304	具体设置量以实际使用的电动机为准
P0305	
P0307	
P0310	
P0311	
P0700	2

续表

参　数	设 置 量
P0701	17
P0702	
P0703	
P1000	3
P1001	15
P1002	50
P1003	−75
P1004	−25

4. 电气原理图

（1）主电路：此处变频器主电路包括 L1 和 L2 连接供电单相电源 AC 220 V，U、V、W 连接三相交流异步电动机，其他注意元件接地保护，如图 3-70 所示。

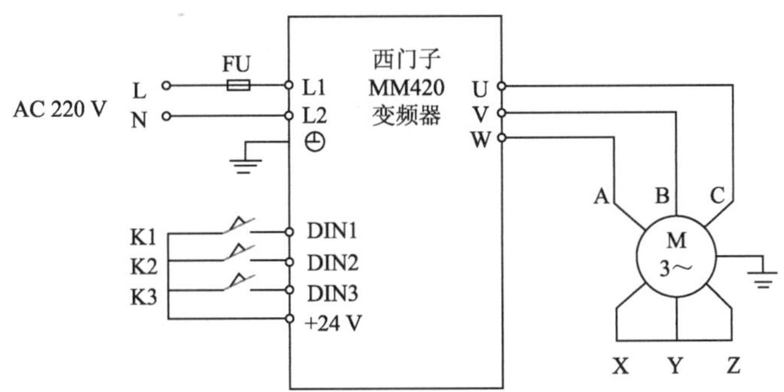

图 3-70　龙门刨床控制系统主电路

（2）PLC 端子接线图：PLC 端子接线有电源，输入部分的主令信号，控制多段调速的多功能端子 DIN1、DIN2、DIN3 有 PLC 输出信号控制，在图 3-71 中 Q136.0、Q136.1、Q136.2 连接到变频器的 VF(5)、VF(6)、VF(7) 号端子，直流 DC 24 V 电源也可以由 PLC 提供。

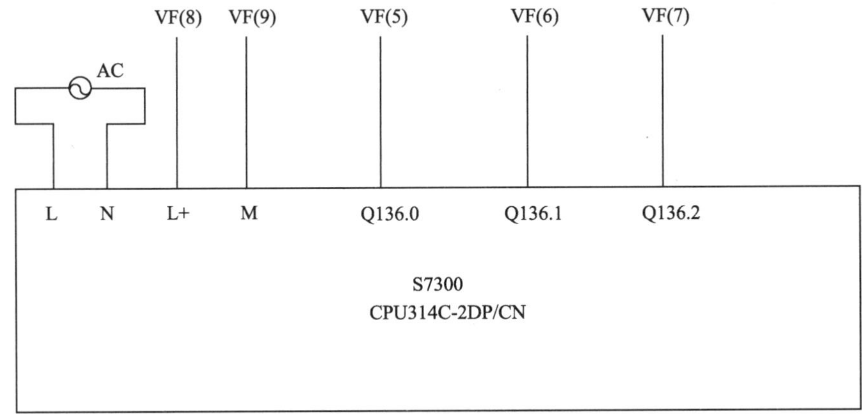

图 3-71　龙门刨床控制系统 PLC 端子接线图

三、软件组态设计

1. MCGS触摸屏监控界面设计

PLC 通道与 MCGS 设备连接表如表 3-20 所示。

表 3-20　PLC 通道与 MCGS 设备连接表

序　号	PLC 通道	MCGS 设备	序　号	PLC 通道	MCGS 设备
1	M0.0	启动按钮	1	MW50	变频器 运行频率显示
2	M0.1	SQ1			
3	M0.2	SQ2			
4	M0.3	SQ3			
5	M0.4	SQ4			

此触摸屏设计按钮前面已经介绍过，这里主要是运行频率显示，使用“标签”元件，设置“显示数值”功能，并关联上 PLC 数据寄存器元件。龙门刨床组态界面如图 3-72 所示。

2. 顺序功能图设计

根据龙门刨床控制流程设计顺序功能图（见图 3-73），上电后初始脉冲进入 M1.0，按下“启动按钮”后变频器控制电动机运行，在 SQ1~SQ4 行程开关之间切换运行状态 M1.1~M1.5，变频器的运行频率不断变化。

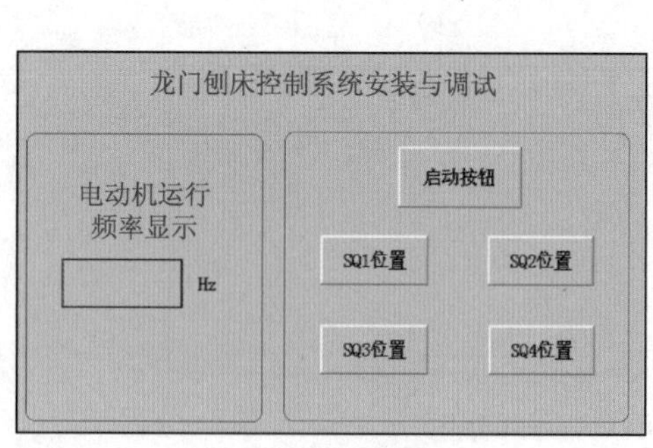

图 3-72　龙门刨床组态界面

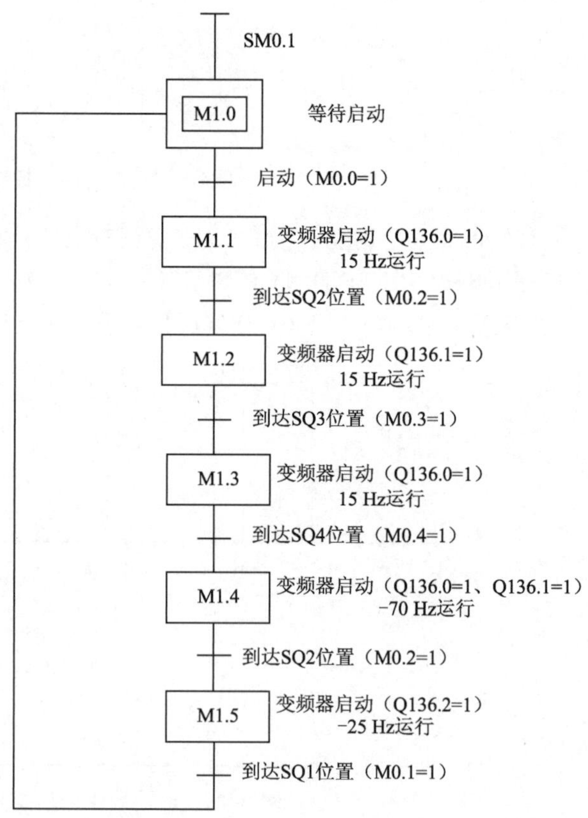

图 3-73　龙门刨床控制系统顺序功能图

3. PLC程序设计

龙门刨床控制系统 PLC 程序如图 3-74 所示。

MOVE EN ENO 1 IN OUT MW6 —— 启动初始步

CMP==1 MW6 IN1 1 IN2 —— M100.0 (P) —— M1.0 (S)

M1.0 M0.0 / M1.1 M0.2 / M1.2 M0.3 / M1.3 M0.4 / M1.4 M0.2 / M1.5 M0.1 —— M100.0 (P) —— SHL_W EN ENO MW1 IN OUT MW1 MW6 N —— 到达各位置时启动各控制步

CMP<>I MW1 IN1 0 IN2 —— M1.1 M30.0 ( ) / M1.2 M30.1 ( ) / M1.3 M30.2 ( ) / M1.4 M30.3 ( ) / M1.5 Q136.2 ( ) —— 用中间继电器控制输出避免双线圈输出

M30.0 / M30.2 / M30.3 —— Q136.0 ( )

M30.1 / M30.3 —— Q136.1 ( )

M1.6 —— MOVE EN ENO 0 IN OUT MW1 —— M100.2 (P) —— M1.0 (S) —— 一次循环结束回到初始步

Q136.0 —— MOVE EN ENO 15 IN OUT MW50

图 3-74　龙门刨床控制系统 PLC 程序

```
Q136.0      Q136.1      MOVE
──┤ ├────────┤ ├───────EN  ENO──────
                  -70─IN  OUT─MW50

Q136.1      MOVE
──┤ ├──────EN  ENO──────────────────  触摸屏显示变
        50─IN  OUT─MW50               频器运行频率

Q136.2      MOVE
──┤ ├──────EN  ENO──────────────────
       -25─IN  OUT─MW50
```

图 3-74　龙门刨床控制系统 PLC 程序（续）

学生把测试数据记录到表 3-21 中（以“1”代表得电，以“0”代表失电）。

表 3-21　运行记录表

项目 电动机	按下启动按钮	SQ1 位置	SQ2 位置	SQ3 位置	SQ4 位置
电动机运行					
电动机运行频率					

任务拓展

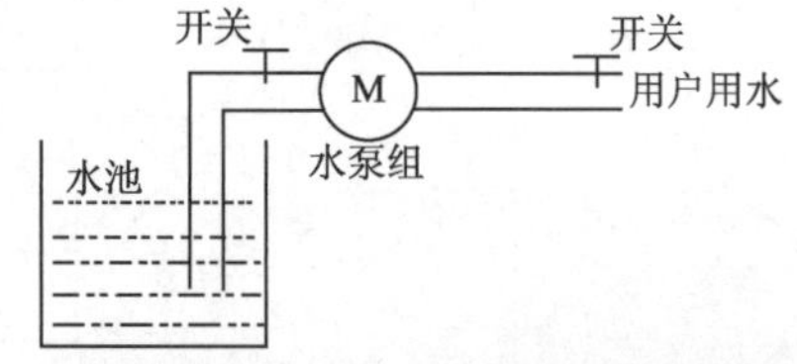

图 3-75　供水流程简图

本任务需要设计一栋 10 层楼高的楼房供水系统。由于高层楼对水压的要求高，在水压低时，高层用户将无法正常用水甚至出现无水的情况，水压高时将造成能源的浪费。图 3-75 所示为这栋小楼的供水简易流程。自来水厂送来的水先储存在水池中再通过水泵加压送给用户。通过水泵加压后，必须恒压供给每一个用户。

一般来说，恒压供水设备具有手动运行和自动运行 2 种模式。手动模式下可根据需要对水泵电动机进行手动控制，自动模式下根据水池水位能够控制管网的供水压恒定。

下面就来完成变频器多段调速控制的恒压供水系统！

一、系统方案设计

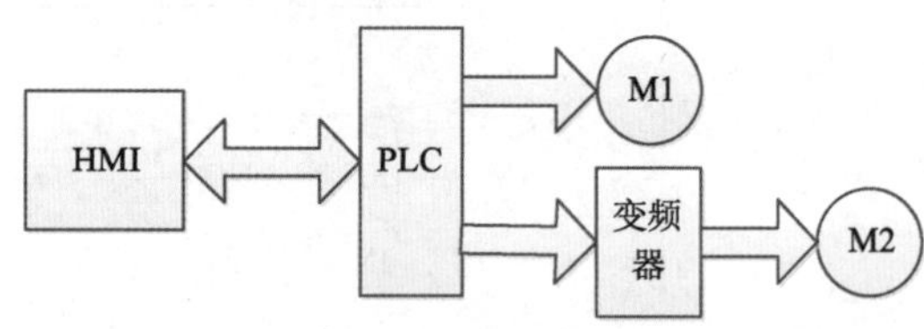

图 3-76　系统设计方案

控制要求：系统由一台变频器和 2 台异步电动机组成（见图 3-76），其中电动机 1（M1）是双速电动机，电动机 2（M2）是异步电动机，由变频器控制。系统有手动和自动 2 种状态，手动状态下，按下启动按钮后，根据压力，可手动选择电动机 1 的高低速和电动机 2 的低、中、高运行频率；按下停止按钮，整个系统停止工作。自动状态下，电动机 1 和电动机 2 共有以下 8 种运行状态（电动机 1 低速、电动机 1 低速 + 电动机 2 低速、电动机 1 低速 + 电动机 2 中速、电动机 1 低速 + 电动机 2 高速、电动机 2 高速、电动机 1 高速 + 电动机 2 低速、电动机 1 高速 + 电动机 2 中速、电动机 1 高速 + 电动机 2 高速）按下启动按钮后，如果压力检测开关显示压力低，电动机 1 和电动机 2 每隔 10 s 依次切换运行状态，直至达到规定压力，按下停止按钮后，系统停止运行。

二、电气设计与安装

下面以手动状态为例，对任务进行实施。手动状态下，按下启动按钮后，可手动选择电动机 1 的高低速和电动机 2 的低、中、高运行频率；按下停止按钮，整个系统停止工作。

I/O 地址分配如表 3-22 所示。

表 3-22　I/O 地址分配表

输入信号		输出信号	
启动按钮 SB1	I0.0	接触器 KM1（△型低速）	Q0.0
停止按钮 SB2	I0.1	接触器 KM2（双 Y 型高速）	Q0.1
低速按钮 SB3	I0.2	接触器 KM3（双 Y 型高速）	Q0.2
高速按钮 SB4	I0.3	变频器低速信号	Q0.4
变频器低速按钮 SB5	I0.4	变频器中速信号	Q0.5
变频器中速按钮 SB6	I0.5	变频器高速信号	Q0.6
变频器高速按钮 SB7	I0.6		
手动 / 自动选择开关 SA	I0.7		

三、软件组态设计

HMI 与 PLC 关联元件可以自己定义，参考表 3-22 中元件，输入信号可以用 HMI 元件代替，输出用相同元件，恒压供水组态设计如图 3-77 所示。

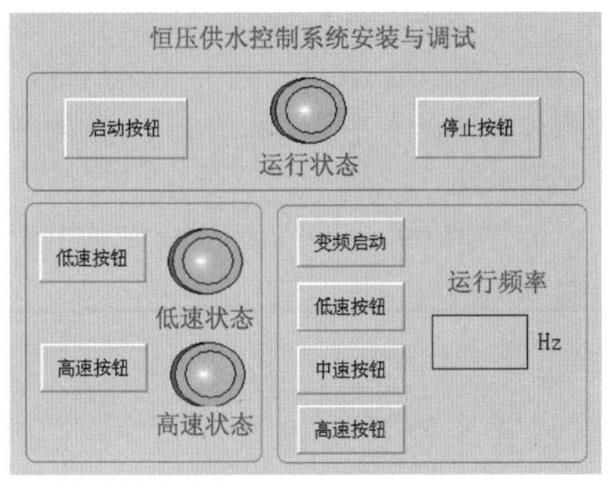

图 3-77　恒压供水系统组态界面

知识、技术归纳

使用 S7-300 和 HMI 实现龙门刨床电气系统控制，会异步电动机变频器的多段调速控制。

工程创新素质培养

熟悉西门子 MM420 变频器的使用方法，了解变频器多段调速的恒压供水，以及其他类似应用案例。

任务四　传送带电气控制系统安装与调试

任务目标

(1) 能用 S7-300 控制变频器电动机模拟量调速。

(2) 能完成 S7-300、变频器的传送带的电路连接。

(3) 能使用 MCGS 设计传送带电气控制系统的监控界面。

(4) 能完成传送带电气控制系统的运行与调试。

19 世纪中叶，各种现代结构的传送带输送机相继出现。传送带输送机在机械制造、电动机、化工和冶金工业技术应用广泛，逐步由完成车间内部的传送，发展到完成在企业内部甚至城市之间的物料搬运，成为物料搬运系统机械化和自动化不可缺少的组成部分。图 3-78 所示为传送带示意图。

图 3-78　传送带示意图

普通传送带电动机大部分由三相异步电动机驱动，对于应用中转速变换较为频繁的基本上用变频器驱动电动机，本任务中采用西门子 MM420 变频器驱动电动机。

在一传送带控制系统，A 处为物料集中区，物料经过传送带送到 B 处由运料小车运走。通过触摸屏设计手 / 自动转换开关、显示电动机转速和频率、“甲”“乙”两种不同重量的物料（按钮表示）、启动按钮、停止按钮、退料按钮。

控制要求：当设备上电后，在手动模式下，只能出“甲”“乙”两种已知重量的物料，按下“甲”按钮，再按下“启动按钮”，此时变频器驱动电动机以 25 Hz 的频率运送甲料，按下“停止按钮”传送带以 50 Hz 的频率反转 5 s 退料，运送乙料和甲料操作相同，不过电动机以 45 Hz 的频率运送。

在自动模式下，出物料重量不一定，利用 0 ～ 10 V 电压模拟 0 ～ 100 kg 重量，对应电动机 0 ～ 50 Hz 的转速。同样按下“停止按钮”电动机反转 5 s 退料。

变频器输入模拟量（可调），电动机就能按照无极可调速度运行了！

为了实现交流电的频率控制，现在大多数变频器采用交 - 直 - 交的形式，主要元件 IGBT（可以关断的硅整流元件）有一个控制端，改变加在控制端的电压即可改变 IGBT 的导通角，从而实现调压调频的目的（改变输出电压的占空比）。0 ~ 10 V 电压加到变频器后经内部控制电路后最终加到 IGBT 的控制端。这样就可以改变变频器的输出，达到调速目的。当然，变频器还要有相应的设置的（调到 0 ~ 10 V）控制选项。图 3-79 所示为变频器的结构图。

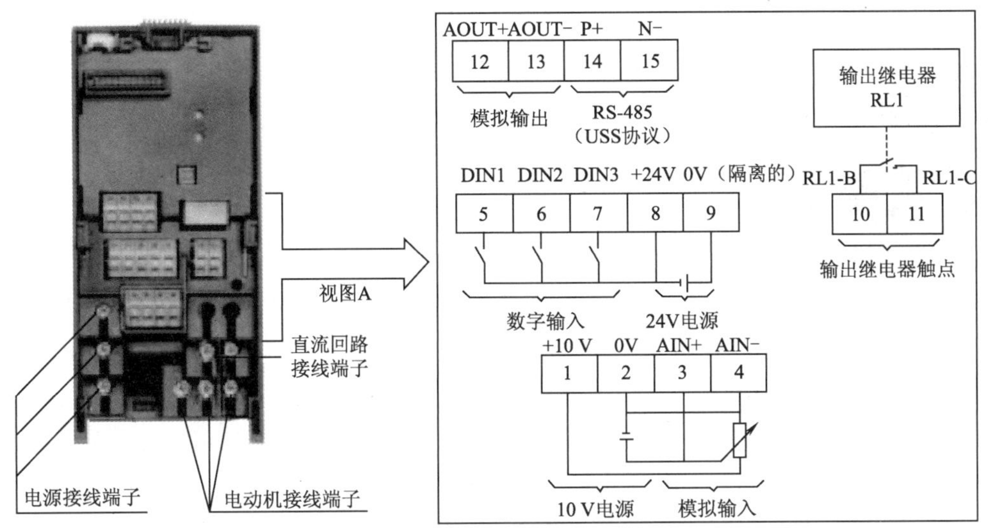

图 3-79　MM420 变频器的结构图

变频器的参数出厂默认值：命令源参数 P0700=2，指定命令源为“外部 I/O”；频率设置值信号源 P1000=2，指定频率设置信号源为“模拟量输入”。这时，只需在 AIN+（端子 3）与 AIN-（端子 4）加上模拟电压（DC 0 ~ 10 V 可调）；并使数字输入 DIN1 信号为 ON，即可启动电动机实现电动机速度连续调整。

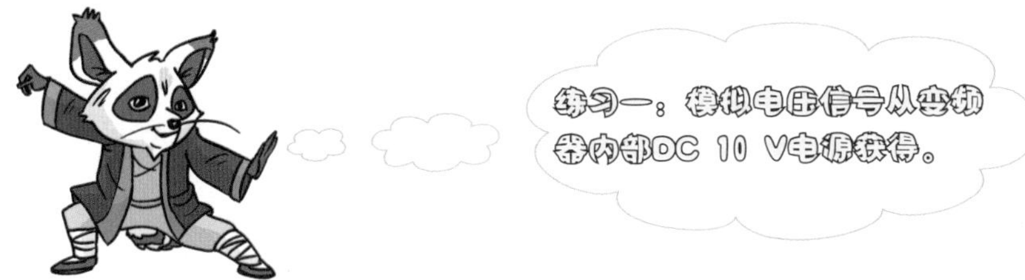

只要在图 3-79 模拟量端子接线，用一个 4.7 kV 电位器连接内部电源 +10 V 端（端子 1）和 0 V 端（端子 2），中间抽头与 AIN+（端子 3）相连。连接主电路后接通电源，使 DIN1 端子的开关短接，即可启动 / 停止变频器，旋动电位器即可改变频率实现电动机速度连续调整。

电动机速度调整范围：上述电动机速度的调整操作中，电动机的最低速度取决于参数 P1080(最低频率)，最高速度取决于参数 P2000（基准频率）。

参数 P1080 属于“设置值通道”参数组（P0004=10），默认值为 0.00 Hz。

参数 P2000 是串行链路，模拟 I/O 和 PID 控制器采用的满刻度频率设置值，属于“通信”参数组（P0004=20），默认值为 50.00 Hz。

参数 P1082 属于“设置值通道”参数组（P0004=10），默认值为 50.00 Hz。即参数 P1082 限制了电动机运行的最高频率。因此，最高速度要求高于 50.00 Hz 的情况下，需要修改 P1082 参数。

电动机运行加、减速度的快慢，可用斜坡上升和下降时间表征，分别由参数 P1120、

P1121 设置。这两个参数均属于“设置值通道”参数组，并且可在快速调试时设置。

注意：如果设置的斜坡上升时间太短，有可能导致变频器过电流跳闸；同样，如果设置的斜坡下降时间太短，有可能导致变频器过电流或过电压跳闸。

练习二：模拟电压信号由外部给定，电动机可正反转。

只要把参数 P0700（命令源选择）、P1000（频率设置值选择）设置为默认值，即 P0700=2（由端子排输入），P1000=2（模拟输入）。把图 3-80 中的模拟输入端 3（AIN+）和 4（AIN-）输入来自外部的 0 ~ 10 V 直流电压（例如从 PLC 的 D/A 模块获得），即可连续调节输出频率的大小。

用数字输入端口 DIN1 和 DIN2 控制电动机的正反转方向时，可通过设置参数 P0701、P0702 实现。例如，使 P0701=1（DIN1 ON 接通正转，OFF 停止），P0702=2（DIN2 ON 接通反转，OFF 停止）。

一、系统方案设计

系统框图如图 3-80 所示。西门子 CPU314C-2 PN/DP 作为控制器，控制变频器的调速；触摸屏提供启动、停止信号，同时监视电动机运行频率与状态。

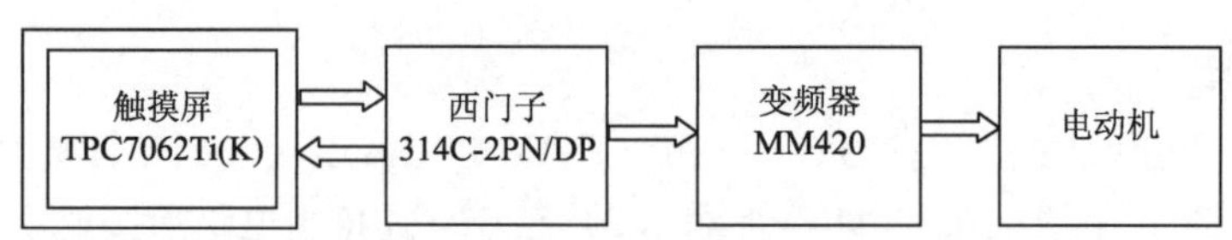

图 3-80 传送带控制系统框图

二、电气设计与安装

1. I/O地址分配（见表3-23）

表 3-23 传送带电气控制系统 I/O 地址分配表

输入信号			输出信号		
序 号	元件名称	PLC 输入点	序 号	信号名称	PLC 输出点
1	手/自动转换	M0.0	1	正转	Q0.0

续表

输入信号			输出信号		
序号	元件名称	PLC 输入点	序号	信号名称	PLC 输出点
2	甲料	M0.1	2	反转	Q0.1
3	乙料	M0.2			
4	启动	M0.3			
5	停止	M0.4			
6	退料	M0.5			

2. 电气原理图

本任务的主电路与龙门刨床控制系统主电路相同，PLC 接线端子控制正反转（见图 3-81），PLC 模拟量输出控制变频器的模拟调速，如图 3-82 所示。

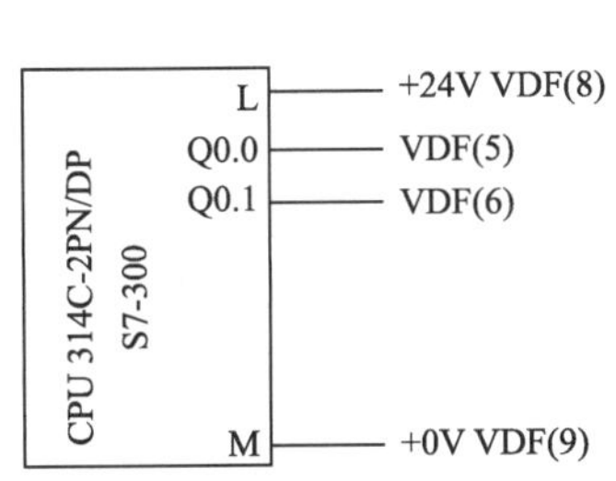

图 3-81　I/O 端子接线图

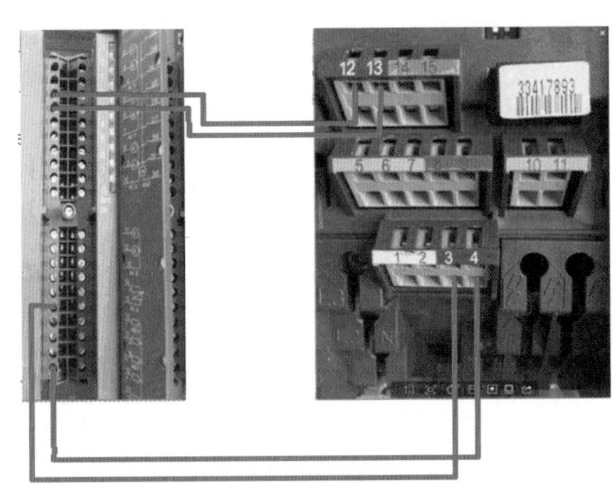

图 3-82　模拟量输出控制图

三、软件组态设计

1. 组态界面设计

HMI 与 PLC 关联元件可以自己定义，参考表 3-23 中元件，输入信号可以用 HMI 元件代替，输出用相同元件，传送带控制系统组态设计如图 3-83 所示。

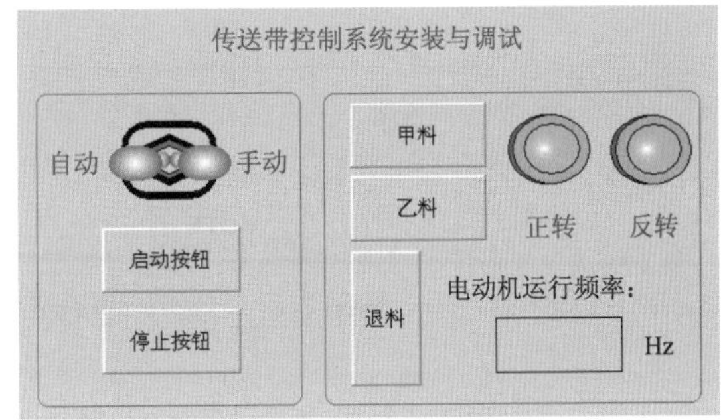

图 3-83　传送带组态界面

2. PLC程序设计

传送带控制系统主要是根据传送带上物料重量的不同对应电动机不同的转速，题目中要求用模拟量来实现。对于西门子 MM420 的变频器来说，模拟量控制电动机，除了在变频器上加上模拟量（0 ~ 10 V），还要拿出两个数字量端子来进行正反转控制，正好对应任务中的出料和退料。

程序结构中OB、FC的含义：
OB100：启动中断（PLC上电初始化调用1次）
OB1：主程序循环（每个扫描周期开始后启动）
FC：功能（不带专用背景数据块的子程序）

传送带系统 PLC 控制程序如图 3-84 所示。

MOVE EN ENO 0 IN OUT MB0 | MOVE EN ENO 1 IN OUT MB1

（a）OB100程序

M0.0 —| |— FC1 EN ENO

M0.0 —|/|— FC2 EN ENO

FC105 Scaling Values "SCALE" EN ENO; PIW800 IN; RET_VAL MW10; OUT MD12; 5.000000e+001 HI_LIM; 0.000000e+000 LO_LIM; M0.0 —| |— M0.0 —|/|— BIPOLAR

（b）OBI程序

Q0.1 —|/|— MOVE EN ENO; PIW802 IN OUT PQW800

M0.3 M0.4 Q0.0; Q0.0 ( )

M0.4 MOVE EN ENO; 32000 IN OUT PQW800

M0.5 T1 Q0.1 ( ); Q0.1 T1 (SD) S5T#5S

（c）FC1程序

图 3-84　传送带系统 PLC 控制程序

```
M1.0      M0.1      MOVE
-| |---+--| |------EN   ENO----
       |    13824 -IN   OUT- PQW800
       |  M0.2      MOVE
       +--| |------EN   ENO-
       |    24883 -IN   OUT- PQW800
       |  M0.4      MOVE
       +--| |------EN   ENO-
            32000 -IN   OUT- PQW800

M0.3      M0.4                    Q0.0
-| |---+--|/|---------------------( )-
Q0.0   |
-| |---+

M0.5      T0                      Q0.1
-| |---+--|/|---------------------( )-
Q0.1   |                          T0
-| |---+-------------------------(SD)-
                                  S5T#5S
```

（d）FC2程序

图 3-84　传送带系统 PLC 控制程序（续）

学生把测试数据记录到表 3-24 中（以“1”代表得电，以“0”代表失电）。

表 3-24　运行记录表

项目 电动机	手动模式	甲料按钮	乙料按钮	停止按钮	—
电动机正转					
电动机反转					
电动机运行频率					
—	自动模式	2.5V	5 V	7.5V	10V
电动机运行					
电动机运行频率					

任务拓展

图 3-85 所示为一台平版印刷机的外观及结构，按照色彩分类，可分为单色、双色、四色、多色。它是利用油水不相混溶的原理，使印版表面的图文部分形成亲油性能，印刷时，通过润水和给墨工序，使图文部分着墨拒水，空白部分亲水拒墨，将印版图文上附着的油墨先转移到橡皮布滚筒的橡皮布表面，然后经过压印再转移到承印物表面。其中，送纸电动机和收纸电动机采用变频器模拟量调速。

一、系统方案设计

有一单张纸平版印刷机，其运转是由电动机通过传送带传动、齿轮传动、链传动带动整机的，各滚筒、牙排、机构之间由机械的连接配合协调动作，如图 3-85 所示。图 3-86 是系统控制方案，控制了主传动的电动机就控制了全机的运行状态。

(a) 外观

空白处来水拒墨
图文处亲墨拒水
给墨
润水
橡皮转印
转印滚筒
印件
压印滚筒

(b) 结构

图 3-85 平版印刷机的外观及结构

现要求对主传动电动机进行变频控制，实现以下功能：在机械调节、检查、安装拆卸 PS 版（预涂感光版）和橡皮布、清洁机器时，都需要以手动点车方式控制机器正反向运转，大约 4 r/min 的速度比较合适。在印刷暂停期间，为了保证 PS 版不损坏，墨不干燥，要使机器以相同的速度长车运转。机器开始正式印刷生产时，有一个初始速度，约 3 000 r/h。当输纸机开始输纸后可以加速，使机器以较高的速度生产，一般是 6 000 ~ 8 000 r/h；同时为了适应不同的生产速度要求，可通过触摸屏对速度进行调节，速度的实际值可以通过数值在触摸屏上指示出来。

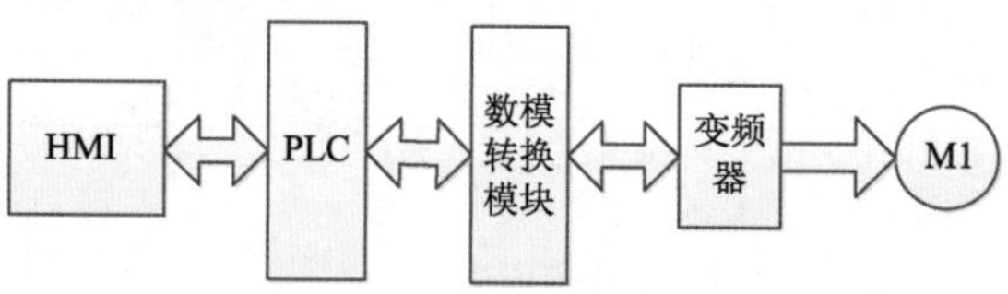

图 3-86 系统控制方案

根据项目的功能要求对项目进行设计：按下启动按钮后，系统上电进入等待运行状态，电动机有 2 种运行状态：点动和正常工作。点动状态时，电动机低速（5 Hz）可正反转，进入正常状态后，系统进入低速（5 Hz）运行正转，当按下开始印刷按钮，系统进入初速运行状态，再次按下输纸按钮后，系统进入高速运行，正式印刷。当需要印刷暂停时，可调节速度，以低速连续运行，按下停止按钮后，系统停止。

二、电气设计与安装

I/O 地址分配如表 3-25 所示。

表 3-25 I/O 地址分配表

输入信号		输出信号	
元件 / 信号名称	PLC 输入点	元件 / 信号名称	PLC 输出点
启动按钮 SB1	I0.0	变频器正转信号	Q0.0
停止按钮 SB2	I0.1	变频器反转信号	Q0.1
变频器正转按钮 SB3	I0.2	系统上电指示灯	Q1.0
变频器反转按钮 SB4	I0.3	点动状态指示灯	Q1.1

续表

输 入 信 号		输 出 信 号	
元件 / 信号名称	PLC 输入点	元件 / 信号名称	PLC 输出点
开始印刷按钮 SB5	I0.4	连续工作状态指示灯	Q1.2
开始输纸按钮 SB6	I0.5	印刷暂停指示灯	Q1.3
印刷暂停按钮 SB7	I0.6	手动频率	MW100
点动 / 连续选择开关 SA	I0.7	开始频率	MW102
		输纸频率	MW104
		暂停频率	MW106

三、软件程序设计

HMI与PLC关联元件可以自己定义，参考表3-25中的元件，输入信号可以用HMI元件代替，输出用相同元件，恒压供水组态设计如图 3-87 所示。

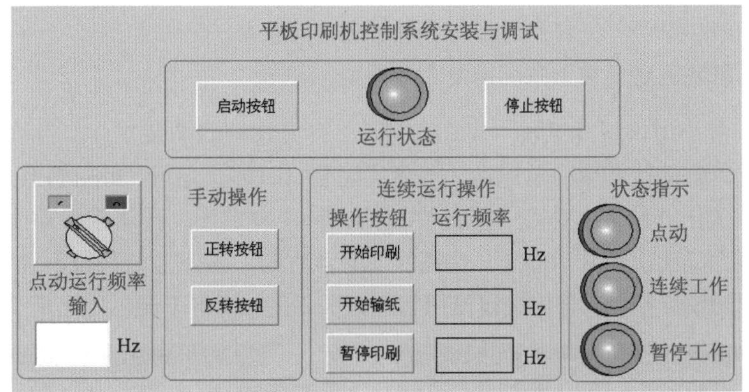

图 3-87　平版印刷机电气控制系统组态界面

在点动模式和自动模式下，学生把测试数据记录到表 3-26 中（以“1”代表得电，以“0”代表失电），观察变频器频率显示，记录当前运行频率。

表 3-26　运行记录表

模式 / 项目	手 动 模 式		自 动 模 式	
	按下正转按钮	按下正转按钮	按下启动按钮	按下停止按钮
电动机				
变频器频率				

知识、技术归纳

使用 S7-300 和 HMI 实现传送带电气系统控制，会异步电动机的变频器的模拟量调速控制。可以了解变频器 PID 控制和网络控制等方式。

工程创新素质培养

熟悉西门子 MM420 变频的通用使用，了解变频器多段调速的平面印刷机，以及其他类似应用案例。

任务五　饮料灌装机电气控制系统安装与调试

任务目标

(1) 了解步进驱动器及电动机的工作原理；

(2) 掌握光电编码器的使用编程方法；

(3) 掌握 S7-200SMART 控制步进驱动器电路连接及编程；

(4) 能完成灌装机电气控制系统的运行与调试。

现要设计一台小型饮料灌装机（见图 3-88），实现饮料的灌装作业。当按下启动按钮后，传送带启动运行，带动饮料瓶向前运动。当到达灌装口时停止运行，此时料仓口打开，饮料在重力作用下自然流出开始灌装作业，灌装完成后，料仓口关闭，传送带带动饮料瓶继续运行。当按下停止按钮完成此次灌装后停止。当遇到紧急状况时，按下急停按钮系统立即停止。系统启动和停止使用触摸屏控制，急停按钮使用物理开关，在触摸屏上显示传送带当前运行的速度。

图 3-88　小型饮料灌装机

一、系统方案设计

1. 系统分析

根据以上描述，我们选用 PLC 作为控制器来控制饮料灌装机的整体工作；传送带的运行

使用精确度比较高的步进电动机；料仓口的开关使用两位两通液体电磁阀控制；通过位置传感器检测饮料瓶是否到达灌装位置；通过时间原则判断是否灌满饮料；使用光电编码器测量传送带的运行速度。

控制要求：按下触摸屏上的启动按钮，PLC 控制步进电动机运行并带动传送带上的饮料瓶运行；当到达灌装位置后，传感器检测到饮料瓶并把信号传给 PLC，PLC 控制步进电动机停止运行，同时控制电磁阀得电，料仓口打开，启动灌装作业；延时 5s 钟灌装结束，PLC 控制电磁阀失电，料仓口关闭，并控制步进电动机运行。运行过程中按下触摸屏上的停止按钮，本次灌装作业完成之后系统停止运行，即步进电动机停止运行，料仓口关闭。当运行过程中遇到紧急情况时，按下急停按钮系统立刻停止工作，即步进电动机停止运行，料仓口关闭，急停按钮接入 PLC，通过 PLC 进行控制。

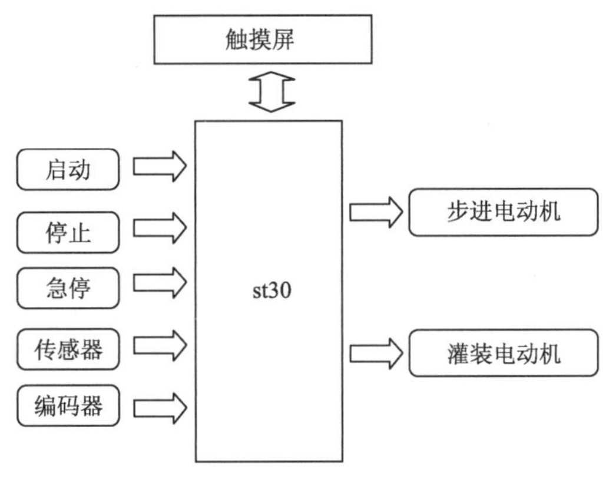

图 3-89　饮料灌装机系统框图

根据上面分析和控制要求，设计画出系统框图，如图 3-89 所示。因为要控制步进电动机，PLC 选用了晶体管输出，如果要控制接触器需要用中间继电器进行中间转换。

2．硬件配置选型

系统主要使用的硬件包括 PLC、标准恒压源、中间继电器、电磁阀、光电编码器、步进电动机、步进驱动器位置传感器等器件。为了配合设备使用这里用接触器代替电磁阀，具体的选型如表 3-27 所示。

表 3-27　主要电气元件清单

元　器　件	器 件 型 号	数　　量
西门子 PLC	S7-200SMART ST30	1 个
步进电动机	步科 3S57Q-04079	1 个
步进控制器	步科 3M458	1 个
光电编码器	HTB4808	1 个

3M458 驱动器侧面连接端子中间有一个红色的 8 位 DIP 功能设置开关，可以用来设置驱动器的工作方式和工作参数，包括细分设置、静态电流设置和运行电流设置。图 3-90 所示为该 DIP 开关功能划分说明，表 3-28 和表 3-29 分别为细分设置表和输出电流设置表。

图 3-90　3M458 DIP 开关功能划分说明

步距角：步进电动机出厂给出的一个步距角的值，可在驱动器上细分驱动器倍数。

表 3-28　细分设置表

DIP1	DIP2	DIP3	细　分
ON	ON	ON	400 步 / 转
ON	ON	OFF	500 步 / 转
ON	OFF	ON	600 步 / 转
ON	OFF	OFF	1000 步 / 转
OFF	ON	ON	2000 步 / 转
OFF	ON	OFF	4000 步 / 转
OFF	OFF	ON	5000 步 / 转
OFF	OFF	OFF	10000 步 / 转

表 3-29　输出电流设置表

DIP5	DIP6	DIP7	DIP8	输出电流 /A
OFF	OFF	OFF	OFF	3.0
OFF	OFF	OFF	ON	4.0
OFF	OFF	ON	ON	4.6
OFF	ON	ON	ON	5.2
ON	ON	ON	ON	5.8

本装置中步进电动机传动组件的基本技术数据是：3S57Q-04079 步进电动机步距角为 1.8°，即在无细分的条件下 200 个脉冲电动机转一圈（通过驱动器设置细分精度最高可以达到 10 000 个脉冲电动机转一圈）。驱动器细分设置为 10 000 步 / 转，则直线运动组件的同步轮齿距为 5 mm，共 12 个齿，旋转一周搬运机械手位移 60 mm。即每步机械手位移 0.006 mm；电动机驱动电流设为 5.2 A，静态锁定方式为静态半流，控制信号为 24 V 电源时需接 2 kΩ 限流电阻，接线如图 3-91 所示。

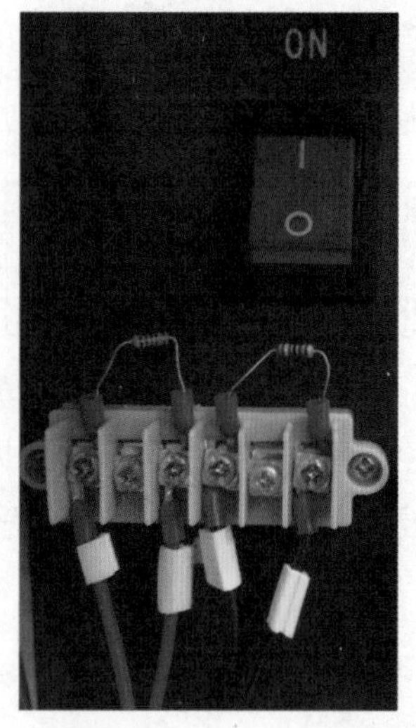

图 3-91　3M458 的接线

二、电气设计与安装

1. I/O地址分配表（见表3-30）

表 3-30　I/O 地址分配表

输入信号		输出信号	
元件 / 信号名称	PLC 输入点	元件 / 信号名称	PLC 输出点
编码器 A 相	I0.0	步进驱动器脉冲	Q0.0
编码器 B 相	I0.1	步进驱动器方向	Q0.2
编码器 Z 相	I0.2	灌装电磁阀	Q1.0
启动按钮 SB1	I1.0		
停止按钮 SB2	I1.1		
急停按钮 SB3	I1.2		
传感器信号	I0.6		

2. 电气原理图

系统使用了 2 个传感器（一个光电编码器连接到 PLC 的 I0.0、I0.1 和 I0.2，一个位置开关连接到 I0.6）以及一个接触器（连接到 Q1.0），步进电动机的脉冲和方向控制连接到 Q0.0 和 Q0.2，3 个按钮（启动按钮、停止按钮和急停按钮）。另外，主电路还有一个电动机（用接触器控制电动机模拟灌装电磁阀的关闭）和步进电动机构成。三相交流异步电动机的主电路在此省略，PLC 与步进驱动器的接线控制电路如图 3-92 所示，PLC 的 I/O 端子接线如图 3-93 所示。

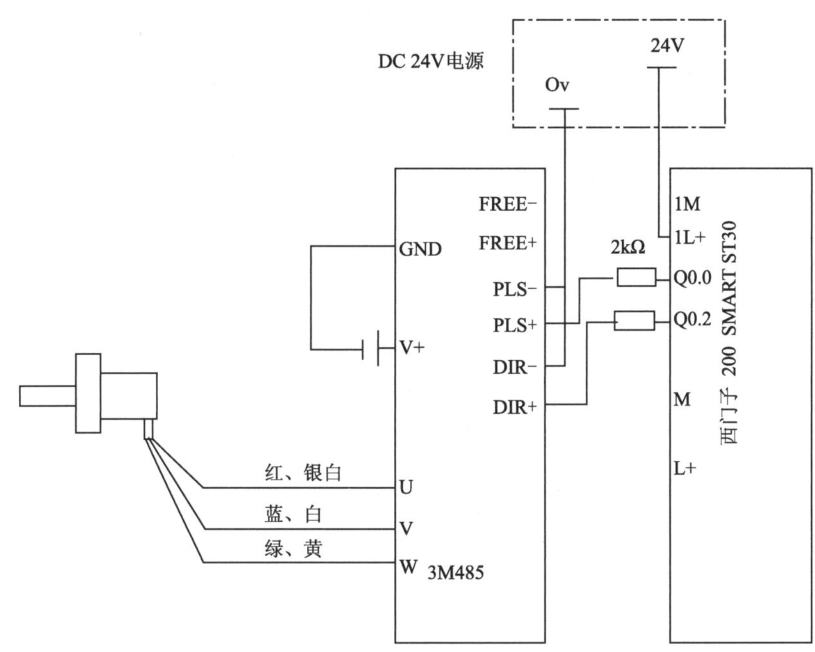

图 3-92　PLC 与步进驱动器接线图

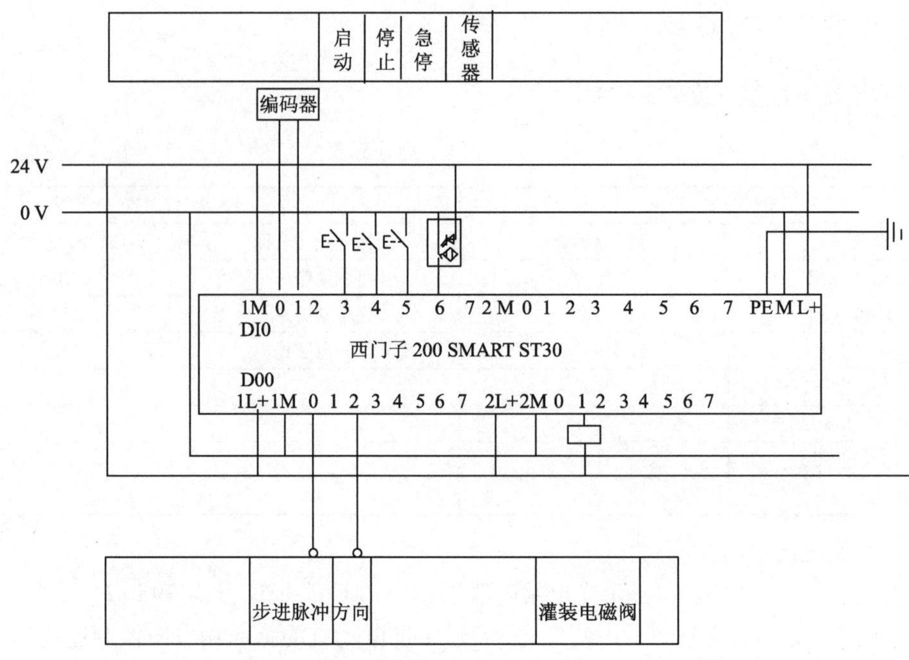

图 3-93　PLC 端子接线图

三、软件组态设计

1. 高速计数器向导设置

旋转编码器输出的脉冲信号形式（A/B 相正交脉冲，Z 相脉冲不使用，无外部复位和启动信号），需要高速计数器来编程。

高速计数器编程方法有两种：一是采用梯形图或语句表进行正常编程；二是通过 STEP7-Micro/WIN SMART 编程软件进行向导编程。不论哪一种方法，都先要根据计数输入信号的形式与要求确定计数模式；然后选择计数器编号，确定输入地址。操作步骤如下：

（1）打开 STEP 7-MicroWIN SMART 软件，单击“工具”，选择“高速计数器”，打开如图 3-94 所示界面。

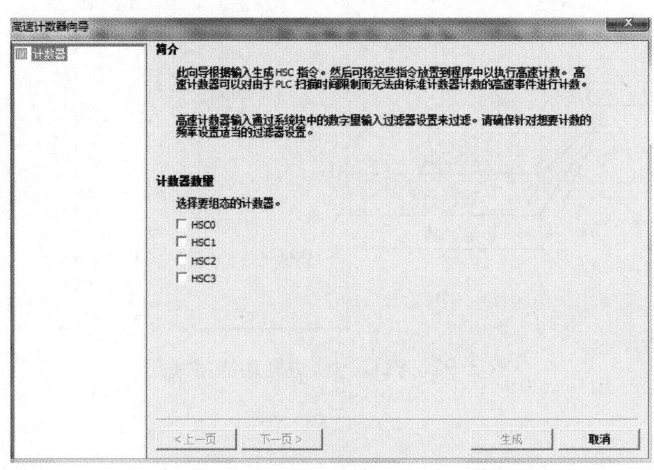

图 3-94　选择要组态的计数器

(2) 选择 HSC0，单击“下一页”按钮，打开如图 3-95 所示界面。

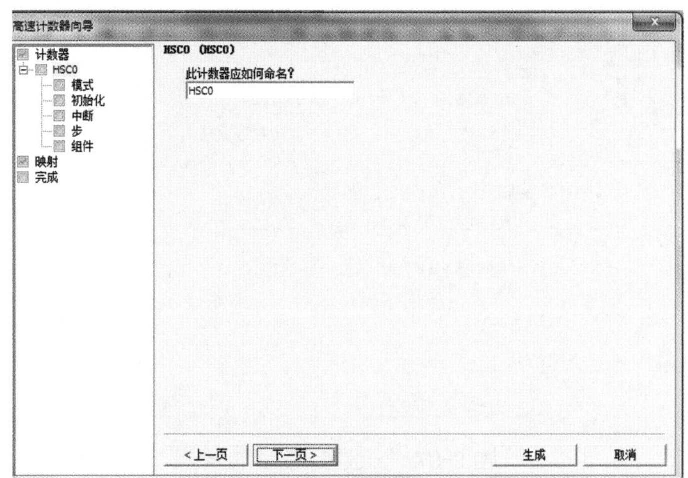

图 3-95　计数器命名

(3) 给计数器命名，然后单击“下一页”按钮，打开如图 3-96 所示界面。选择模式为“9”，A/B 相正交计数器，无复位输入。

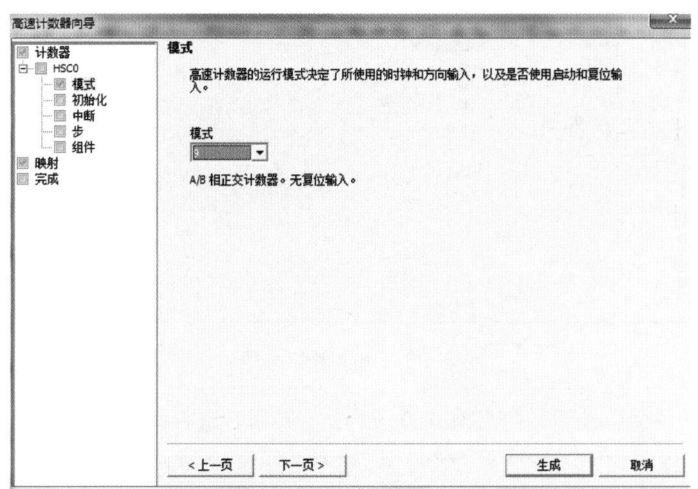

图 3-96　选择计数器模式

(4) 单击“下一页”按钮，打开如图 3-97 所示界面。该步中设置预设值为任何一个值（这里用不到，但是如果不设置系统不允许进行下一步）。其他设置默认，设置完成后单击“生成”按钮，完成高速计数器的设置。

2. 运动控制向导设置

STEP7-Micro/WIN SMART 编程软件中有专门运动控制向导，晶体管控制高速脉冲输出，控制步进驱动器及电动机。操作步骤如下：

(1) 打开 STEP 7-MicroWIN SMART 软件，单击“工具”，选择“运动”，在打开的对话框中选择要组态的轴，选择“轴 0”，如图 3-98 所示。

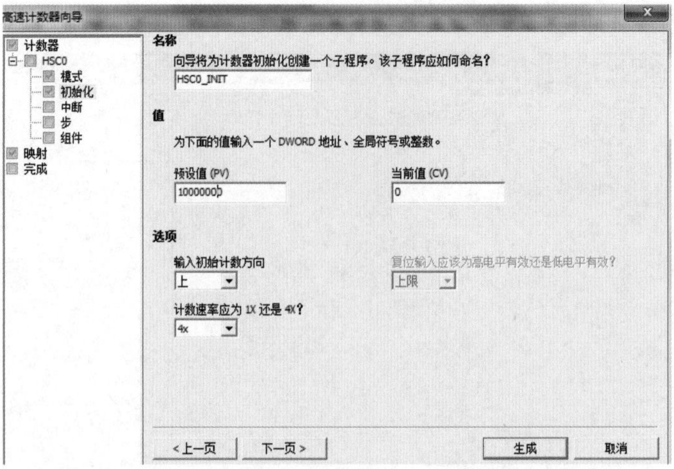

图 3-97　计数器初始化设置

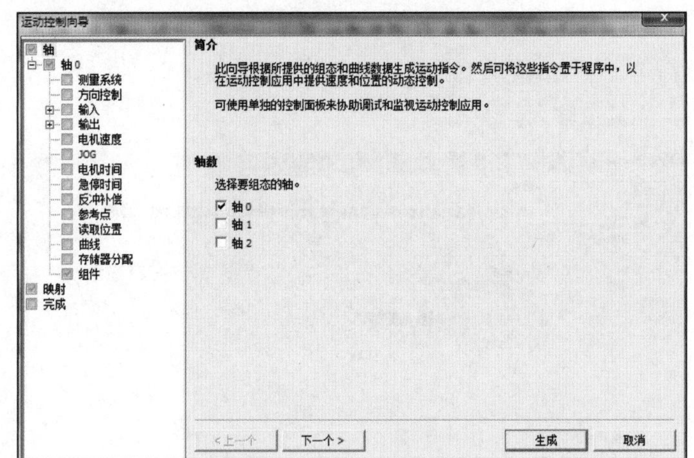

图 3-98　选择要组态的轴

（2）单击“下一个”按钮，打开如图 3-99 所示界面，选择测量系统“相对脉冲”。

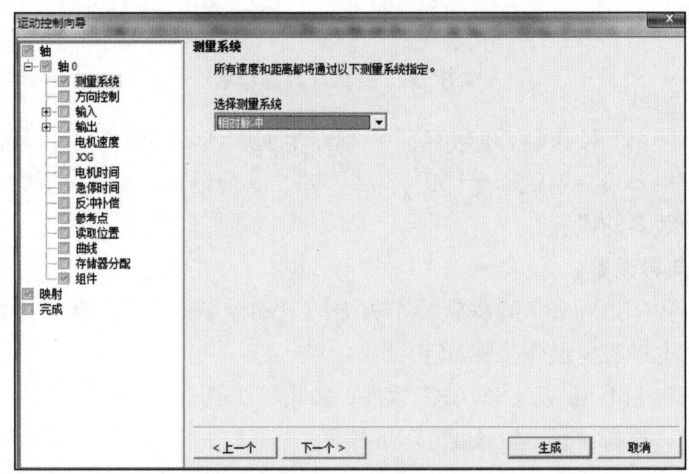

图 3-99　选择测量系统

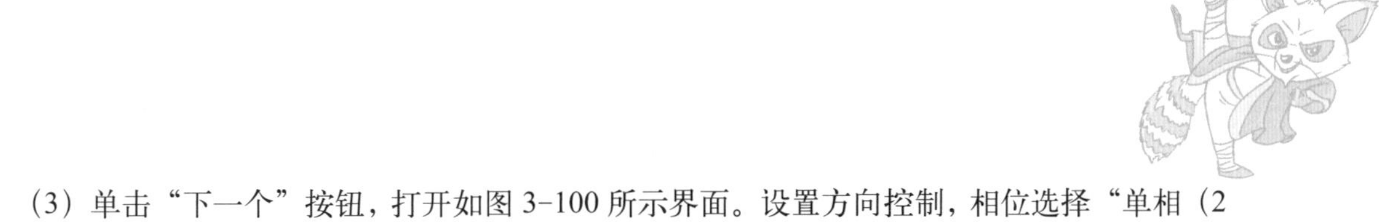

（3）单击“下一个”按钮，打开如图 3-100 所示界面。设置方向控制，相位选择“单相（2输出）”。其中，Q0.0 为脉冲输出，Q0.2 为方向控制（注该位无须人为控制），极性选“正”。

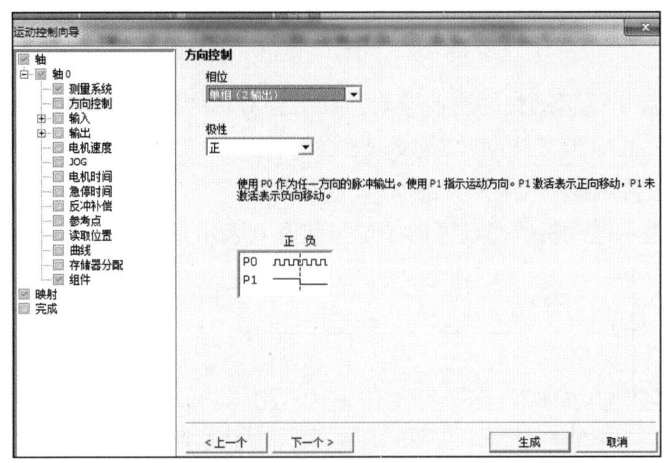

图 3-100　设置方向控制

（4）单击“下一个”按钮，直到打开如图 3-101 所示界面。该步为运动控制分配存储区，要注意在编程时不要再次使用相应存储区。然后单击“生成”按钮，完成设置。设置完成，要勾选 CTRL 和 GOTO 子程序。

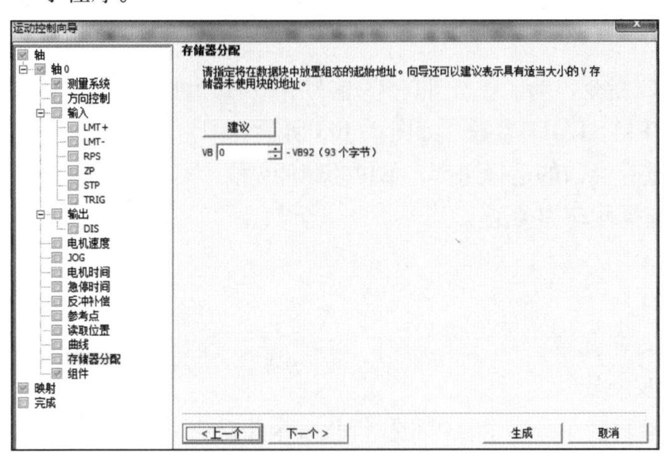

图 3-101　存储器分配

3．PLC程序设计

（1）初始化运动轴（见图 3-102），该指令要一直调用。MOD_EN 参数必须开启，才能启用其他运动控制子例程向运动轴发送命令。如果 MOD_EN 参数关闭，运动轴会中止所有正在进行的命令。

① 当运动轴完成任何一个子例程时，Done 参数会开启。

② Error 参数包含该子例程的结果。

③ C_Pos 参数表示运动轴的当前位置。根据测量单位，该值是脉冲数（DINT）或工程单位数（REAL）。

④ C_Speed 参数提供运动轴的当前速度。如果针对脉冲组态运动轴的测量系统，C_Speed 是一个 DINT 数值，其中包含脉冲数 / 秒。如果针对工程单位组态测量系统，C_Speed 是一个 REAL 数值，其中包含选择的工程单位数 / 秒（REAL）。

⑤ C_Dir 参数表示电动机的当前方向：信号状态 0 表示正向，信号状态 1 表示反向。

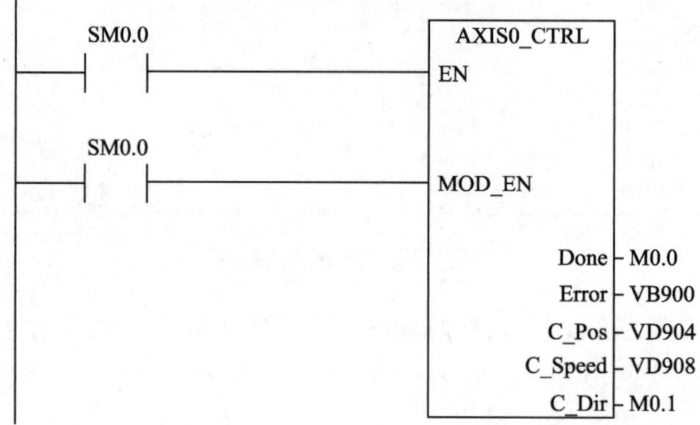

图 3-102　初始化运动轴

（2）调用 GOTO 指令，为了保证 START 信号有效时只触发一次 GOTO 指令，使用边沿检测元素用脉冲方式开启 START 参数，如图 3-103 所示。

① Speed 参数选择当前的运行速度，单位为脉冲 / 秒。由触摸屏输入。

② Mode 参数选择移动的类型：

- 0：绝对位置；
- 1：相对位置；
- 2：单速连续正向旋转；
- 3：单速连续反向旋转。

③ 开启 Abort 参数会命令运动轴停止执行此命令并减速，直至电动机停止。

图 3-103　开启 START 参数

（3）I0.6 为位置开关信号，当饮料瓶到达灌装位置后，置位 M0.7，控制步进电动机停止，并置位 Q1.0，开始灌装操作，如图 3-104 所示。灌装操作执行 3 s，到达时间后复位 Q1.0 和 M0.7。

（4）对灌装次数进行计数，当灌装次数达到设置次数时置位 C0，如图 3-105 所示。灌装次数 VW2004 通过触摸屏设置。

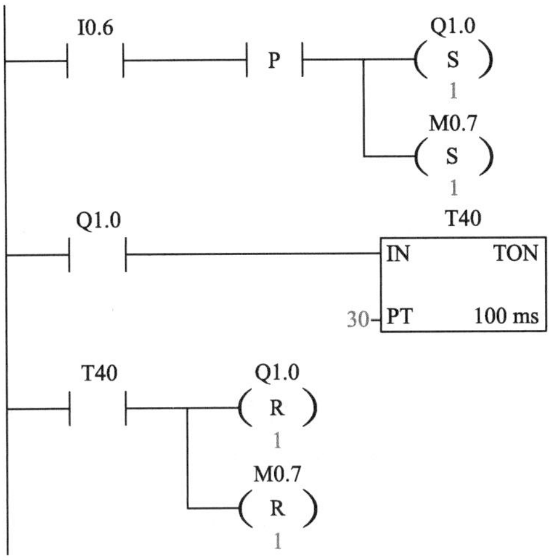

I0.6
P
Q1.0
S
1
M0.7
S
1
Q1.0
T40
IN
TON
30
PT
100 ms
T40
Q1.0
R
1
M0.7
R
1

图 3-104　开始灌装操作

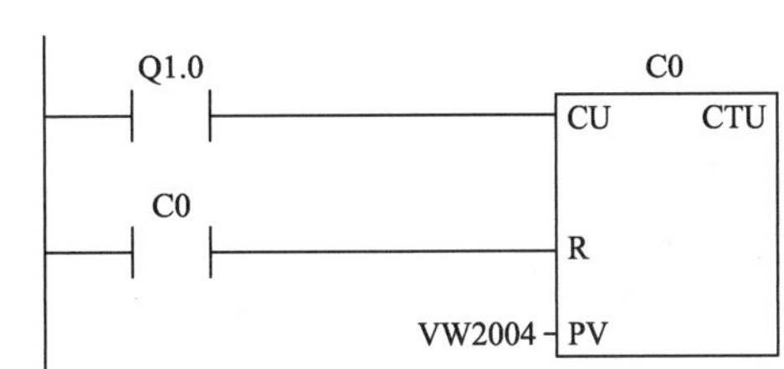

图 3-105　对灌装次数进行计数

（5）步进电动机 START 信号的触发控制，如图 3-106 所示。其中，M2.0 关联触摸屏上的启动操作，I1.0 为 PLC 启动按钮输入，T40 为灌装结束后的再启动信号。M1.0 为停止按钮按下标识，如果为该值为 1，完成一次灌装后就不再启动步进电动机运行。

（6）停止操作，如图 3-107 所示。其中，M2.1 为触摸屏关联停止信号，I1.1 为 PLC 停止按钮输入，C0 为计数器位，当灌装个数到达设置之后为 1。按下停止按钮后先置位一个停止标识位，等完成当前灌装后停止运行。

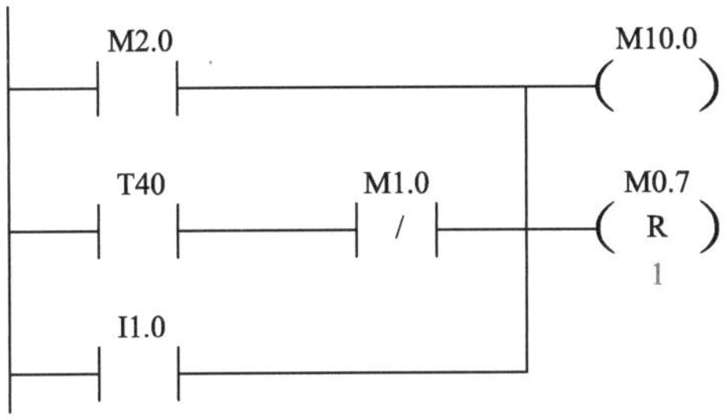

M2.0
M10.0
T40
M1.0
/
M0.7
R
1
I1.0

图 3-106　步进电动机 START 信号的触发控制

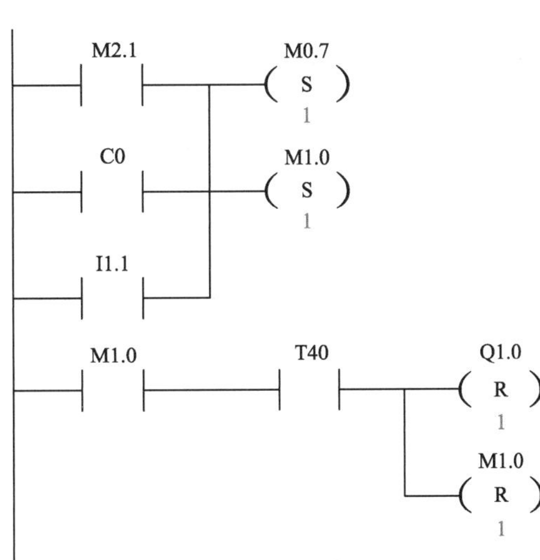

图 3-107　停止操作

（7）急停操作，如图 3–108 所示。I1.2 为 PLC 急停按钮输入，当按下急停按钮后，系统立刻停止操作。

（8）初始化计数器 HSC0，如图 3–109 所示。

图 3–108　急停操作　　　　图 3–109　初始化计数器 HSC0

（9）启动 10 ms 定时器，用来计算高速计数器的差值，如图 3–110 所示。为了能够保证定时器能够复位，首先用定时器的常开触点驱动 M3.0 的线圈，然后用 M3.0 的常闭触点复位定时器。

这里不能使用T35的常闭触点来实现自复位，想一想为什么？

（10）计算传送带速度，速度单位为 r/min，PLC 程序如图 3–111 所示。

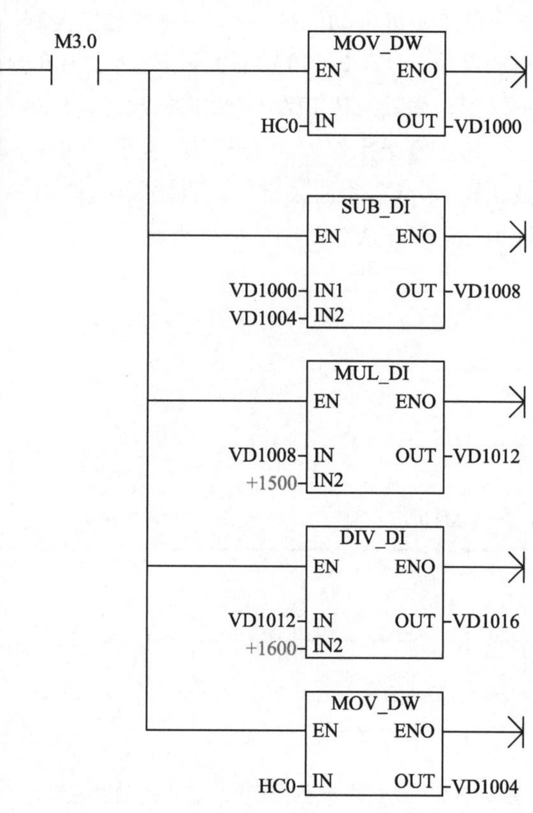

图 3–110　启动定时器计算高速计数器差值

图 3–111　计算传送带速度 PLC 程序

4. 触摸屏组态设计

触摸屏主要由启动按钮和停止按钮、当前运行速度显示、预设速度输入框、当前灌装个数、预灌装个数组成。触摸屏与 PLC 变量的关联如表 3-31 所示。

表 3-31　PLC 通道与 MCGS 设备连接表

触摸屏变量	PLC 变量	触摸屏变量	PLC 变量
启动	M2.0	当前运行速度	VD1004
停止	M2.1	预灌装个数	VW2004
预设速度	VD2000	当前灌装个数	C0

饮料灌装机控制系统组态界面如图 3-112 所示。

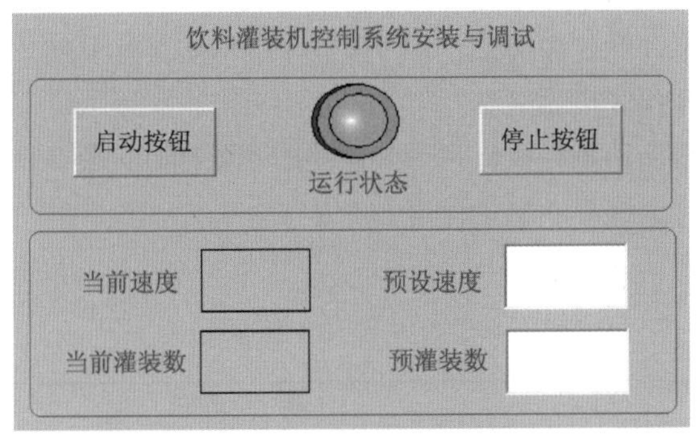

图 3-112　饮料灌装机组态界面

学生把测试数据记录到表 3-32 中（以“1”代表得电，以“0”代表失电），观察步进电动机速度、灌装数等显示，记录当前值。

表 3-32　运行记录表

—	预设速度	预灌装数	—	—
输入值				
—	按下启动按钮	灌装位置	5 s 后	按下停止按钮
步进电动机				
灌装电磁阀				
当前速度				
当前灌装数				

任务拓展

在利用光电编码器求传送带速度时，使用了 10 ms 定时器延时，但是这样可能产生误差，可以使用定时器或者定时中断实现。

师傅，什么是中断功能啊？

中断功能是 S7-200 SMART 的重要功能，用于实时控制、高速处理、通信和网络等复杂和特殊的控制任务。S7-200 SMART 系列可编程控制器最多有 38 个中断源（9 个预留），分为三大类：通信中断、输入 / 输出（I/O）中断和时基中断，优先由高到低依次是：通信中断、I/O 中断和时基中断。每类中断中不同的中断事件又有不同的优先权：

（1）及时处理与用户程序的执行时序无关的操作，或者不能事先预测何时发生的“事件”。

（2）只有把中断服务程序标号（名称）与中断事件联系起来，并且开放系统中断后才能进入等待中断并随时执行的状态。

（3）多个中断事件可以连接同一个中断服务程序；一个中断服务程序只能连接一个中断事件。

（4）中断程序只需与中断事件连接一次，除非需要重新连接。

（5）中断事件各有不同的优先级别，中断服务程序不能再被中断，如果再有中断事件发生，会按照发生的时间顺序和优先级排队。

（6）中断程序应短小而简单，执行时对其他处理不要延时过长，即越短越好。

（7）中断程序一共可以嵌套 4 层子程序。

常用的中断指令如表 3-33 所示。

表 3-33　常用中断指令

指　令	指令功能
ATCH	中断连接，连接某中断事件所要调用的程序段
ENI	全局允许中断，开放中断处理功能
DISI	全局禁止中断，禁止处理中断服务程序，但中断事件仍然会排队等候
DTCH	中断分离，将中断事件号与中断服务程序之间的关联切断，并禁止该中断事件
RETI	条件中断返回，根据逻辑操作的条件，从中断服务程序中返回
CLR_EVNT	清空中断队列

使用特殊存储器定时中断 0。由定时中断 0 的中断事件号为 10，确定周期的特殊寄存器字节为 SMB34。

在主程序中调用 SBR_0 和 INT_0，该程序主要包括以下几部分：

（1）调用 SBR_0，如图 3-113 所示。

SM0.1　SBR_0　EN

图 3-113　调用 SBR_0 程序

（2）SBR_0：中断初始化程序，如图 3-114 所示。

其中，写入定时周期数 100 ms，连接 10 号中断事件即定时中断 0，指定中断服务程序名称为 INT_0。

（3）INT_0：中断服务程序，如图 3-115 所示。

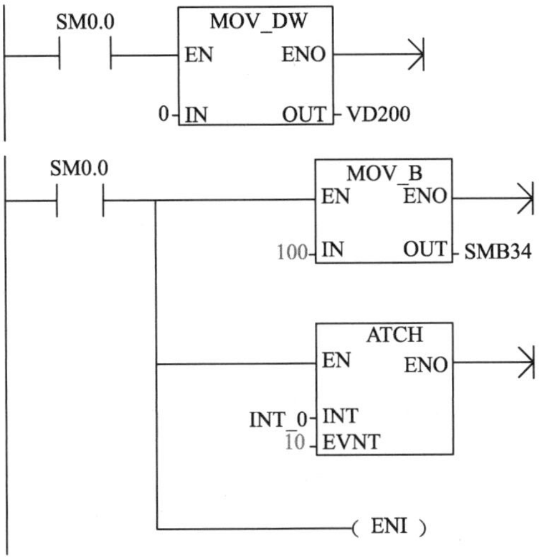

SM0.0
MOV_DW
EN ENO
0 IN OUT VD200

SM0.0
MOV_B
EN ENO
100 IN OUT SMB34

ATCH
EN ENO
INT_0 INT
10 EVNT

(ENI)

图 3-114　中断初始化程序

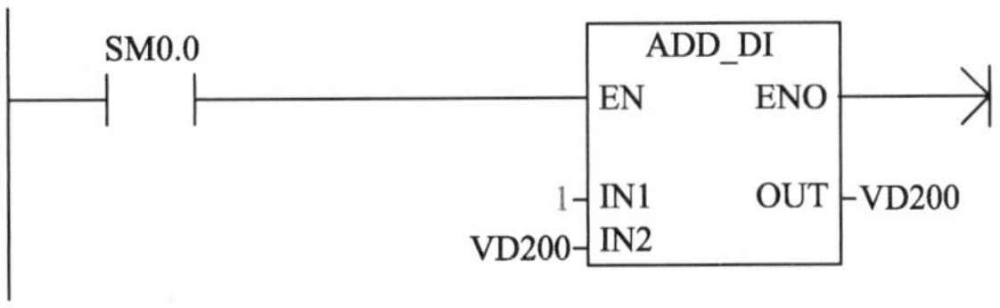

SM0.0
ADD_DI
EN ENO
1 IN1 OUT VD200
VD200 IN2

图 3-115　中断服务程序

其中，用双字长的整数加法对 VD200 自身加 1。可以使用状态表监视，VD200 的内容就是 100 ms 周期到达的次数。

注意：中断程序的初始化只需执行一次，也可根据需要重新定义中断事件。

知识、技术归纳

使用 S7-200SMART（晶体管输出）和 HMI 实现饮料灌装机电气系统控制，会使用步进驱动器及电动机，能用高速计数器和位置控制两种向导编程。

工程创新素质培养

会用步进驱动器及电动机的选型，熟悉定位控制应用案例，学会使用中断程序控制。

任务六　自动切带机控制系统安装与调试

任务目标

（1）了解伺服驱动器及电动机的工作原理；

（2）掌握两台 S7-200SMART 的工业以太网连接；

（3）掌握 S7-200SMART 控制伺服驱动器电路连接及编程；

（4）能完成自动切带机电气控制系统的运行与调试。

图 3-116 所示为一台自动切带机，主要应用在轻工、机械与包装等行业中，可切断各种惧热材料编织的吊带、围带、腰带、提带等，通过对编织带进行定长打点与切断，供后续工艺加工成各种塑料包装袋。

自动切带机的基本操作流程如下：按下开始按钮后，切刀自动恒温加热，为保证可靠整齐地切断编织带做好装备，当温度到达指定温度时伺服电动机开始运行，带动编织袋运行，运行一段距离后伺服电动机停止运行，打孔机构运行执行打孔工序，打孔个数到后切断机构运行执行切断工序；完成后进入下次工作流程。按下停止按钮后完成当前切断工序后停止运行。当遇到紧急情况时，按下急停按钮系统立刻停止。系统配置了触摸屏，触摸屏可以设置切断孔数、打孔个数与距离、运行速度等参数。

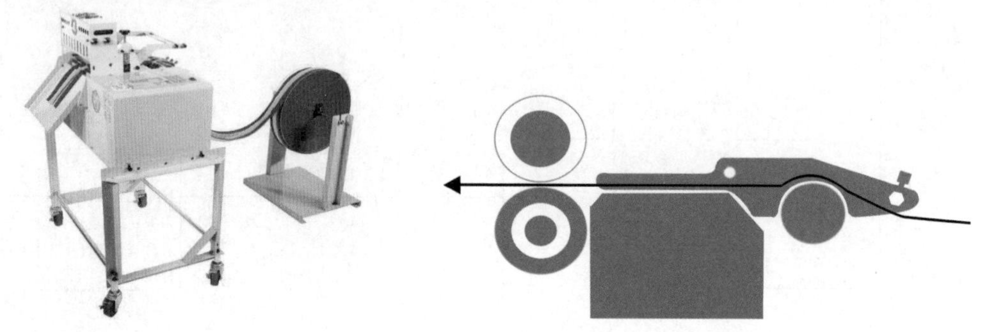

图 3-116　自动切带机

下面就来完成伺服电动机控制的自动切带机控制系统！

一、系统方案设计

1. 系统分析

根据任务的描述，选用两台 PLC 作为控制器通过通信来控制自动切带机的整体工作；编织袋的运行使用精确度比较高的伺服电动机；打孔和切带使用接触器控制完成。系统中用到的按钮、触摸屏输入、伺服驱动器的控制连接到晶体管 PLC，打孔和切带用接触器连接到继电器 PLC，两台 PLC 之间网络连接。

控制要求：按下触摸屏上的启动按钮，晶体管 PLC 控制伺服电动机运行并带动编织袋运行；当运行规定距离后，晶体管 PLC 控制伺服电动机停止运行，同时向继电器 PLC 发送信号，控制打孔接触器得电，执行打孔操作，延时 1 s 打孔完成，打孔接触器失电；打孔完成后继电器 PLC 向晶体管 PLC 发送打孔完成信息，再次执行伺服电动机运行——打孔工序，当打孔次数到时 PLC 控制切割接触器得点，进行切割工作，延时 1 s 切割工作结束，切割接触器失电，完成一个完整工序。一个完整工序完成后向晶体管 PLC 发送切割完成信息，再进入下一个工作流程。系统工作时切刀温度低于设置值时停止工作，等待加热达到温度后方能继续运行。运行过程中按下触摸屏上的停止按钮，本次切割完成之后系统停止运行，即伺服电动机停止运行，打孔和切割接触器失电。当运行过程中遇到紧急情况时，按下急停按钮系统立刻停止工作，即伺服电动机停止运行，打孔和切割接触器失电，急停按钮接入 PLC，通过 PLC 进行控制。系统功能框图如图 3-117 所示。

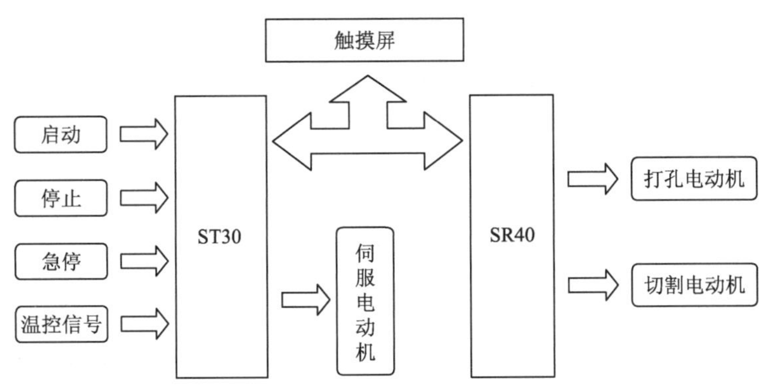

图 3-117 自动切带机系统框图

2. 硬件配置选型

系统主要使用的硬件包括 PLC、标准恒压源、接触器、伺服电动机、伺服驱动器、触摸屏、按钮等主要元器件。具体的选型如表 3-34 所示。

表 3-34 电气元器件清单

元 器 件	器 件 型 号	备 注
PLC	S7-200 SMART CPU SR40	继电器输出
	S7-200 SMART CPU ST30	晶体管输出
伺服电动机	台达 ECMA-C30604PS	
伺服控制器	台达 ASD-B-20421-B	
温控器	E5CC-RX2ASM-800	

一定要分清继电器型输出和晶体管型输出的控制对象，否则就要损坏PLC器件！

二、电气设计与安装

1. I/O地址分配表

按照方案设计，系统中用到的按钮、伺服驱动器的控制连接到晶体管 PLC，打孔和切带用接触器连接到继电器 PLC，I/O 地址分配如表 3-35 所示。

表 3-35 I/O 地址分配表

输入信号			输出信号		
启动按钮 SB1	I1.0	ST40	伺服驱动器脉冲	Q0.0（晶体管）	ST40
停止按钮 SB2	I1.1		伺服驱动器方向	Q0.2（晶体管）	
急停按钮 SB3	I1.2		打孔接触器	Q0.0（继电器）	SR40
温控信号	I0.6		切割接触器	Q0.1（继电器）	

2. 电气原理图

系统使用了 2 个 PLC 进行控制。有 4 个输入开关连接到晶体管 PLC 的输入端传感器，两个接触器连接到继电器 PLC 的输出端，伺服电动机的脉冲和方向控制连接到晶体管 PLC 的 Q0.0 和 Q0.2 输出，3 个按钮（启动按钮、停止按钮和急停按钮）。主电路由两个电动机（打孔电动机和切割电动机）和伺服电动机构成。主电路在此省略，伺服驱动器及外围电路如图 3-118 所示，两台 PLC 的 I/O 接线如图 3-119、图 3-120 所示。

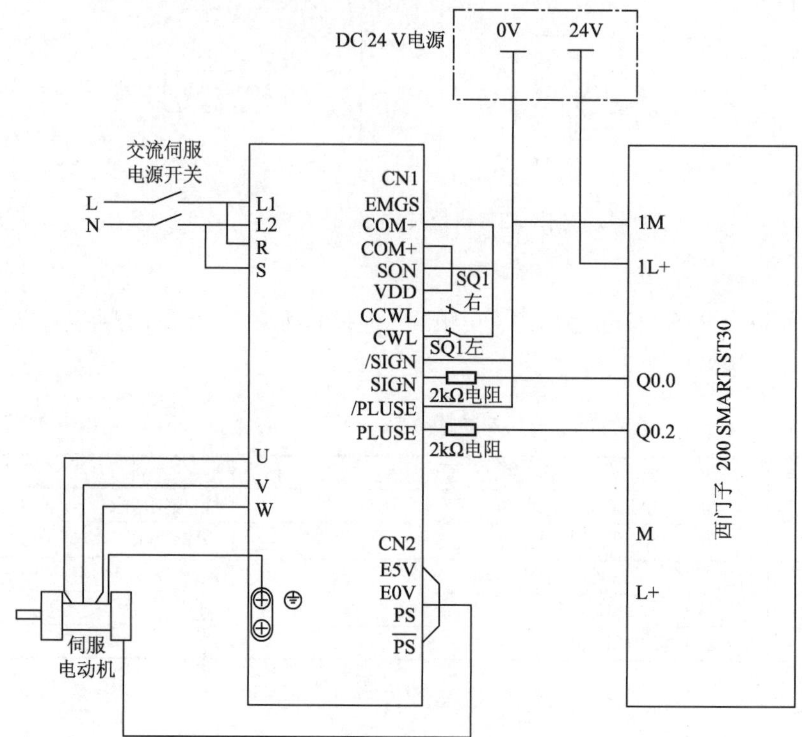

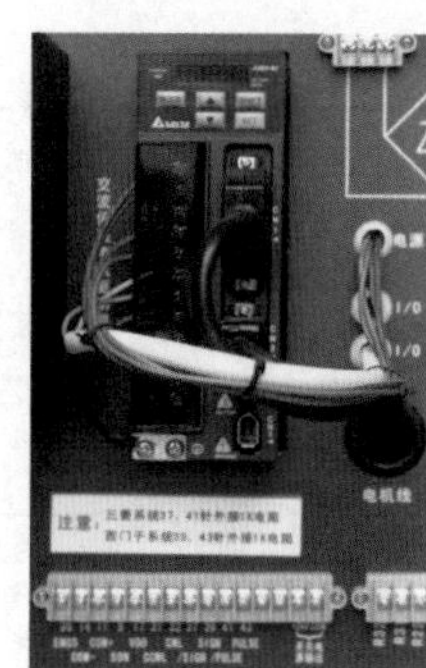

图 3-118 PLC 与伺服驱动器接线图

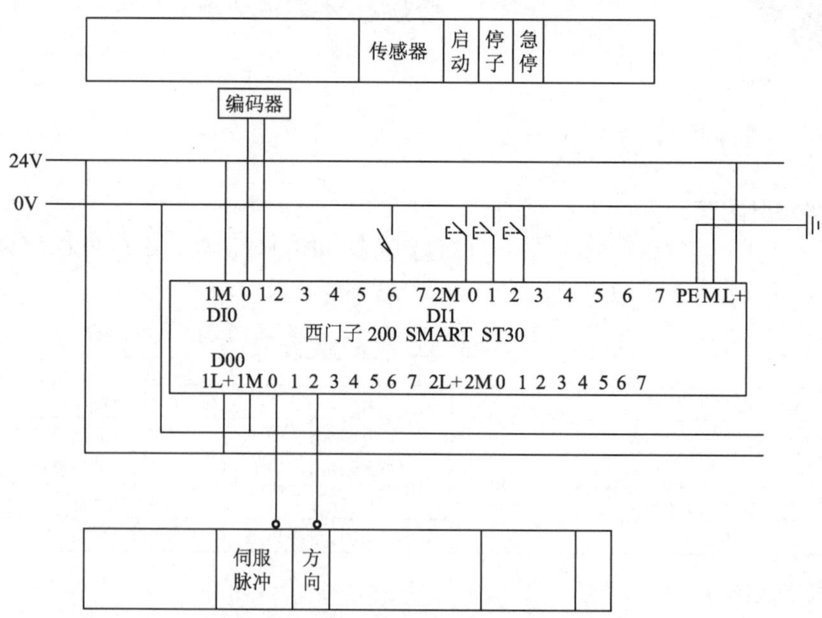

图 3-119 晶体管 PLC 端子接线图

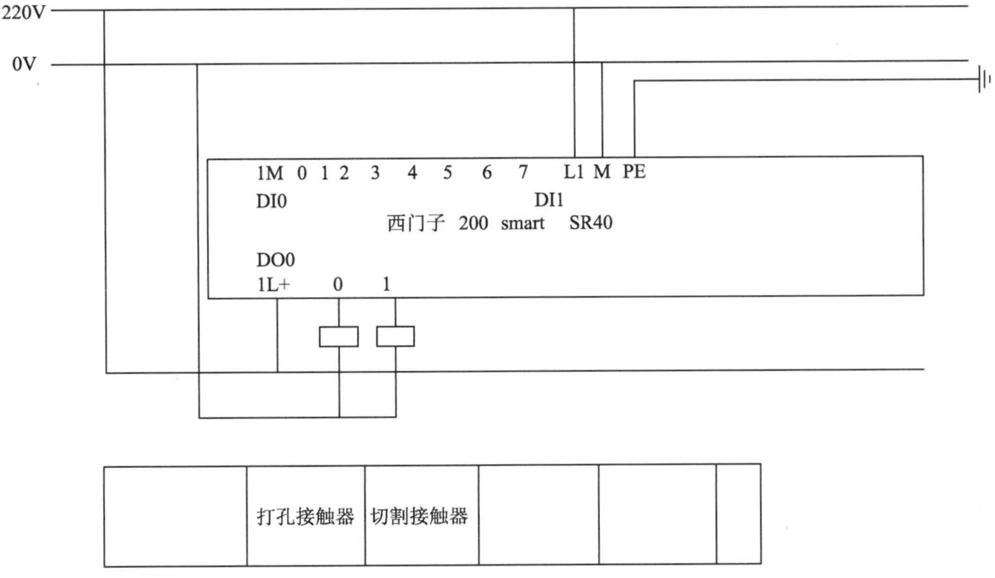

图 3-120 继电器 PLC 端子接线图

在本考核装置上注意西门子和三菱的连接方式，以及外接限流电阻（1kΩ）。

3. 伺服参数设置

本系统伺服驱动就是简单的位置控制，常用参数如表 3-36 所示，用前面讲述的方法把参数设置进伺服驱动器。

表 3-36 伺服参数设置表

序 号	参 数		设置数值	初始值
	参数编号	参数名称		
1	P0-02	LED 初始状态	00	00
2	P1-00	外部脉冲列指令输入形式设置	2	0x2
3	P1-01	控制模式及控制命令输入源设置	00	0
4	P1-44	电子齿轮比分子（*N*）	1	1
5	P1-45	电子齿轮比分母（*M*）	1	1
6	P2-00	位置控制比例增益	35	35
7	P2-02	位置控制前馈增益	5000	50
8	P2-08	特殊参数输入	0	0

伺服电动机的控制和步进电动机相类似，需要晶体管型高速脉冲输出！也需要运动控制向导。

三、软件组态设计

1. 晶体管PLC程序

调用网络通信子程序，如图 3-121 所示。

初始化运动轴（见图 3-122），该指令要一直调用。MOD_EN 参数必须开启，才能启用其他运动控制子例程向运动轴发送命令。如果 MOD_EN 参数关闭，运动轴会中止所有正在进行的命令。

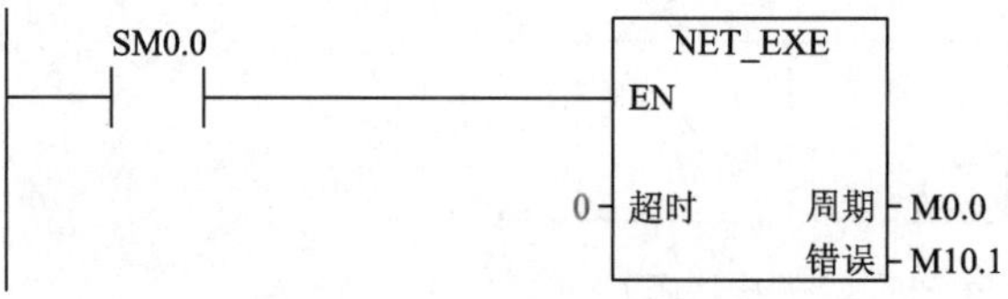

图 3-121 调用网络通信子程序

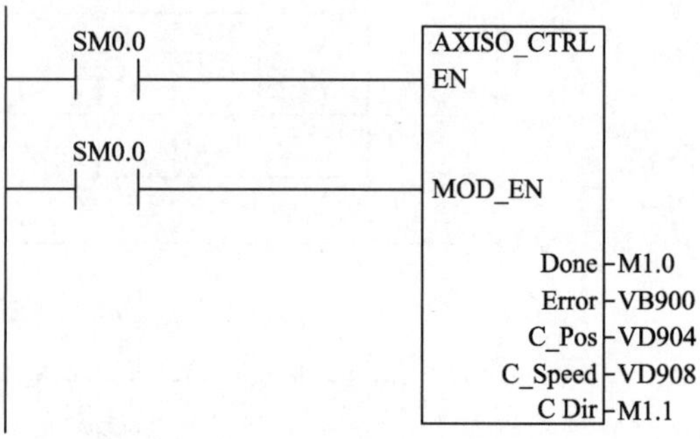

图 3-122 初始化运动轴

调用 GOTO 指令，如图 3-123 所示。伺服电动机要移动的相对位置有 Pos 参数决定，该参数通过触摸屏输入给 VD2004；伺服电动机运行的速度有 Speed 参数决定，该参数通过触摸屏输入给 VD2000；开启 Abort 参数会命令运动轴停止执行此命令并减速，直至电动机停止。M1.0 为运动轴完成标识位，完成后该位为 1。

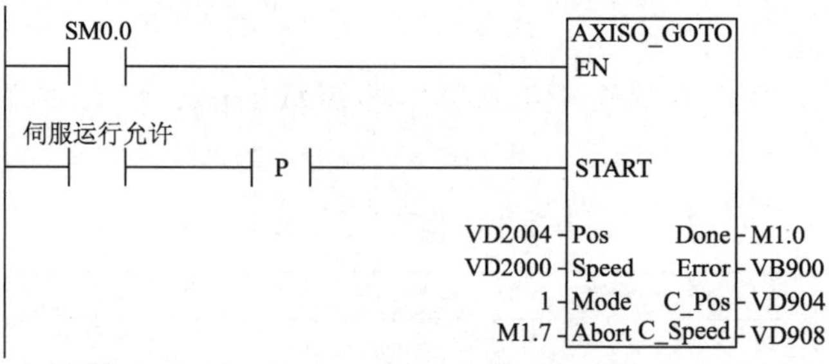

图 3-123 调用 GOTO 指令

当伺服电动机完成相应步数后，M1.0 为 1，置位打孔运行位，该位通过网络通信传递给继电器 PLC，开始打孔，如图 3-124 所示。

启动信号处理，如图 3-125 所示。触摸屏启动位关联到触摸屏上的启动操作，I1.0 为 PLC 启动按钮输入。当有一个按钮按下后置位 M26.0。

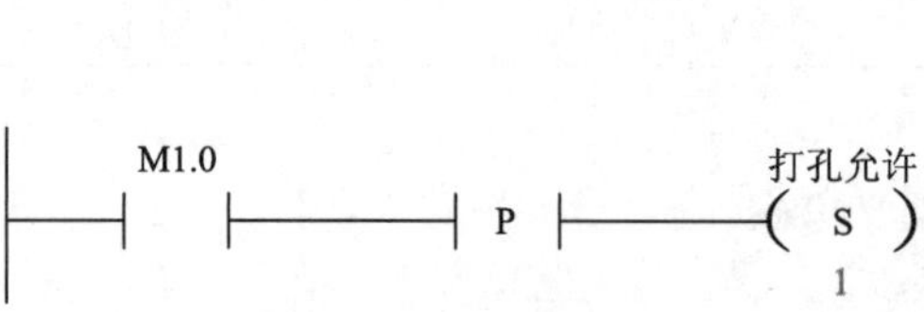

图 3-124 置位打孔运行位

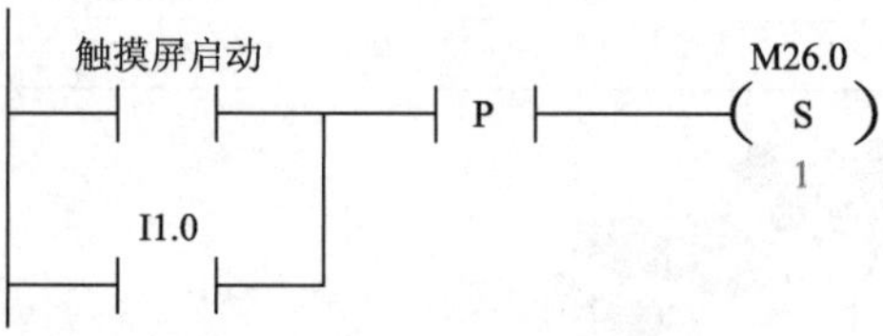

图 3-125 启动信号处理

打孔完成位为继电器 PLC 打孔完成后通过网络传递过来的信息，当打孔完成上升沿时置位 M26.6，如图 3-126 所示。

切割完成位为继电器 PLC 切割完成后通过网络传递过来的信息，当切割完成上升沿时置位 M26.7，如图 3-127 所示。

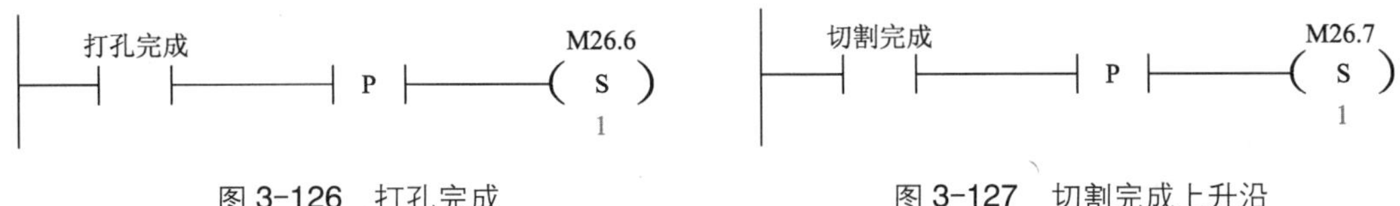

图 3-126　打孔完成　　　　图 3-127　切割完成上升沿

当 M26.0、M26.6、M26.7（即触摸屏启动按钮、PLC 输入启动按钮、打孔完成或切割完成）有一个为 1 时，并且温度达到设置温度（I0.6 为 1）时，伺服运行允许为 1，驱动伺服电动机运行，如图 3-128 所示。如果温度低于预设值，需要进行加热，等加热到预设温度后才开始运行。

停止信号处理。触摸屏停止位关联到触摸屏上的停止操作，I1.1 为 PLC 停止按钮输入。当有一个按钮按下后置位停止标识位 M26.1，如图 3-129 所示。

当停止标识位 M26.1 为 1 后，等待切割完成，两者都为 1 后表示完成一个工序（见图 3-130），M1.7 为 1，停止伺服电动机运行。当按下急停按钮后系统立刻停止工作。

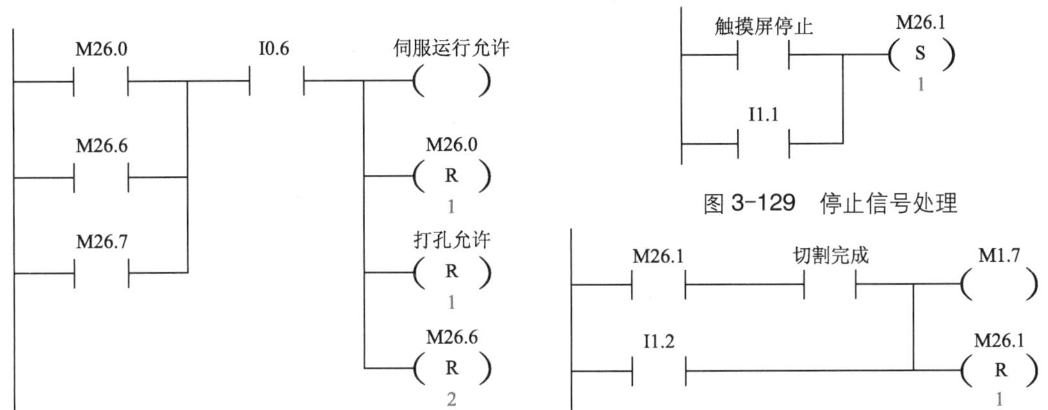

图 3-128　驱动伺服电动机运行

图 3-129　停止信号处理

图 3-130　切割完成

在程序中用到的一些符号表，如表 3-37 所示。

表 3-37　PLC 程序符号表

符　号	地　址	注　释
伺服运行允许	M20.0	
切割完成	V1000.1	从继电器 PLC 接收数据
打孔允许	V1001.0	发送给继电器 PLC 数据
打孔完成	V1000.0	从继电器 PLC 接收数据
触摸屏停止	M6.4	
触摸屏启动	M6.3	

2．继电器PLC程序

当继电器 PLC 收到晶体管 PLC 传来的打孔允许信息后，置位打孔控制位 M10.0，并复位打孔完成、切割完成位，如图 3-131 所示。

控制 Q0.0 为 1，表示打孔，延时 1s，表示打孔完成。打孔完成后置位打孔完成标识位，并复位 M10.0，如图 3-132 所示。

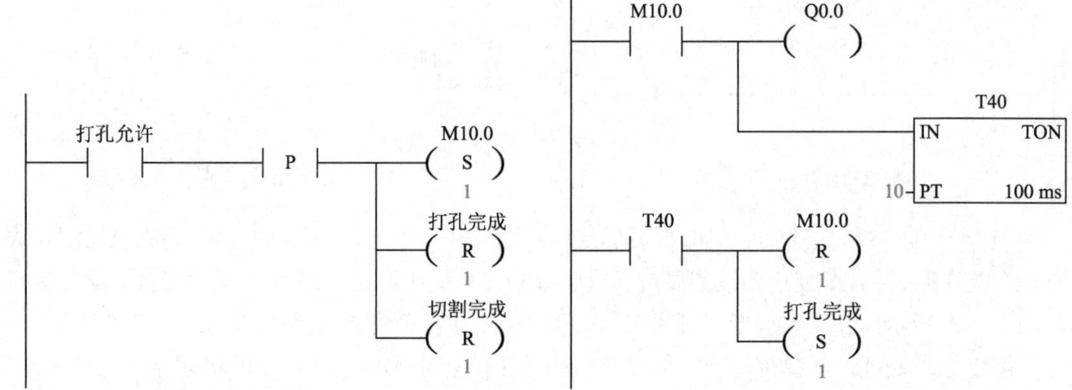

图 3-131　置位打孔控制位并复位打孔完成、切割完成位　　　　图 3-132　打孔完成

对打孔个数进行计数，如图 3-133 所示。当达到预设值时，C0 为 1，驱动切割一次，打孔的同时执行切割操作。预设值通过网络从晶体管 PLC 传递，晶体管中的数据通过触摸屏设置。

切割 1s，1s 后表示切割完成，置位切割完成标识位，如图 3-134 所示。

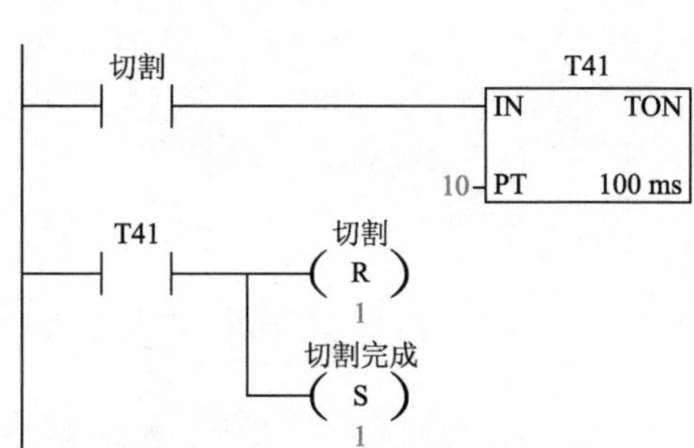

图 3-133　对打孔个数进行计数　　　　图 3-134　切割完成

两台 S7-200SMART PLC 的网络连接方法已在项目备战篇中讲述，在完成网络向导设置后，直接使用通信变量，在程序中用到的一些符号表如表 3-38 所示。

表 3-38　PLC 程序符号表

符　　号	地　　址	注　　释
打孔个数	VW2008	从晶体管 PLC 接收数据
打孔允许	V1001.0	从晶体管 PLC 接收数据
切割完成	V1000.1	发送给晶体管 PLC 数据
切割	Q0.1	—
打孔完成	V1000.0	发送给晶体管 PLC 数据

3. 触摸屏组态设计

触摸屏主要由启动按钮和停止按钮、预设速度输入框、断带孔数，孔间距、当日产量等组成。运行界面如图 3-135 所示。

触摸屏与 PLC 变量的关联如表 3-39 所示。

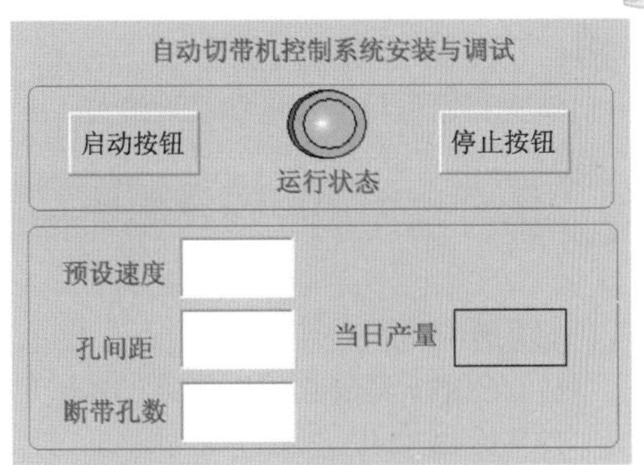

图 3-135　自动切带机组态界面

表 3-39　触摸屏与 PLC 变量的关联

触摸屏变量	PLC 变量	触摸屏变量	PLC 变量
启动按钮	M6.3	预设速度	VD2000
停止按钮	M6.4	孔间距	VD2004
		断带孔数	VW2008
		产量	VW2012

学生把测试数据记录到表 3-40 中（以“1”代表得电，以“0”代表失电），观察伺服电动机速度、产量等显示，记录当前值。

表 3-40　运行记录表

—	预设速度	孔间距	断带孔数	—
输入值				
—	按下启动按钮	到孔间距	到孔数	按下停止按钮
伺服电动机				
打孔接触器				
切割接触器				
产量				

任务拓展

上述任务中当切刀温度降低后只实现了系统的工作，并没有启动加热装置，现在设计一个新的系统完成上述自动加热功能，并在触摸屏上显示低温报警。

师傅，我用欧姆龙E5CC温控器来实现加热控制功能！

知识、技术归纳

使用两台 S7-200SMART（晶体管输出和继电器输出）和 HMI 实现自动切带机电气系统控制，会伺服驱动器及电动机的控制，也会用两台 PLC 的工业以太网连接。

工程创新素质培养

掌握伺服驱动器及电动机的选型，了解伺服定位的应用案例。

任务七　T68镗床的PLC改造

任务目标

（1）了解 T68 镗床控制电路工作原理；
（2）掌握 S7-300 与 S7-200SMART 的通信；
（3）会用 PLC 对 T68 镗床进行控制改造；
（4）会用 PLC 对 X62W 铣床进行控制改造。

某制造企业有一台 T68 镗床需要升级改造，计划选用 S7-300 和 S7-200SMART 的 PLC 来改造控制这台镗床，并立项技术部，派出电气技术员对该设备进行改造。

该 T68 镗床正常工作状态如下：

（1）主运动：镗轴和平旋盘的旋转运动。

（2）进给运动：镗轴的轴向移动，平旋盘刀具溜板的径向移动，镗头架的垂直移动，工作台的纵向移动和横向移动。

（3）辅助运动：工作台的旋转，后立柱的轴向移动和尾架的垂直移动以及镗头架、工作台的快速移动。

观察图 3-136，这是一台 T68 镗床，T68 镗床型号含义：T 镗床，6 卧式，8 镗轴直径 ϕ85 mm。它具有通用和万能性，适应加工精度较高，或孔距要求较精确的中小型零件，可以镗孔、钻孔、扩孔、铰孔和铣削平面，以及车内螺纹等。平盘滑块能作径向进给，可以加工较大尺寸的孔和平面，在平旋盘上装端面铣刀，可以铣削大平面。主要参数如下：

（1）主轴直径 85 mm；
（2）主轴最大行程 600 mm；
（3）工作台可承受最大质量 2 000 kg；
（4）主轴转速范围 20 ～ 1000 r/min；
（5）平旋盘转速范围 10 ～ 200 r/min；
（6）工作台行程：纵向 1 140 mm，横向 850 mm。

图 3-136　镗床

一、T68镗床电气原理分析

图 3-137 所示为 T68 镗床的电气原理图。

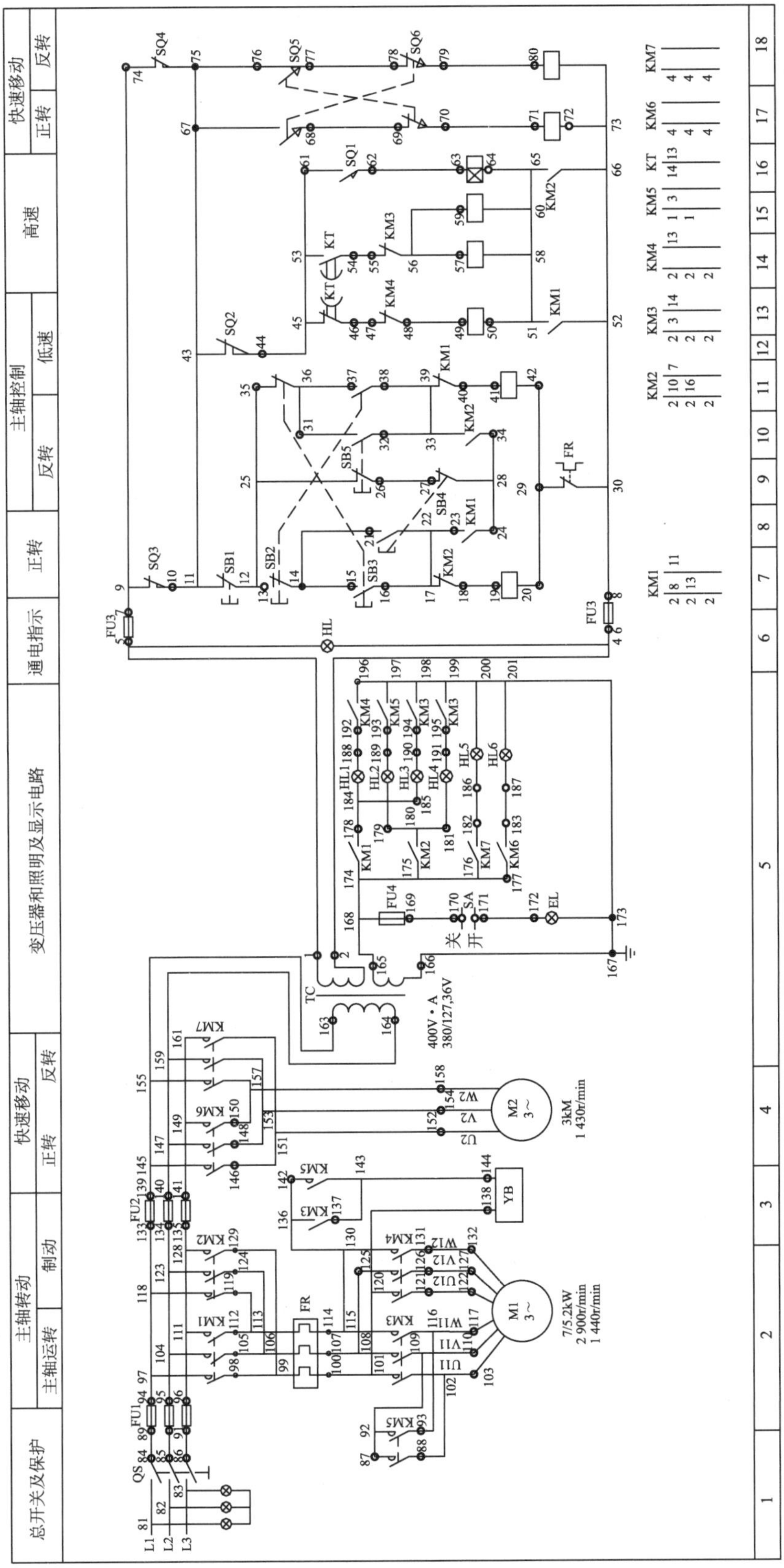

图 3-137　T68 镗床的电气原理图

1．主轴电动机M1的控制

（1）主轴电动机的正反转控制。按下正转按钮 SB3，接触器 KM1 线圈得电吸合，主触点闭合（此时开关 SQ2 已闭合），KM1 的常开触点（8 区和 13 区）闭合，接触器 KM3 线圈得电吸合，接触器主触点闭合，制动电磁铁 YB 得电松开（指示灯亮），电动机 M1 接成三角形正向启动。反转时只需按下反转启动按钮 SB2,动作原理同上,所不同的是接触器 KM2 得电吸合。

（2）主轴电动机 M1 的点动控制。按下正向点动按钮 SB4，接触器 KM1 线圈获电吸合，KM1 常开触点（8 区和 13 区）闭合，接触器 KM3 线圈得电吸合。而不同于正转的是按钮 SB4 的常闭触点切断了接触器 KM1 的自锁只能点动。这样 KM1 和 KM3 的主触点闭合便使电动机 M1 接成三角形点动。同理按下反向点动按钮 SB5，接触器 KM2 和 KM3 线圈得电吸合，M1 反向点动。

（3）主轴电动机 M1 的停车制动。当电动机正处于正转运转时，按下停止按钮 SB1，接触器 KM1 线圈失电释放，KM1 的常开触点（8 区和 13 区）因失电而断开，KM3 也失电释放。制动电磁铁 YB 因失电而制动，电动机 M1 制动停车。同理，反转制动只需按下制动按钮 SB1，动作原理同上，所不同的是接触器 KM2 反转制动停车。

（4）主轴电动机 M1 的高、低速控制。若选择电动机 M1 在低速运行可通过变速手柄使变速开关 SQ1（16 区）处于断开低速位置，相应的时间继电器 KT 线圈也失电，电动机 M1 只能由接触器 KM3 接成三角形连接低速运动。如果需要电动机在高速运行，应首先通过变速手柄使变速开关 SQ1 压合接通处于高速位置，然后按正转启动按钮 SB3（或反转启动按钮 SB2）时间继电器 KT 线圈得电吸合。由于 KT 两副触点延时动作，故 KM3 线圈先得电吸合，电动机 M1 接成三角形低速启动，以后 KT 的常闭触点（13 区）延时断开，KM3 线较失电释放，KT 的常开触点（14 区）延时闭合，KM4、KM5 线圈得电吸合，电动机 M1 接成 YY 连接，以高速运行。

2．快速移动电动机M2的控制

主轴的轴向进给、主轴箱的垂直进给、工作台的纵向和横向进给等的快速移动。本产品无机械机构不能完成复杂的机械传动的方向进给，只能通过操纵装在床身的转换开关跟开关 SQ5、SQ6 来共同完成工作台的横向和前后、主轴箱的升降控制。在工作台上 6 个方向各设置有一个行程开关，当工作台纵向、横向和升降运动到极限位置时，挡铁撞到位置开关工作台停止运动，从而实现纵终端保护。

（1）主轴箱升降运动。首先将床身上的转换开关扳到“升降”位置,扳动开关 SQ5（SQ6），SQ5（SQ6）常开触点闭合，SQ5（SQ6）常闭触点断开，接触器 KM7（KM6）通电吸合电动机 M2 反（正）转，主轴箱向下（上）运动，到了想要的位置时扳回开关 SQ5(SQ6) 主轴箱停止运动。

（2）工作台横向运动。首先将床身上的转换开关扳到“横向”位置,扳动开关 SQ5（SQ6），

SQ5（SQ6）常开触点闭合，SQ5（SQ6）常闭触点断开，接触器 KM7（KM6）通电吸合电动机 M2 反（正）转，工作台横向运动，到了想要的位置时扳回开关 SQ5(SQ6) 工作台横向停止运动。

（3）工作台纵向运动。首先将床身上的转换开关扳到“纵向”位置，扳动开关 SQ5（SQ6），SQ5（SQ6）常开触点闭合，SQ5（SQ6）常闭触点断开，接触器 KM7（KM6）通电吸合电动机 M2 反（正）转，工作台纵向运动，到了想要的位置时扳回开关 SQ5（SQ6）工作台纵向停止运动。

3．连锁保护

为了防止工作台或主轴箱自动快速进给时又将主轴进给手柄扳到自动快速进给的误操作，采用了与工作台和主轴箱进给手柄有机械连接的行程开关 SQ3。当上述手柄扳在工作台（或主轴箱）自动快速进给的位置时，SQ3 被压断开。同样，在主轴箱上还装有另一个行程开关 SQ4，它与主轴进给手柄有机械连接，当这个手柄动作时，SQ4 也受压断开。电动机 M1 和 M2 必须在行程开关 SQ3 和 SQ4 中有一个处于闭合状态时，才可以启动。当工作台（或主轴箱）在自动进给（此时 SQ3 断开）时，再将主轴进给手柄扳到自动进给位置（SQ4 也断开），那么电动机 M1 和 M2 便都自动停车，从而达到连锁保护之目的。

二、改造方案设计

1．系统分析

完成该 T68 镗床改造任务，选用两台 PLC（S7-300 和 S7-200SMART）作为控制器通过通信来控制镗床的整体工作；S7-300PLC 主要负责外部输入的采集，S7-200 SMART PLC 负责电动机的运行。也可以只选用一台 PLC 进行改造，更加具有经济效益。

可以把任务要求分析如下，并画出系统框图，如图 3-138 所示。

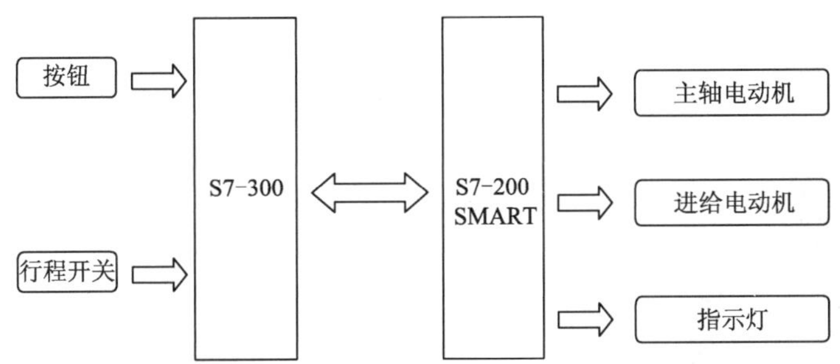

图 3-138　T68 镗床改造系统框图

镗床使用了两台电动机：一台为主轴电动机，作为主轴旋转钻孔铣削及镗床常速进给的动力，同时还用来带动镗床内部的动润滑油泵；另一台为快速进给电动机，用于提供镗床各进给运动的快速移动的动力。主电动机采用双速电动机，可以实现高速和低速的转换（由高低速转换行程开关控制），开关断开时电动机运行在低速状态，当按下开关后延时一段时间转换到高速运行；主轴电动机需要实现正反转以及点长动控制。快速进给电动机要实现正反转，由两个行程开关控制，并实现机械连锁。

2．I/O地址分配

经过对 T68 镗床的控制系统进行详细的分析可知，该系统需要输入点数为 11 点，输出点数为 13 点，根据输入 / 输出口的数量，可选择 S7-300 CUP 314C-2 PN/DP 和 S7-200 SMART CUP SR40。所有的电器元件均可采用改造前的型号，电器元件的安装位置也不变。改造后的 I/O 地址分配如表 3-41 所示。

表 3-41　I/O 地址分配表

输入信号（接 S7-300）		输出信号（接 S7-200 SMART）	
信 号 名 称	PLC 输入点	信 号 名 称	PLC 输出点
主轴停止按钮	I0.1	主轴正转接触器	Q0.1
主轴正转长动按钮	I0.3	主轴反转接触器	Q0.2
主轴正转点动按钮	I0.4	主轴低速接触器	Q0.3
主轴反转长动按钮	I0.2	主轴高速接触器 1	Q0.4
主轴反转点动按钮	I0.5	主轴高速接触器 2	Q0.5
主轴高低速转换行程开关	I1.1	进给电动机正转接触器	Q0.6
变速允许开关	I1.2	进给电动机反转接触器	Q0.7
运动连锁行程开关 1	I1.3	正转高速灯	Q1.0
运动连锁行程开关 2	I1.4	反转高速灯	Q1.2
进给正转行程开关	I1.5	正转低速灯	Q1.1
进给反转行程开关	I1.6	反转低速灯	Q1.3
		进给正转灯	Q1.5
		进给反转灯	Q1.4

三、系统安装

使用时会发现在两块机床排故挂板右上角，有个钥匙旋钮，选择“继电器”挡是进行机床排故考核，选择“PLC”挡是进行 PLC 改造。然后，在挂板右侧已经把电源、限位开关触点、主令开关按钮、接触器线圈、指示灯等引到端子，便于在 PLC 改造时作为输入 / 输出信号，如图 3-139 所示。下面用 PLC 来改造 T68 镗床实施改造。

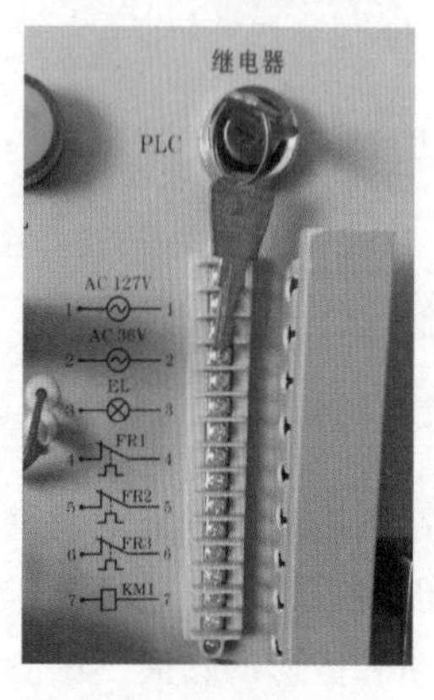

图 3-139　改造切换开关

采用 PLC 实现 T68 镗床电气控制时，照明、电源指示灯、低压备用电源插座及控制电源变压器及相关电路保持原电路配置连接。继电器 - 接触器系统中按钮、速度继电器、行程开关为 PLC 的输入设备，接触器线圈为 PLC 的输出设备。

1. 主电路

2. PLC控制电路

主站 PLC 是 S7-300，按照 I/O 地址分配表，它的控制电路接线如图 3-140 所示。

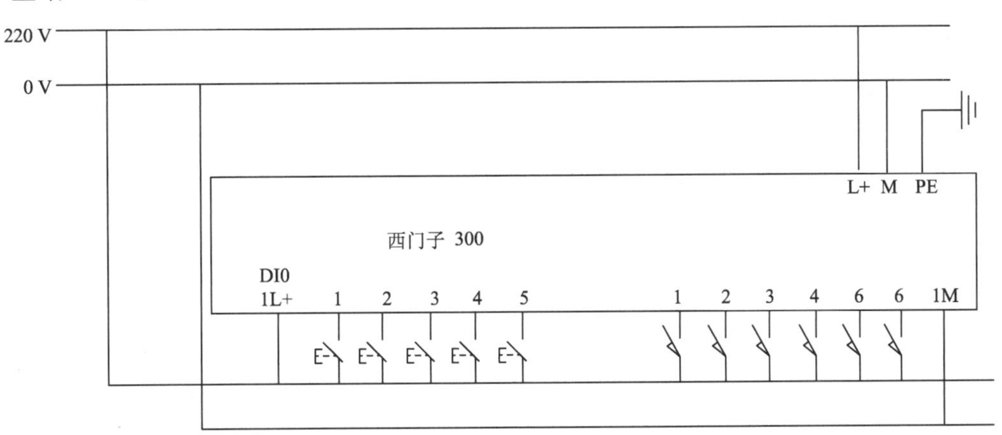

图 3-140 西门子 S7-300 PLC 接线图

从站 PLC 是 S7-200SMART，按照 I/O 地址分配表，它的控制电路接线如图 3-141 所示。

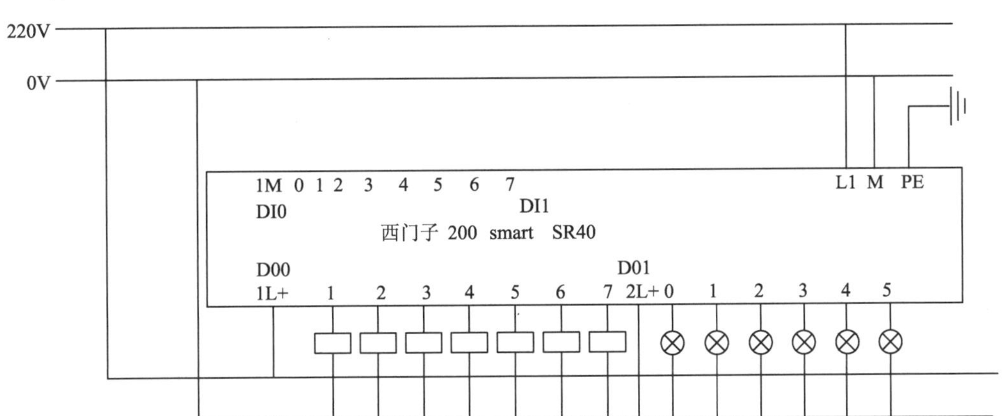

图 3-141 S7-200SMART 接线图

四、软件组态设计

1. S7-300程序

S7-300 的主要功能是读取外部数据，并通过工业以太网传递给 S7-200SMART。这是一条 PUT 指令，将数据从 S7-300 传递给 S7-200 SMART，如图 3-142 所示。为了能够传递信息，REQ 必须接周期脉冲信号，而不是一直为 1；ID 为连接 PLC 的 ID；ADDR_1 为 S7-200SMART 地址；SD_1 为 S7-300 系列地址。

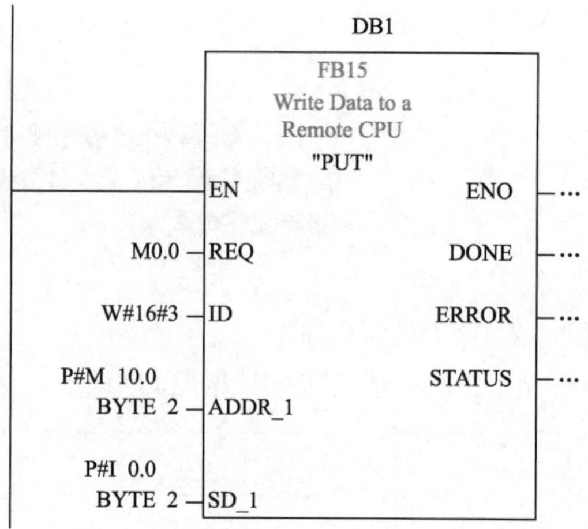

图 3-142　数据传送程序

2. S7-200SMART程序

（1）主轴电动机正转长动控制，如图 3-143 所示。

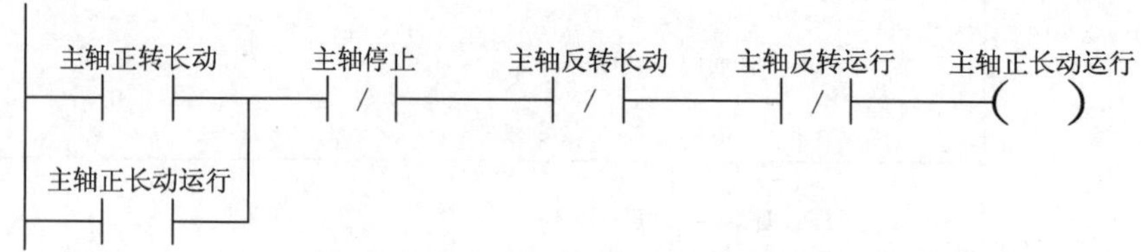

图 3-143　主轴电动机长动控制

（2）主轴电动机正转点动控制，如图 3-144 所示。

（3）主轴电动机正转控制，如图 3-145 所示。为了避免双线圈，采用了中间继电器分别控制长动点动。

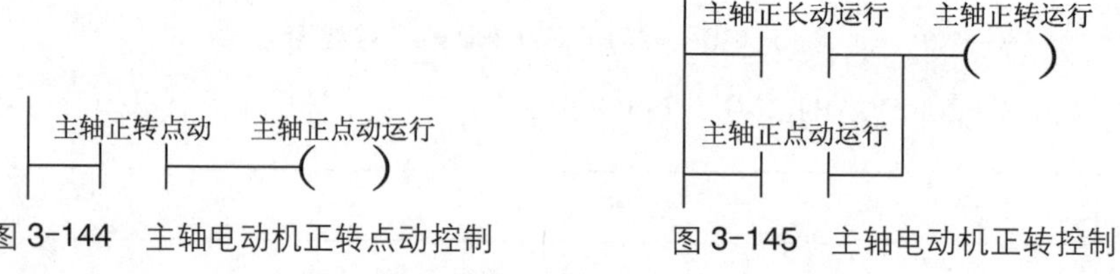

图 3-144　主轴电动机正转点动控制　　图 3-145　主轴电动机正转控制

（4）主轴电动机反转控制，如图 3-146 所示。

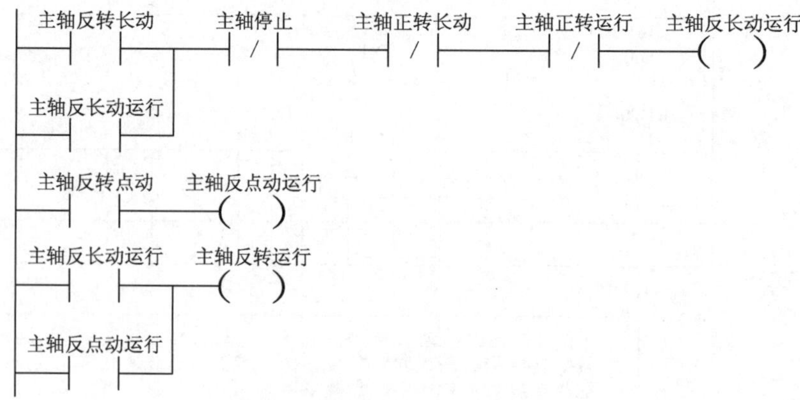

图 3-146　主轴电动机反转控制

（5）变速允许控制，如图 3-147 所示。只有正转或者反转接触器得电，并且变速允许信号有效时，才能控制高低速线圈。

（6）低速控制，如图 3-148 所示。

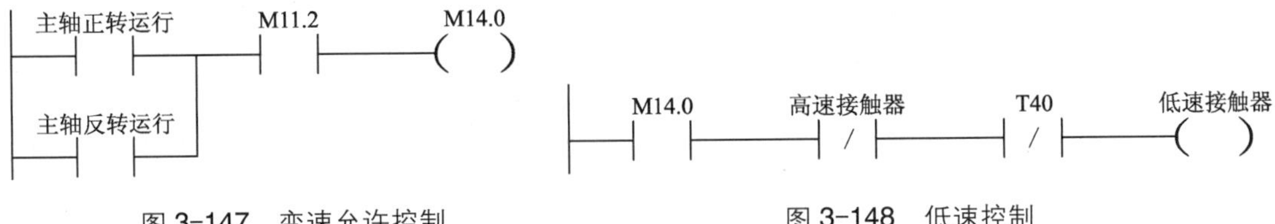

图 3-147　变速允许控制　　图 3-148　低速控制

（7）高速控制，如图 3-149 所示。当按下高低速转换行程开关，延时 3 s 后转换到高速运行。

（8）进给电动机正反转控制，如图 3-150 所示。

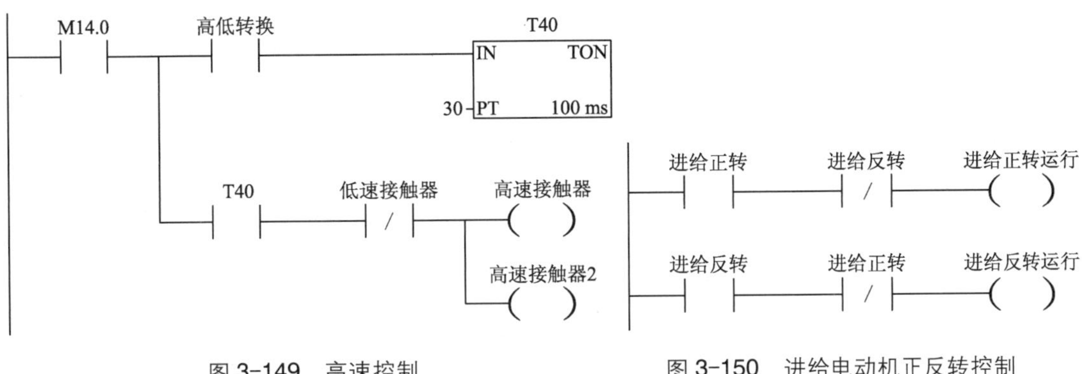

图 3-149　高速控制　　图 3-150　进给电动机正反转控制

（9）当连锁行程开关断开后系统停止工作，如图 3-151 所示。

（10）下面为指示灯控制，如图 3-152 所示。

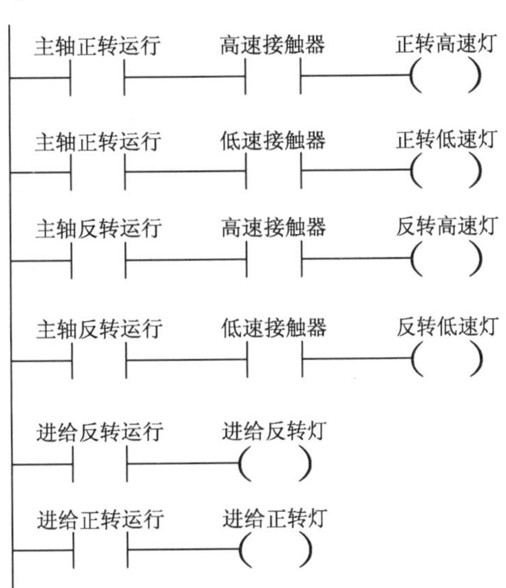

图 3-151　系统停止工作　　图 3-152　指示灯控制

程序中用到的变量表如表 3-42 所示。

表 3-42　触摸屏与 PLC 关联变量表

符　　号	地　　址	符　　号	地　　址
主轴停止按钮	M0.1	主轴正转接触器	Q0.1
主轴正转长动按钮	M0.3	主轴反转接触器	Q0.2
主轴正转点动按钮	M0.4	主轴低速接触器	Q0.3
主轴反转长动按钮	M0.2	主轴高速接触器 1	Q0.4
主轴反转点动按钮	M0.5	主轴高速接触器 2	Q0.5
主轴高低速转换行程开关	M1.1	进给电动机正转接触器	Q0.6
变速允许行程开关	M1.2	进给电动机反转接触器	Q0.7
运动连锁行程开关 1	M1.3	正转高速灯	Q1.0
运动连锁行程开关 2	M1.4	反转高速灯	Q1.2
进给正转行程开关	M1.5	正转低速灯	Q1.1
进给反转行程开关	M1.6	反转低速灯	Q1.3
		进给正转灯	Q1.5
		进给反转灯	Q1.4

同样，在表 3-42 中定义了触摸屏的输入 / 输出关联元件，输入用对应的通用辅助继电器来实现，输出直接关联 PLC 输出元件，设计的 T68 镗床 PLC 改造组态界面如图 3-153 所示。

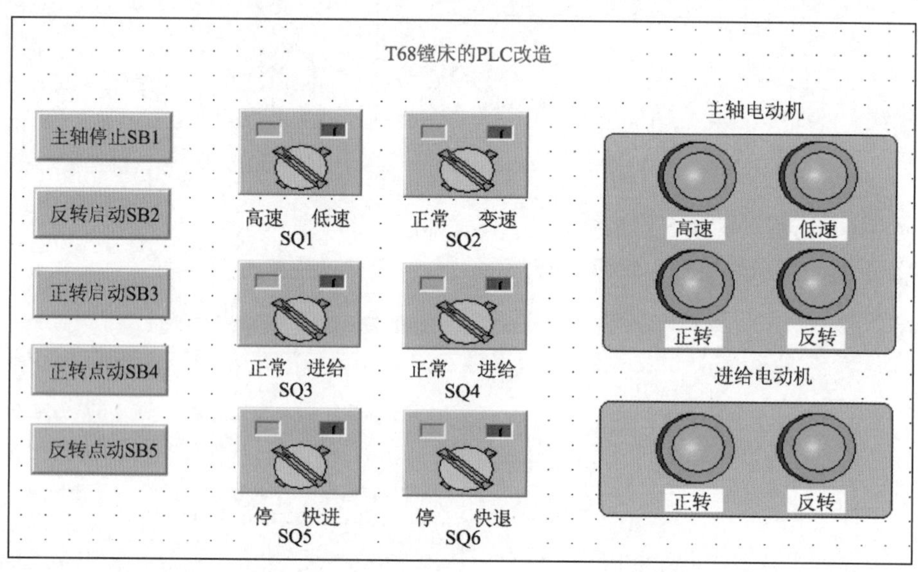

图 3-153　T68 镗床 PLC 改造组态界面

任务拓展

下面再来对X62W铣床进行PLC控制改造！

图 3-154 所示为一台 X62W 万能铣床，主轴锥孔可直接或通过附件安装各种圆柱铣刀、圆

片铣刀、成型铣刀、端面铣刀等刀具，适于加工各种零件的平面、斜面、沟槽、孔等。该机床具有足够的刚性和功率，拥有强大的加工能力，能进行高速和承受重负荷的切削工作、齿轮加工。适合模具特殊钢加工、矿山设备、产业设备等重型大型机械加工。万能铣床的工作台可向左、右各回转 45°，当工作台转动一定角度，采用分度头附件时，可以加工各种螺旋面。

图 3-154　X62W 铣床

X62W 万能铣床的主要参数如下：

（1）工作台面积 320 mm × 1 325 mm；

（2）工作台最大纵向行程 700/680 mm（手动 / 机动）；

（3）工作台最大横向行程 255/240 mm（手动 / 机动）；

（4）工作台最大垂直行程 320/300 mm（手动 / 机动）；

（5）工作台最大回转角度 ±45°；

（6）主轴转速级数 18 级；

（7）主轴转速范围 30 ～ 1500 r/min；

（8）主传动电动机功率 7.5 kW；

（9）进给电动机功率 1.5 kW；

（10）机床外形尺寸（长 × 宽 × 高）2 294 mm × 1 770 mm × 1 610 mm；

（11）机床净 / 毛重 2 650/2 950 kg。

某制造企业有一台 X62W 铣床需要升级改造，计划选用一台 S7-200SMART 的 PLC 来改造控制这台镗床，并立项技术部，派出电气技术员对该设备进行改造。

该 X62W 铣床正常工作状态如下：

（1）主运动：主轴带动铣刀的旋转运动。

① 主轴通过变换齿轮实现变速，有变速冲动控制。

② 主轴电动机的正、反转改变主轴的转向，实现顺铣和逆铣。

③ 为减小负载波动对铣刀转速的影响，主轴上装有飞轮，转动惯量较大，要求主轴电动机有停车制动控制。

（2）进给运动：加工中工作台或进给箱带动工件的移动，以及圆工作台的旋转运动。

① 工作台的纵向（左、右）、横向（前、后）、垂直（上、下）6 个方向的进给运动由进给电动机 M2 拖动，由操作手柄改变传动键实现，要求 M2 正反转及各运动之间有连锁（只能一个方向运动）控制。

② 工作台能通过电磁铁吸合改变传动键的传动比实现快速移动，有变速冲动控制。

③ 使用圆工作台时，圆工作台旋转与工作台的移动运动有连锁控制。

④ 主轴旋转与工作进给有连锁：铣刀旋转后，才能进给；进给结束后，铣刀旋转才能结束。

⑤ 主运动和进给运动设有比例调速要求，主轴与工作台单独拖动，为操作方便，应能在两处控制各部件的起停。

图 3-155 所示为 X62W 铣床电气原理图。

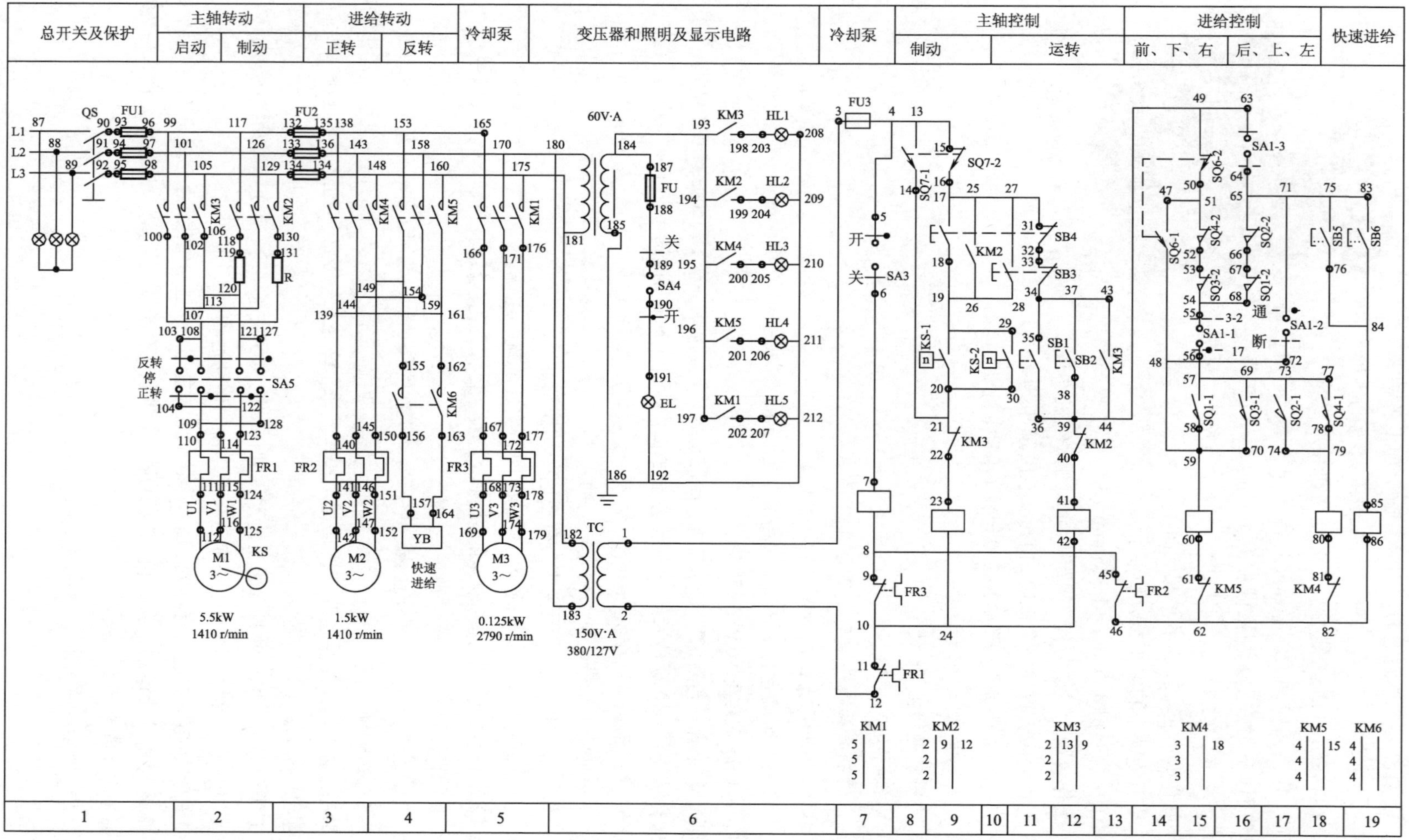

图 3-155　X62W 铣床电气原理图

一、主轴电动机的控制

控制线路的启动按钮 SB1 和 SB2 是异地控制按钮，方便操作。SB3 和 SB4 是停止按钮。KM3 是主轴电动机 M1 的启动接触器，KM2 是主轴反接制动接触器，SQ7 是主轴变速冲动开关，KS 是速度继电器。

1．主轴电动机的启动

启动前先合上电源开关 QS，再把主轴转换开关 SA5 扳到所需要的旋转方向，然后按启动按钮 SB1（或 SB2），接触器 KM3 得电动作，其主触点闭合，主轴电动机 M1 启动。

2．主轴电动机的停车制动

当铣削完毕时，需要主轴电动机 M1 停车，此时电动机 M1 运转速度在 120 r/min 以上时，速度继电器 KS 的常开触点闭合（9 区或 10 区），为停车制动做好准备。当要 M1 停车时，就按下停止按钮 SB3（或 SB4），KM3 失电释放，由于 KM3 主触点断开，电动机 M1 失电作惯性运转，紧接着接触器 KM2 线圈得电吸合，电动机 M1 串电阻 R 反接制动。当转速降至 120 r/min 以下时，速度继电器 KS 常开触点断开，接触器 KM2 失电释放，停车反接制动结束。

3．主轴的冲动控制

当需要主轴冲动时，按下冲动开关 SQ7，SQ7 的常闭触点 SQ7-2 先断开，而后常开触点 SQ7-1 闭合，使接触器 KM2 得电吸合，电动机 M1 启动，冲动完成。

二、工作台进给电动机控制

转换开关 SA1 是控制圆工作台的，在不需要圆工作台运动时，转换开关扳到“断开”位置，此时 SA1-1 闭合，SA1-2 断开，SA1-3 闭合；当需要圆工作台运动时将转换开关扳到“接通”位置，则 SA1-1 断开，SA1-2 闭合，SA1-3 断开。

1．工作台纵向进给

工作台的左右（纵向）运动是由装在床身两侧的转换开关跟开关 SQ1、SQ2 来完成，需要进给时把转换开关扳到“纵向”位置，按下开关 SQ1，常开触点 SQ1-1 闭合，常闭触点 SQ1-2 断开，接触器 KM4 得电吸合电动机 M2 正转，工作台向右运动；当工作台要向左运动时，按下开关 SQ2，常开触点 SQ2-1 闭合，常闭触点 SQ2-2 断开，接触器 KM5 通电吸合电动机 M2 反转工作台向左运动。在工作台上设置有一块挡铁，两边各设置有一个行程开关，当工作台纵向运动到极限位置时，挡铁撞到位置开关工作台停止运动，从而实现纵向运动的终端保护。

2．工作台升降和横向（前后）进给

由于本产品无机械机构不能完成复杂的机械传动，方向进给只能通过操纵装在床身两侧的转换开关和开关 SQ3、SQ4 来完成工作台上下和前后运动。在工作台上也分别设置有一块挡铁，两边各设置有一个行程开关，当工作台升降和横向运动到极限位置时，挡铁撞到位置开关工作台停止运动，从而实现纵向运动的终端保护。

(1) 工作台向上（下）运动。在主轴电动机启动后，把装在床身一侧的转换开关扳到“升降”位置再按下按钮 SQ3（SQ4），SQ3（SQ4）常开触点闭合，SQ3（SQ4）常闭触点断开，接触器 KM4（KM5）通电吸合电动机 M2 正（反）转，工作台向下（上）运动。到达想要的位置时松开按钮工作台停止运动。

(2) 工作台向前（后）运动。在主轴电动机启动后，把装在床身一侧的转换开关扳到“横向”位置再按下按钮 SQ3（SQ4），SQ3（SQ4）常开触点闭合，SQ3（SQ4）常闭触点断开，接触器 KM4（KM5）得电吸合电动机 M2 正（反）转，工作台向前（后）运动。到达想要的位置时松开按钮工作台停止运动。

三、联锁问题

真实机床在上下前后 4 个方向进给时，又操作纵向控制这两个方向的进给，将造成机床重大事故，所以必须连锁保护。当上下前后 4 个方向进给时，若操作纵向任一方向，SQ1-2 或 SQ2-2 两个开关中的一个被压开，接触器 KM4（KM5）立刻失电，电动机 M2 停转，从而得到保护。

同理，当纵向操作时又操作某一方向而选择了向左或向右进给时，SQ1 或 SQ2 被压下，它们的常闭触点 SQ1-2 或 SQ2-2 是断开的，接触器 KM4 或 KM5 都由 SQ3-2 和 SQ4-2 接通。若发生误操作，而选择上、下、前、后某一方向的进给，就一定使 SQ3-2 或 SQ4-2 断开，使 KM4 或 KM5 失电释放，电动机 M2 停止运转，避免了机床事故。

1. 进给冲动

真实机床为使齿轮进入良好的啮合状态，将变速盘向里推。在推进时，挡块压动位置开关 SQ6，首先使常闭触点 SQ6-2 断开，然后常开触点 SQ6-1 闭合，接触器 KM4 得电吸合，电动机 M2 启动。但它并未转起来，位置开关已 SQ6 已复位，首先断开 SQ6-1，而后闭合 SQ6-2。接触器 KM4 失电，电动机失电停转。这样以来，使电动机接通一下电源，齿轮系统产生一次抖动，使齿轮啮合顺利进行。要冲动时按下冲动开关 SQ6，模拟冲动。

2. 工作台的快速移动

在工作台向某个方向运动时，按下按钮 SB5 或 SB6(两地控制)，接触器闭合 KM6 得电吸合，它的常开触点（4 区）闭合，电磁铁 YB 通电（指示灯亮）模拟快速进给。

3. 圆工作台的控制

把圆工作台控制开关 SA1 扳到“接通”位置，此时 SA1-1 断开，SA1-2 接通，SA1-3 断开，主轴电动机启动后，圆工作台即开始工作，其控制电路是：电源→ SQ4-2 → SQ3-2 → SQ1-2 → SQ2-2 → SA1-2 → KM4 线圈→电源。接触器 KM4 得电吸合，电动机 M2 运转。

真实铣床为了扩大机床的加工能力，可在机床上安装附件圆工作台，这样可以进行圆弧或凸轮的铣削加工。拖动时，所有进给系统均停止工作，只让圆工作台绕轴心回转。该电动带动一根专用轴，使圆工作台绕轴心回转，铣刀铣出圆弧。在圆工作台开动时，其余进给一律不准运动，若有误操作动了某个方向的进给，则必然会使开关 SQ1 ～ SQ4 中的某一个常闭触点将断开，使电动机停转，从而避免了机床事故的发生。按下主轴停止按钮 SB3 或 SB4，主轴停转，圆工作台也停转。

四、冷却照明控制

要启动冷却泵时扳开关 SA3，接触器 KM1 得电吸合，电动机 M3 运转冷却泵启动。机床照明是由变压器 T 供给 36 V 电压，工作灯由 SA4 控制。

五、PLC改造电气系统设计

经过对 X62W 万能铣床的控制系统进行详细的分析可知，该系统需要输入点数为 16 点，输出点数为 7 点，根据输入 / 输出口的数量，可选择三菱 FX3U-32MR 型 PLC。所有的电器元件均可采用改造前的型号，电器元件的安装位置也不变。重点提示：输出端由于采用 3 个不同电压等级负载，所以特别注意输出公共端的分配，否则易引起短路。

六、触摸屏组态设计

同样，在表 3-43 中定义了触摸屏的输入 / 输出关联元件，输入用对应的通用辅助继电器来实现，输出直接关联 PLC 输出元件。设计的触摸屏组态界面如图 3-156 所示。

表 3-43　I/O 地址分配表

输入信号（含触摸屏）			输 出 信 号	
启动按钮 SB1	X0	M0	EL 照明	Y0
启动按钮 SB2	X1	M1	KM1 主轴电动机 M1	Y4
停止按钮 SB3	X2	M2	KM2 冷却泵电动机 M2	Y5
停止按钮 SB4	X3	M3	KM3 进给电动机 M3 正转	Y6
快速进给 SB5	X4	M4	KM4 进给电动机 M3 反转	Y7
快速进给 SB6	X5	M5	进给常速 KM5	Y10
照明开关 SA1	X6	M6	快速进给 KM6	Y11
冷却泵启动 SA3	X7	M7		
主轴换刀 SA4	X10	M10		
离心开关 KS	X11	M11		
右进给行程开关 SQ1	X12	M12		
左进给行程开关 SQ2	X13	M13		
向前向下行程开关 SQ3	X14	M14		
向后向上行程开关 SQ4	X15	M15		
主轴冲动行程开关 SQ5	X16	M16		
进给冲动行程开关 SQ6	X17	M17		

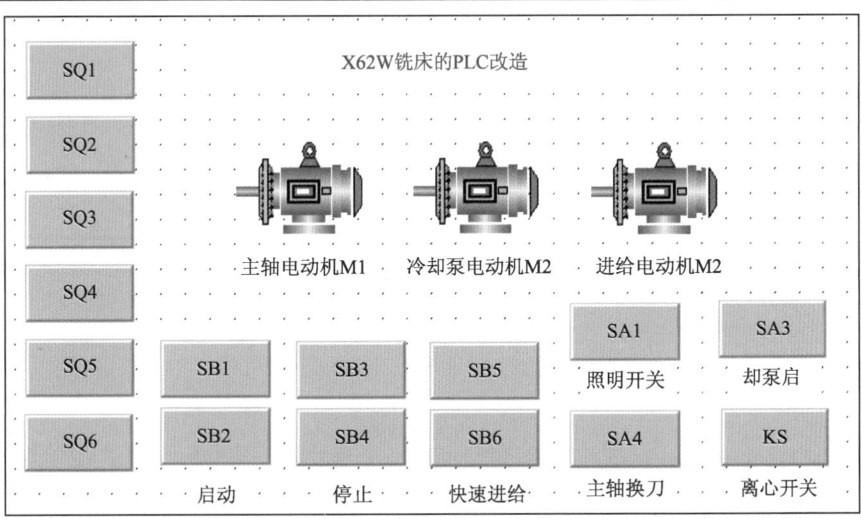

图 3-156　X62W 铣床 PLC 改造组态界面

七、PLC程序设计

徒儿，X62W铣床改造的PLC程序就由你来编，然后和触摸屏联机调试。

知识、技术归纳

使用两台PLC（S7-300和S7-200SMART）和HMI实现T68镗床、X62W铣床的PLC改造，会两台PLC（S7-300和S7-200SMART）工业以太网的连接。

工程创新素质培养

会常规电气控制设备的改造，是企业从传统生产转型升级的重要技术支撑。

现代电气控制系统安装与调试

第四篇

项目实战——现代电气控制系统的安装与调试

开始正式比赛了，
我好紧张哦！

每一位电气技术员在经历了项目备战和项目演练后，即将接受实战考验。在掌握了现代电气融合的PLC、变频器、触摸屏、伺服驱动、步进驱动、传感器、工业网络、电气接线等技术，并已经初步实践了基础应用后，仍然需要通过实战来对这些技术综合应用，实现技术腾飞。

2015年7月3日，在天津中德职业技术学院的比赛现场，汇集了来自全国46支优秀电气技术团队，在亚龙YL-158GA1现代电气控制系统安装与调试实训设备平台上，虚拟实现一套自动化立体仓库控制系统的安装与调试。每个团队有2位成员，在4个小时比赛时间内，沉着应战，团队分工协作，精心策划，根据任务书要求，对整套系统进行设计、整体集成和调试，所有参赛选手都体现出电气工程师应有的职业素质和职业素养。图4-1所示为比赛现场照片。

图4-1　比赛现场照片

不要紧张，比赛就是要把我们平时练的技能综合应用出来！先来看看比赛题目到底是什么吧！

嗨，准备了那么长时间，看我小小工程师展示吧！

图 4-2 所示为一套自动化立体仓库，可实现仓库高层合理化、存取自动化、操作简便化。它是由立体货架、码料机、出入库托盘输送机系统、货物传送带系统、货物重量检测系统、通信系统、计算机监控系统以及其他如电线电缆桥架配电柜、托盘、调节平台、钢结构平台等辅助设备组成的复杂的自动化系统。运用一流的集成化物流理念，采用先进的控制、总线、通信和信息技术，通过以上设备的协调动作进行出入库作业。广泛地应用于工业生产领域、物流领域和商品制造领域。

图 4-2　自动化立体仓库实物图

本项目需要在 YL-158GA1 现代电气控制系统实训考核装置上，虚拟实现一套自动化立体仓库控制系统。虚拟的立体仓库系统共由货物称重区、货物传送带、托盘传送带、机器手搬运装置、码料小车和一个立体仓库组成，系统俯视图如图 4-3 所示。

系统整体运行过程如下：货物首先经过称重区称重，货物重量一般在 0 ~ 100 kg 之间，经称重模块称重后，将重量信号转换成 0 ~ 10 V 电压信号，然后经过货物传送带将货物运送至 SQ2 位置，同时托盘传送带将托盘传送到 SQ4 位置。机械手将货物取至 SQ4 处的托盘上，然后由码料小车将货物连同托盘运送至仓库区，码放至不同的存储位置。托盘传送带采用单一固定速度单向传送方式，货物传送带传送速度则要根据货物重量采用不同的速度运行，具体要求为：如果货物大于 60 kg，货物传送带电动机 M1 则以 15 Hz 速度运转；如果货物在 20 ~ 60 kg 之间，则货物传送带电动机 M1 以 30 Hz 的速度运转；如果货物小于 20 kg，则传送带电动机 M1 以 45 Hz 速度运转。

其中仓库区的正视图如图 4-4 所示，立体仓库有三层三区共 9 个存储位置。码料小车的水平移动由伺服电动机 M4 驱动，小车的升降由步进电动机 M3 驱动。根据称得的货物重量以及之前的码放情况，系统自动决定将货物码放至仓库的某一区的第几层。在码放货物时，按照 A1—A2—A3—B1—B2—B3—C1—C2—C3 的规则进行码放。已知每个存储位置最多可承受 100 kg 的重量，而货物重量一般在 0 ~ 100 kg 之间。具体的码放规则是：某一仓库码放一次货物后，如果第二次将要码放的货物重量加上之前已码放的货物重量不足 100 kg，则继续将第二次货物码放至该位置，如果两次重量大于 100 kg，则按照码放顺序码放至下一存储位置。

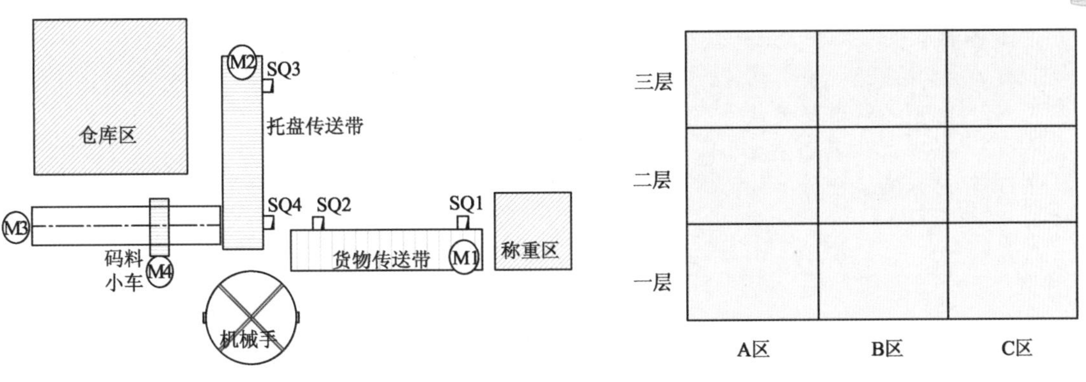

图 4-3　立体仓库系统俯视图　　　　图 4-4　立体仓库正视图

项目目标如下：

(1) 能完成立体仓库电气控制系统的方案整体设计。

(2) 能按工艺要求完成电气系统的安装与初调。

(3) 能完成触摸屏界面组态、网络组建及 PLC 程序设计。

(4) 能完成系统整体调试与解决常见问题。

(5) 能达到可编程序控制系统设计师职业资格证书（三级）要求。

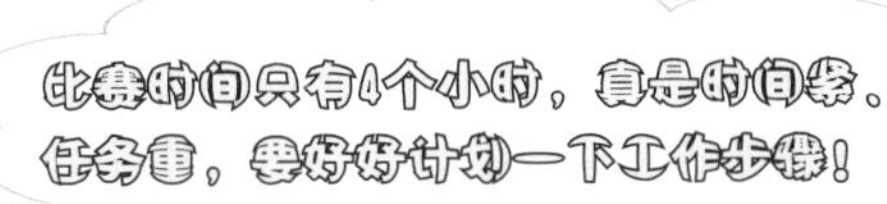

项目步骤如图 4-5 所示。

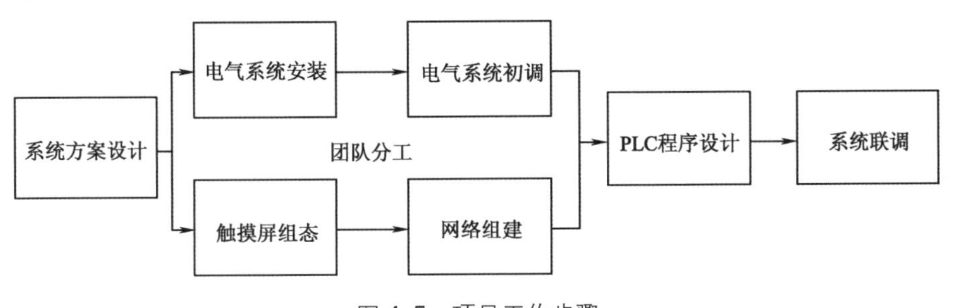

图 4-5　项目工作步骤

竞赛要从以下几个方面考核，所以在实践过程中始终要从以下几点出发：
(1) 职业道德与安全意识。
(2) 控制系统电路设计、布置与连接工艺。
(3) 每项工作单元独立功能的设计。
(4) 控制系统整体运行功能。

任务一　系统方案设计

任务目标

(1) 针对任务书控制功能要求，设计确定系统整体控制方案；
(2) 通过对工作任务书的分析，选择确定控制系统所需要的电气元器件；
(3) 针对控制系统要求，确定系统程序设计方案。

一、硬件配置选型

根据控制任务书的要求，立体仓库控制系统主要由以下电气控制回路组成：

(1) 货物传送带电动机 M1 控制回路。货物传送带电动机为三相异步电动机，根据任务书要求，传送带运送速度要根据货物重量自行选择不同的传送速度。故采用 MM420 变频器实现对货物传送带速度的控制。

(2) 托盘传送带电动机 M2 控制回路。托盘传送带电动机 M2 为三相异步电动机，只进行单向正转运行。由接触器直接控制三相异步电动机。

(3) 码料小车水平移动电动机 M3 控制回路。码料小车的左右运行由电动机 M3 驱动，由于小车移动需要精确的定位控制，故 M3 选型为台达伺服伺服电动机，由台达 ASDA-B2 伺服驱动器驱动。

（4）码料小车的垂直移动电动机 M4 控制回路。M4 选型为 Kinco 步进电动机，由 Kinco 步进驱动器实现控制。

上述电动机旋转均以“顺时针旋转为正向，逆时针旋转为反向”。

根据立体仓库上述电气控制回路的分析，首先需要确定本次控制系统装调的主要电气控制器及电路主元件清单，如表 4-1 所示。

表 4-1　电气元件设备清单

元件名称	型号规格	数量
PLC	SIEMENS　S7-200 SMART CPU ST30	1
PLC	SIEMENS　S7-200 SMART CPU SR40	1
PLC	SIEMENS　S7-300 CPU 314C	1
PLC 模拟量扩展模块	SIEMENS　EM AM06	1
触摸屏	MCGS TPC 7062Ti	1
步进电动机驱动器	Kinco 3M458	1
伺服电动机驱动器	AELTA　ASDA B2	1
变频器	SIEMENS MM420	1
光电传感器	OBM-D04NK	3
接近开关	WHT-D03NK	2
三相异步电动机	YS5024	2
步进电动机	Kinco　3S57Q-04079	1
伺服电动机	AELTA　ECMA-C20804RS	1

注意：

（1）可以在YL-158GA1型现代电气控制系统实训考核装置中虚拟实现立体仓库控制系统，也可以在其他类似电气控制柜设备上来完成。

（2）传感器可以选用NPN，也可以选用PNP型的，但两种不同的传感器在S7-200SMART的输入端的接法是不一样的，并且同一个PLC上使用的传感器类型要保持一致。否则出错后，需要花很多时间返工。

二、系统控制方案选定

本任务控制器选用西门子 1 台 S7-300+2 台 S7-200 SMART 系列 PLC 控制器方案，配以昆仑通态 TPC 7062Ti 触摸屏。

控制系统设计方案指定 S7-300 CPU314C-2PN/DP 为主站，2 台 S7-200SMART 为从站，分别用工业以太网的形式组网。MCGS 触摸屏连接到系统主站S7-300 PLC 上，采用以太网端口连接。电动机控制、I/O、HMI 与 PLC 组合分配方案如表 4-2 所示。

S7-200SMART SR40 负责货物传送带电动机 M1、托盘电动机 M2 的控制。M1 为三相异步电动机，由西门子 MM420 变频器进行多段速控制，变频器参数设置为第一段速为 15 Hz，第二段速为 30 Hz，第三段速为 45 Hz，加速时间 1.2 s，减速时间 0.5 s，M2 为三相异步电动机，只进行单向正转运行。

S7-200SMART ST30 负责小车平移运动电动机 M3、小车升降运动电动机 M4 的控制。根据伺服电动机的分辨率，合理设置伺服驱动器电子齿轮比，使伺服电动机每转一圈需要 PLC 发出 1 600

个脉冲。设置步进驱动器细分拨码，使步进电动机每转一圈需要 1 000 个脉冲。

表 4-2　控制器与电气元件分配表

电动机、I/O ＼ 方案	西门子 S7-300+S7-200SMART 方案
HMI	S7-300
M1、M2、SB1 ~ SB4 HL1 ~ HL5、SQ1 ~ SQ4	S7-200SMART 6ES7288-1SR40-0AA0
M3、M4、SA1 SQ11 ~ SQ15	S7-200SMART 6ES7288-1ST30-0AA0

立体仓库系统运行程序设计为两种工作模式：模式一为手动调试模式；模式二为自动运行模式。系统上电后，触摸屏首先从欢迎界面进入到调试运行界面，通过在调试界面的操作，可以控制系统电动机 M1 ~ M4 顺序执行调试动作，具体调试动作在程序设计时再做详细分析。

调试运行模式执行完毕后，通过上位机触摸屏界面开关切换至自动运行模式，进入到自动运行界面，系统开始自动运行。系统通过 YL-158GA1 实训柜前面板 0 ~ 10 V 电压信号进行模拟称重，将货物重量计入到系统后，将货物按照任务书相关速度要求运送到位，同时托盘传送带启动，将托盘运送到相应位置。货物及托盘运送到位后，由送料小车自主按照仓储规则分配立体仓库存储位置，存储完毕后，触摸屏仓库有相应存储指示。后续程序编程中，根据此设计思路进行编写。

此设计方案可以轻松实现系统整个控制功能，根据此方案进行后续硬件设计及软件设计程序的编写。

知识、技术归纳

系统方案的设计关键之处在于项目分析、品牌选择、硬件选型等，要非常西门子工控产品手册和产品序列号，以及相关运动控制器、低压电器的产品。

工程创新素质培养

在系统方案设计时，时刻查阅 PLC、HMI、变频器、步进驱动器及电动机、伺服驱动器及电动机、工业网络等资料手册，对技术参数要了如指掌。

任务二　电气设计与安装

任务目标

(1) 通过对工作任务书的分析，选择系统电气元器件，完成 PLC 的 I/O 地址的分配；

(2) 设计控制系统电气控制原理图，包括主电路部分和控制电路部分；

(3) 根据图样并按照电气安装接线工艺完成系统电气元件的安装与接线；

(4) 完成主要电气控制设备的参数设置。

一、I/O地址分配

根据整体控制思路对两台 PLC 控制从站进行功能划分，CPU ST30（晶体管型）控制器主要负责伺服电动机 M3、步进电动机 M4 的控制，与两台电动机运转相关的定位传感器等元件信号送入 ST30 控制器；CPU SR40（继电器型）控制器主要负责异步电动机 M1 的变频器多段速调速、异步电动机 M2 的启停控制，系统整体运行相关的按钮及指示灯亦由 SR40 控制。针对此控制思路对整体 PLC 控制系统分配的 I/O 表如表 4-3、表 4-4 所示。

表 4-3　S7-200SMART ST30 I/O 地址分配表

输入信号			输出信号		
符　号	地　址	注　释	符　号	地　址	注　释
SA1	I0.0	急停按钮	PULSE	Q0.0	伺服脉冲
SQ11	I0.1	仓库 C 定位开关	SING	Q0.1	伺服方向
SQ12	I0.2	仓库 B 定位开关	PLS+	Q0.2	步进脉冲
SQ13	I0.3	仓库 A 定位开关	DIR+	Q0.3	步进方向
SQ14	I0.4	右极限开关			
SQ15	I0.5	左极限开关			

表 4-4　S7-200SMART SR40 I/O 地址分配表

输入信号			输出信号		
符　号	地　址	注　释	符　号	地　址	注　释
SB1	I0.0	启动按钮	HL1	Q0.0	传送带调试指示灯
SB2	I0.1	停止按钮	HL2	Q0.1	码料小车调试指示灯
SB3	I0.2	自动运行按钮	HL3	Q0.2	系统停止指示灯
SB4	I0.3	确定按钮	HL4	Q0.3	系统运行指示灯
SQ1	I0.4	货物传送带右开关	HL5	Q0.4	入库指示灯
SQ2	I0.5	货物传送带左开关	KM1	Q0.5	托盘电动机接触器线圈
SQ3	I0.6	托盘放置开关	X5	Q1.0	变频器端子
SQ4	I0.7	托盘到位开关	X6	Q1.1	变频器端子

注意：分配I/O点时应注意以下几点。

（1）强、弱电信号设备分别配置，不可放在一个回路中。

（2）将I/O设备中的开关、按钮、传感器、信号灯等，分别集中配置，同类型的输入点可以在一个组内，并分在同一回路中。

（3）按PLC上的配置顺序来给I/O地址编号，这样会给编程及硬件设计带来方便。完成输入和输出的配置和编号后，还应设计出PLC端子和现场信号之间的连接电路图。

二、电气原理图设计

1．主电路设计

根据立体仓库系统整体控制设计方案，首先完成电气控制系统主电路的设计。系统整体包含 4 台工作电动机，分别为单向运转三相异步电动机、变频器驱动的多段速运转三相异步电动机、伺服电动机、步进电动机。根据电动机控制要求，设计上述 4 台电动机的主电路。电动机 M1 由西门子变频器 MM420 驱动，端子 5、6 分别接 PLC SR40 的 DQb0、DQb1 端；电动机 M2 通过接触器 KM1 连接；电动机 M3 为伺服电动机，由伺服电动机驱动器驱动，驱动器的 SIGN 端与 PULSE 端分别接至 PLC ST30 的 DQa1、DQa0 端，CWL 端和 CCWL 端与接近开关 SQ4 和 SQ5 相连接，分表起到左限位和右限位的作用，/SIGN 和 /PULSE 短接后连接至开关电源的COM端。电动机 M4 通过步进电动机驱动器连接，PLS+、DIR+ 分别接 ST30 DQa2、DQa3 端。电气主电路原理图如图 4-6 所示。

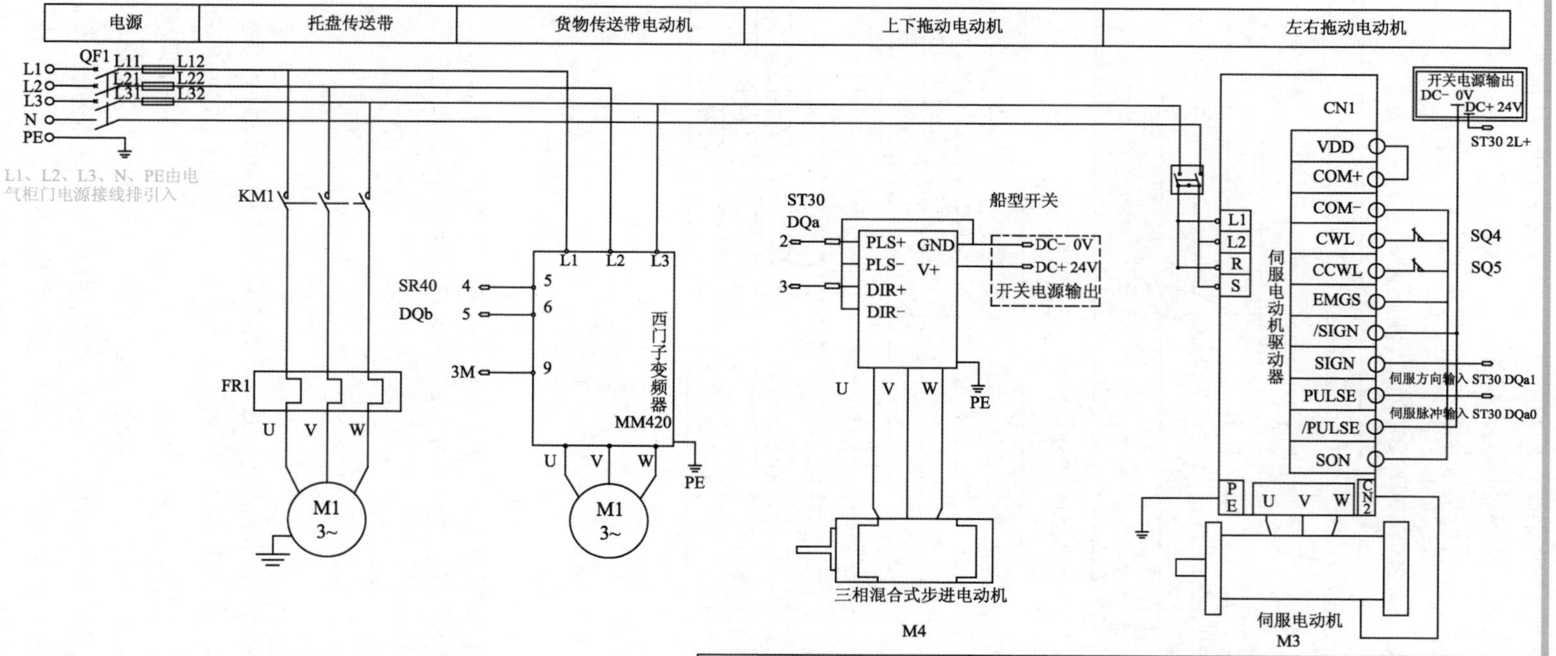

电源	托盘传送带	货物传送带电动机	上下拖动电动机	左右拖动电动机

L1 L2 L3 N PE QF1 L11 L21 L31 L12 L22 L32

L1、L2、L3、N、PE由电气柜门电源接线排引入

KM1 FR1 U V W M1 3~

SR40 DQb 4 5 3M 5 6 9 L1 L2 L3 西门子变频器 MM420 U V W PE M1 3~

ST30 DQa 2 3 PLS+ PLS- DIR+ DIR- GND V+ 船型开关 DC- 0V DC+ 24V 开关电源输出 U V W PE 三相混合式步进电动机 M4

L1 L2 R S 伺服电动机驱动器 CN1 VDD COM+ COM- CWL CCWL EMGS /SIGN SIGN PULSE /PULSE SON PE U V W CN2 SQ4 SQ5 开关电源输出 DC- 0V DC+ 24V ST30 2L+ 伺服方向输入 ST30 DQa1 伺服脉冲输入 ST30 DQa0 伺服电动机 M3

注意：

1.电动机M2的额定电流为0.4A，请按此整定热继电器的动作电流；
2.主电路请用红色多股软线安装，控制电路用黑色多股软线安装，零线、接地线请按规范要求选线安装，按图样标号；
3.接线时必须关闭设备总电源（电气柜门的断路器），选手操作必须符合电工安全操作规程，紧急情况下立刻按下电气柜门上急停按钮；
4.此原理图中部分器件和线路已安装、连接于设备中，如伺服动力线、触摸屏电源部分等，请自行判断，完成线路的连接；
5.请配合所有的图纸相互照应完成接线。

立体仓库系统电气原理图		图号	比例
		01	
设计		现代电气安装与调试	
制图			

图 4-6　系统主电路原理

2．控制电路设计

根据立体仓库控制系统设计方案及确定的控制器 I/O 地址分配表，完成系统电气控制电路原理图的设计。HMI 触摸屏通过以太网与 S7-300 主站通信，实现上下位机的通信；S7-200SMART ST30 与 S7-200SMART SR40 分别作为两个从站通过网络交换机与主站 S7-300 通信，实现数据交换。

S7-200SMART SR40 硬件接线图如图 4-7 所示，S7-200SMART ST30 硬件接线图如图 4-8 所示。

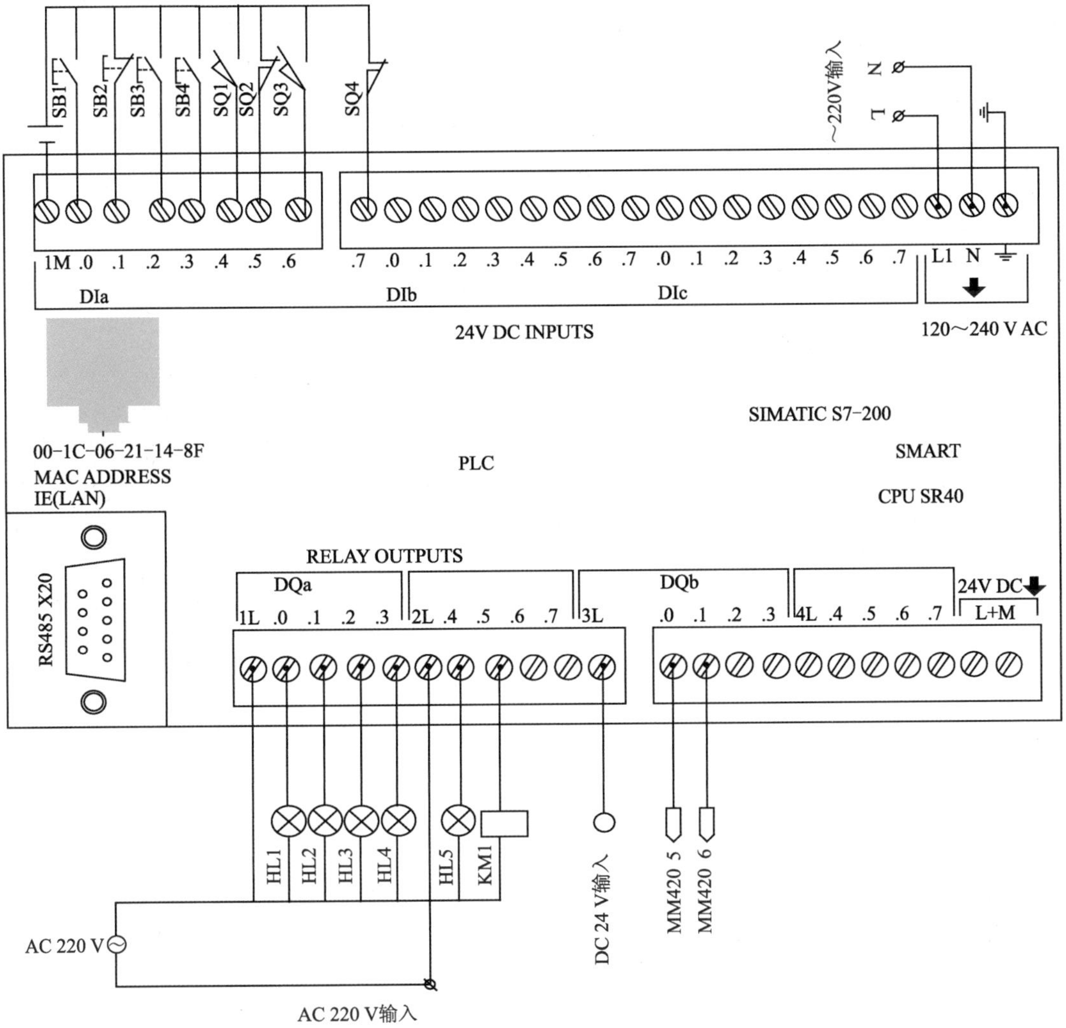

图 4-7　S7-200SMART SR40 硬件接线图

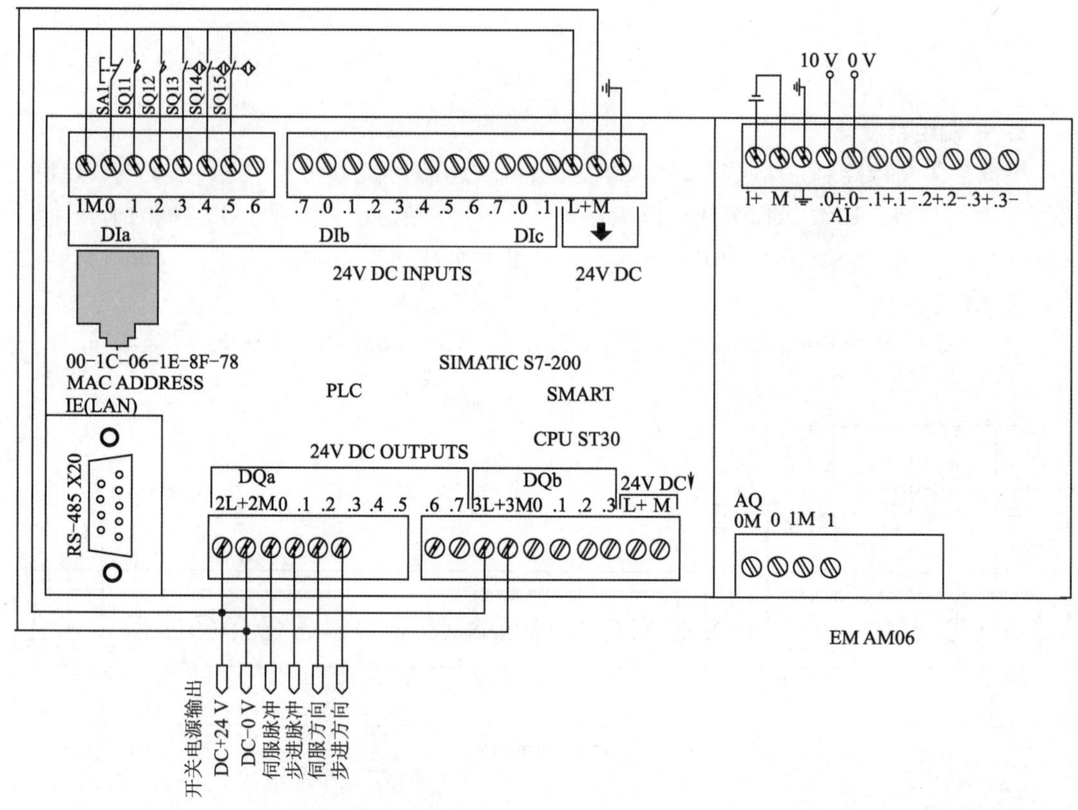

图 4-8　S7-200SMART ST30 硬件接线图

根据以上设计图样就可以动手安装了。

三、电气安装与电路连接工艺

在完成工作任务的全过程中，严格遵守电气安装和电气维修的安全操作规程。电气安装中，低压电器安装按《电气装置安装工程低压电器施工及验收规范（GB 50254—2014）》验收。

1．元件检查及工具清单

竞赛中配备的十字头螺丝刀、一字头螺丝刀、剥线钳、老虎钳、斜口钳、压线钳、尖嘴钳、电笔、六角扳手一套。主要安装器件有按钮、接近开关、触摸屏、PLC、变频器、伺服驱动器、步进电动机驱动器等。

(1) 竞赛过程中，参赛选手认定竞赛设备的器件有故障，可提出更换，器件经现场裁判测定完好属参赛选手误判时，每次扣参赛队1分。

(2) 在完成工作任务的过程中违反操作规程或因操作不当，造成不重要器件损坏、影响其他选手比赛、影响比赛秩序、不尊重裁判等，酌情扣5～10分。

2．电气元件的安装

根据所设计的电气控制原理图连接电路，不允许借用机床考核单元电气回路。三台 PLC 和变频器安装位置要求如图 4-9 所示，不允许自行定义位置，不得擅自更改设备已有器件位置和线路，其余器件位置自行定义。

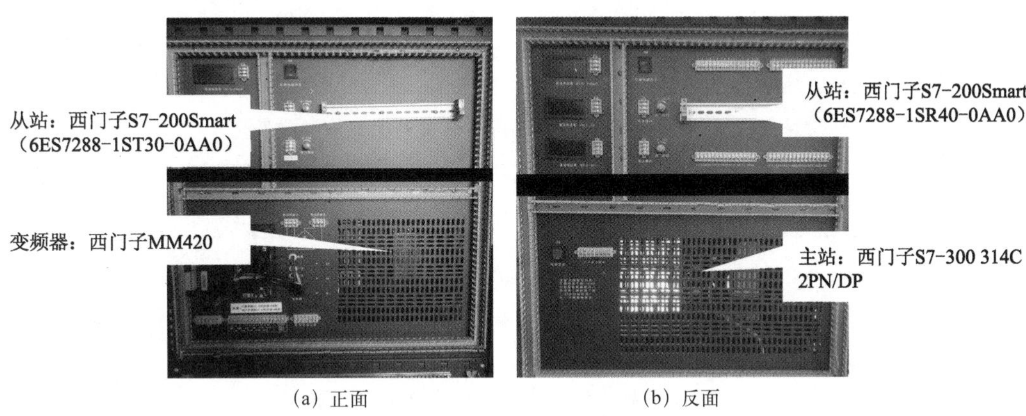

(a) 正面　　(b) 反面

图 4-9　PLC 和变频器安装位置示意图

3．电路连接工艺

参考第二篇任务六

4．参数设置

码料小车 M3 为伺服电动机，电动机编码器脉冲信号为 17 bit，信号通过驱动器四倍频后，即编码器最大分辨率为 160 000 p/r。根据系统任务书的要求伺服电动机旋转一周需要 1 600 个脉冲，故设置伺服驱动器电子齿轮比为 100:1，结构如图 4-10 所示。

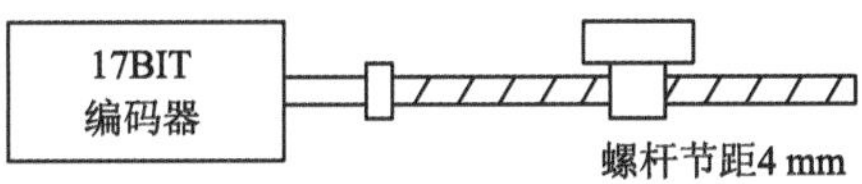

图 4-10　伺服编码器与螺杆连接示意图

计算过程如下：

$$\text{脉冲当量} = \frac{\text{螺距}}{\text{1周脉冲数}} = \frac{4}{1\,600\ \text{m}}\text{mm} = 0.025\ \text{mm}$$

$$\text{电子齿轮比}\left(\frac{N}{M}\right) = \frac{\text{编码器最大分辨率}}{\text{负载轴旋转一圈的移动量}} \times \frac{B}{A}$$

在此应用中，伺服电动机与螺杆同轴相连，故$\frac{B}{A} = 1$，故

$$\frac{N}{M} = \frac{160\,000}{1\,600} = \frac{\text{P1-44}}{\text{P1-45}} = 100$$

故伺服驱动器参数设置如表 4-5 所示。

表 4-5　伺服驱动器参数设置表

参 数 号	初 始 值	设 置 值	功能说明
P1-00	2	2	脉冲列输入类型设置
P1-01	0	0	控制模式设置
P1-44	16	100	电子齿轮比分子
P1-45	10	1	电子齿轮比分母

根据任务书步进电动机要求每圈需要 1 000 个脉冲，故步进电动机驱动器 DIP 功能设置开关设置成如表 4-6、表 4-7 所示。

表 4-6　步进电动机参数设置——细分设置表参数

DIP1	DIP2	DIP3	细　分
ON	OFF	OFF	1 000 p/r

表 4-7　步进电动机参数设置——输出相电流设置表

DIP5	DIP6	DIP7	DIP8	输出电流
ON	ON	ON	ON	5.8A

根据赛题控制任务书的要求，不同重量的货物选择不同的速度传送。大于 60 kg 的货物，M1 电动机应以 15 Hz 速度运送；20 ~ 60 kg 之间的货物，M1 电动机应以 30 Hz 的速度运送；小于 20 kg 的货物，M1 电动机应以 45 Hz 速度运送，电动机加速时间为 1.2 s，减速时间 0.5 s。故将变频器设置为三段速运行模式，对应的运行参数设置如表 4-8 所示。

表 4-8　变频器 MM420 的参数设置表

参　数	设 置 值	说　明
P304	380	电动机的额定电压
P305	0.4	电动机的额定电流
P307	0.11	电动机的额定功率
P308	0.8	电动机的额定功率因数
P311	1 400	电动机的额定转速
P700	2	选择命令源为端子排输入
P701	17	数字输入 1 的功能为固定频率设置值
P702	17	数字输入 2 的功能为固定频率设置值
P703	17	数字输入 3 的功能为固定频率设置值
P1000	3	频率设置为固定频率
P1001	15	固定频率 1
P1002	30	固定频率 2
P1003	45	固定频率 3
P1120	1.2	斜坡上升时间
P1121	0.5	斜坡下降时间

变频器、步进驱动器或伺服驱动器等参数设置：

（1）变频器参数设置不正确，扣0.8分；

（2）伺服驱动器参数设置不正确，扣0.8分；

（3）步进驱动器参数设置不正确，扣0.4分。

本项2分，扣完为止。

知识、技术归纳

完成电气系统的安装与调试，先根据设计分配 PLC 的 I/O 地址和外围连接，把核心运动控制器主电路设计、端口功能分配、电动机连接等，按工艺要求完成电气柜整体安装。

工程创新素质培养

电气系统控制柜在安装与调试完成后，参考《电气装置安装工程低压电器施工及验收规范(GB 50254—2014)》标准验收。

任务三　网络的组建及人机界面设计

任务目标

（1）完成控制系统网络结构的组建及其相关参数的设置；

（2）完成上位机人机界面的设计。

一、网络的组建

1. 网络结构

本系统各控制器网络结构组成示意图如图 4-11 所示。由 S7-300 CPU314C-2PN/DP 作为控制系统主站，通过 Profinet 与上位机触摸屏通信实现数据交换。S7-200SMART SR40 和 S7-200SMART ST30 分别作为两个从站通过网络交换机与主站通信，实现各自的控制功能。

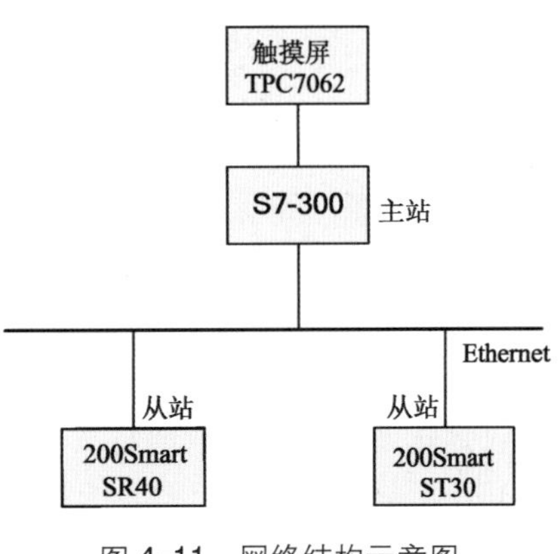

图 4-11　网络结构示意图

2. 设置IP地址及PG/PC参数

（1）建立 S7-300 站点与 S7-200SMART ST30 CPU 之间的通信。

在 CPU314C 2PN/DP 网络组态时，新建网络将网络

IP 地址设置成与计算机同一子网下的网络，如图 4-12 所示。单击“确定”按钮，网络组态完成，点击选项进入组态网络，如图 4-13 所示，为项目创建 S7 链接做准备，在 CPU 处右击选择“插入新连接”，更改 S7 连接属性，块参数地址默认 1，是 CPU300 站中通信程序里的伙伴地址标志，（注意：地址标志不能重复），连接路径里需要更改伙伴的 IP 地址，要与其他通信站在同一子网下。

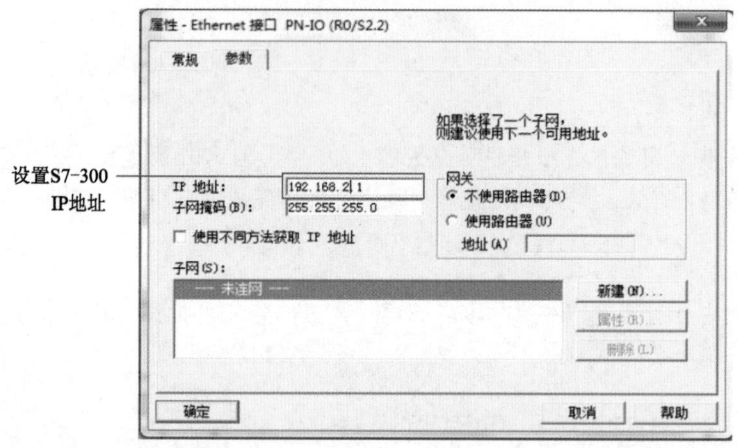

图 4-12　网络接口设置

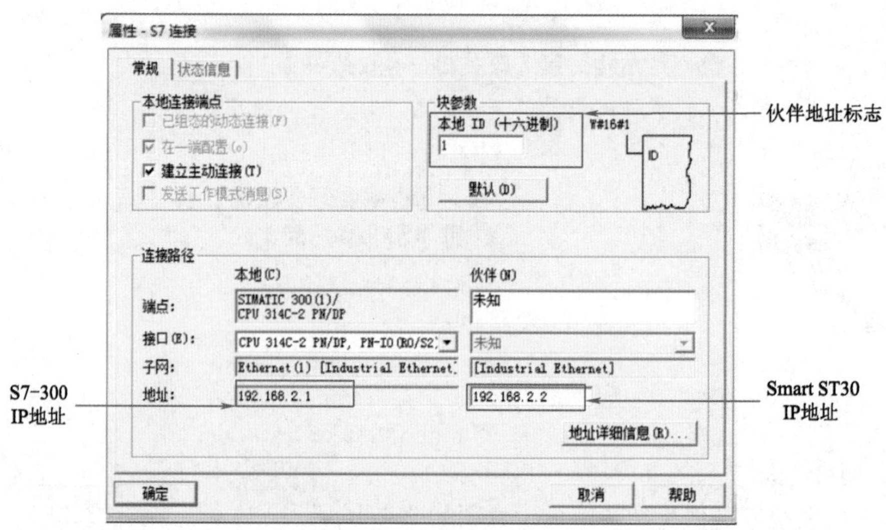

图 4-13　设置 S7 连接属性

地址设置详细信息如图 4-14 所示，在 S7 连接的地址详细信息里要将连接伙伴的机架和插槽号更改为 0、1，因为是与 S7-200SMART ST30 通信，它只有机架 0、插槽 1。

在 S7-300 站点下，编写通信程序。FB14 是一个网络读指令，这里的程序段是 S7-200SMART 的区域数据被读到 CPU 300 的区域数据内。REQ 是一个跳变信号，只有当 REQ 接收到脉冲时才能不断地将数据发送给其他站点，ID 是建立 S7 连接的一个伙伴地址标志，ADDR_1 是伙伴地址中需要传输的区域数据，设置为 DB1.DBX 60.0 BYTE 40，RD_1 是 S7-300 站中放置数据的区域地址，设置为 M60.0 BYTE 40。该块是将伙伴 S7-200SMART ST30 站

中从 V60.0 开始的 40 个字节区域数据读取到 S7-300 CPU 内从 M60.0 开始的 40 个字节区域数据内，如图 4-15 所示。

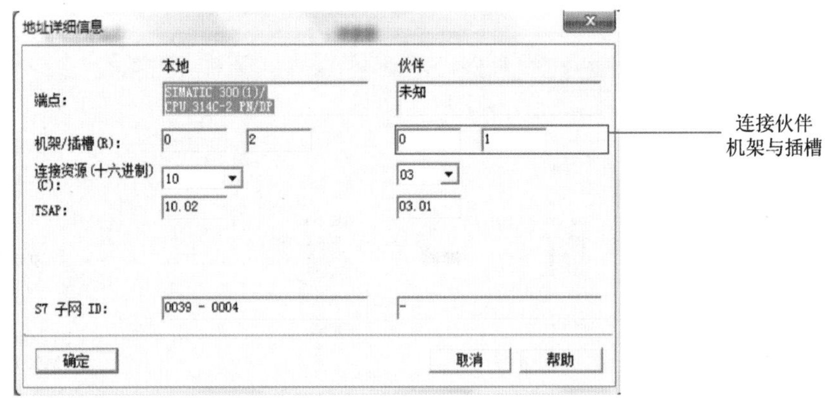

图 4-14　设置地址详细信息

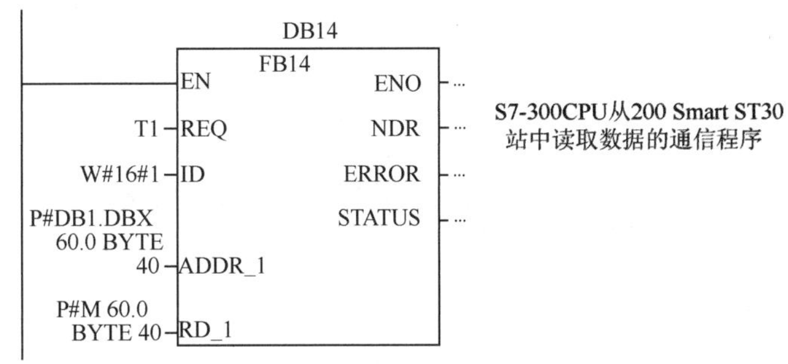

图 4-15　S7-300 从 ST30 站中读数据程序功能块

网络写功能块 FB15 的作用是将 S7-300 站点下的数据发送给 S7-200SMART ST30 站中。同网络写功能块 FB14，REQ 是一个跳变信号，ID 是建立 S7 连接的一个伙伴地址标志，ADDR_1 是伙伴地址中需要接收的区域数据地址，设置为 DB1.DBX 100.0 BYTE 20，RD_1 是 S7-300 站中将要发送的数据区域地址，设置为 M100.0 BYTE 20。该块的功能是将 S7-300 站点下从 M100.0 开始的 20 个字节区域数据发送到 ST30 站点下从 V100.0 开始的 20 个字节区域内，如图 4-16 所示。

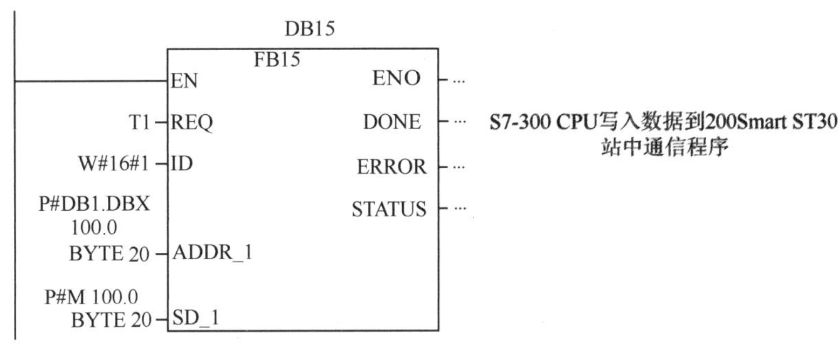

图 4-16　S7-300 写入数据到 ST30 站功能块

在 S7-200SMART ST30 中同样需建立通信程序，通过 Step7-MicroWin SMART 软件本身

的 GET/PUT 向导建立与 S7-300 主站通信的连接。S7-200SMART ST30 中建立写数据通信程序向导过程如图 4-17 和图 4-18 所示，最后生成子程序 NET_EXE 在主程序中调用，如图 4-19 所示。

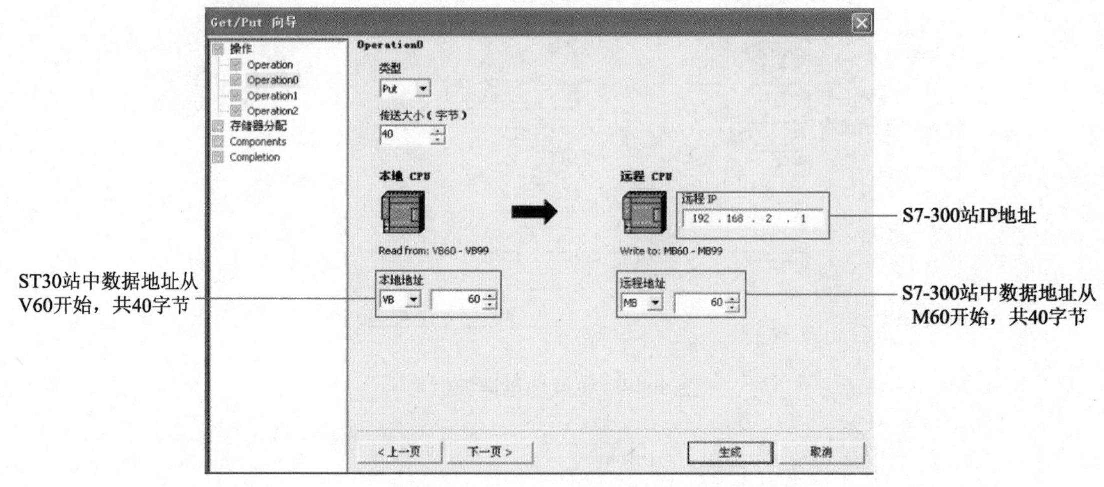

图 4-17　S7-200SMART ST30 中建立写数据通信程序向导

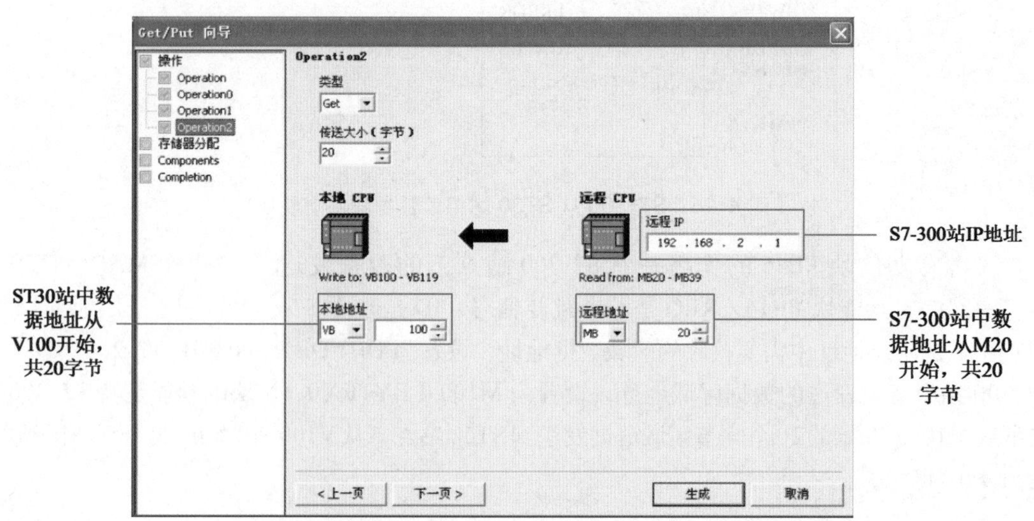

图 4-18　S7-200SMART ST30 中建立读数据通信程序向导

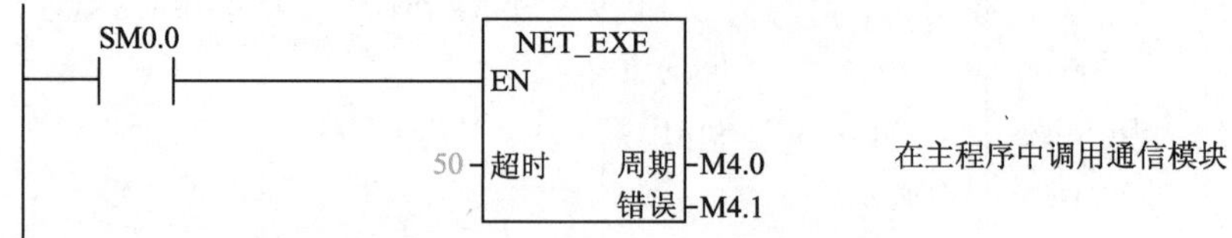

图 4-19　S7-200SMART 主程序中调用通信模块程序

（2）ST30 与 SR40 站点间的通信程序设计。

两从站 200 SMART 之间需要建立通信程序，以实现货物传送带、托盘传送带、立体仓库

指示灯等与上货小车之间的协调控制。在 SR40 中建立通信程序，通过 GET/PUT 向导建立，S7-200 SMART SR40 中建立读数据通信程序向导过程如图 4-20 和图 4-21 所示，最后生成子程序 NET_EXE 在主程序中调用。

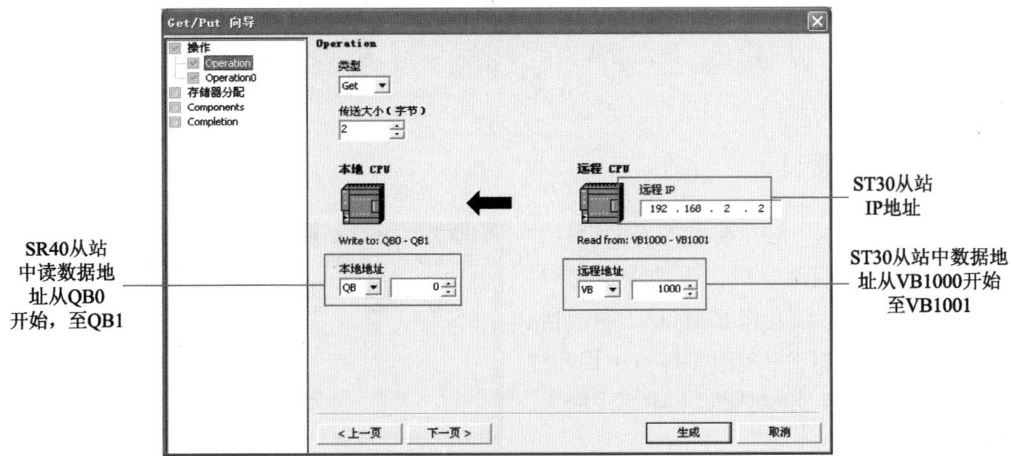

图 4-20　S7-200 SMART SR40 中建立读数据通信程序向导

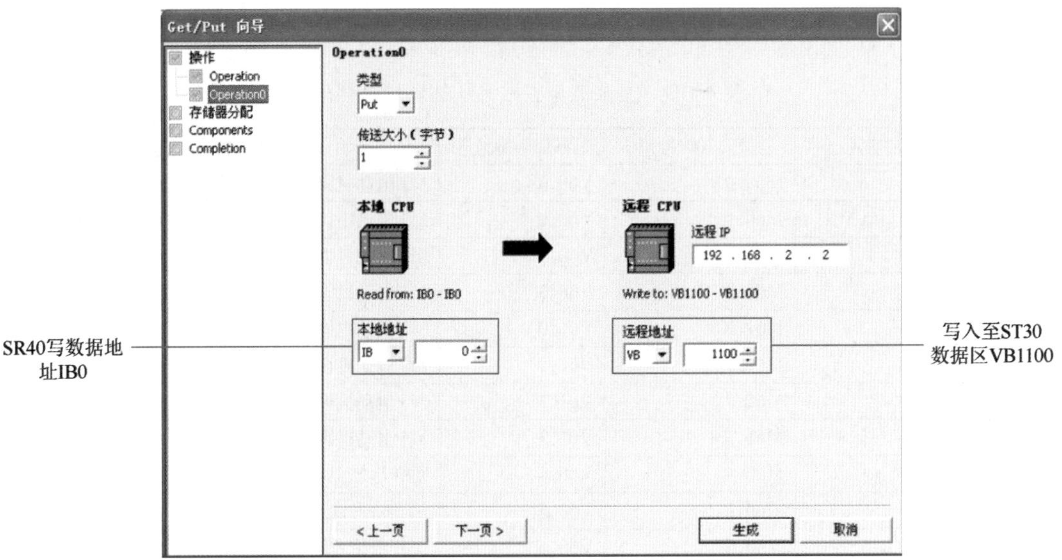

图 4-21　S7-200 SMART SR40 中建立写数据通信程序向导

在本系统中，PLC 各站通信地址总览如表 4-9 所示。

表 4-9　控制器各站通信地址总览

S7-300 站 (192.168.2.1)	SMART ST30 站 (192.168.2.2)	SMART SR40 站 (192.168.2.3)
读取地址：MB60-MB99	写入地址：VB60-VB99	
写入地址：MB20-MB39	读取地址：VB100-VB119	
	读取地址：VB1000-VB1001	写入地址：QB0-QB1
	写入地址：VB1100	读取地址：IB0

主从站编程设置，实现网络通信；
(1) 触摸屏与主站之间通信不正常，扣1分；
(2) 主站与从站之间通信不正常，扣1分。
本项2分，扣完为止。

二、人机界面设计

根据任务书要求，触摸屏监控界面设计共5个窗口，分别为启动窗口、手动调试窗口、自动运行加工窗口、满仓报警窗口和无托盘报警窗口。首先在MCGS 7.7组态环境中用户窗口页面新建5个界面，分别按照上述要求命名，如图4-22所示。

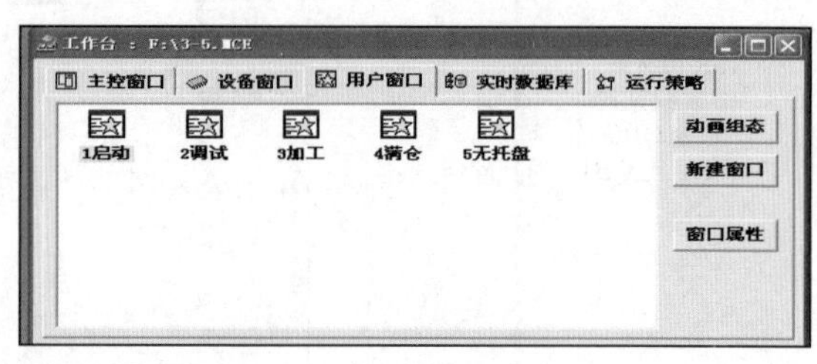

图4-22 监控软件用户窗口界面

打开实时数据库页面，点击新增对象，根据PLC与触摸屏交互要求增加相关变量，正确设置变量类型。在本系统中，上位机与主站、从站地址对应关系如表4-10所示。

表4-10 上位机与主站、从站地址对照表

MCGS 地址及变量	CPU300 地址	ST30 地址	对象含义地址
KJ1	M60.0	V60.0	M1电动机调试指示灯信号地址
KJ2	M60.1	V60.1	M2电动机调试指示灯信号地址
KJ3	M60.2	V60.2	M3电动机调试指示灯信号地址
KJ4	M60.3	V60.3	M4电动机调试指示灯信号地址
SS1	M61.0	V61.0	M1电动机调试完成信号地址
SS2	M61.1	V61.1	M2电动机调试完成信号地址
SS3	M61.2	V61.2	M3电动机调试完成信号地址
SS4	M61.3	V61.3	M4电动机调试完成信号地址
SS5	M60.4	V60.4	跳转至加工界面信号地址
SS6	M60.5	V60.5	满仓信号地址
SS7	M60.6	V60.6	无托盘信号地址
M100_0	M100.0	V100.0	加工界面调试按钮地址
MDUB104	MD104	VD104	伺服电动机速度输入地址
MDUB108	MD108	VD108	步进电动机速度输入地址
MWUB062	MW62	VW62	A-1重量显示地址
MWUB064	MW64	VW64	A-2重量显示地址
MWUB066	MW66	VW66	A-3重量显示地址
MWUB068	MW68	VW68	B-1重量显示地址
MWUB070	MW70	VW70	B-2重量显示地址
MWUB072	MW72	VW72	B-3重量显示地址
MWUB074	MW74	VW74	C-1重量显示地址
MWUB076	MW76	VW76	C-2重量显示地址

续表

MCGS 地址及变量	CPU300 地址	ST30 地址	对象含义地址
MWUB078	MW78	VW78	C-3 重量显示地址
MWUB080	MW80	VW80	当前称重货物重量显示地址

因选择上位机与主控之间为以太网通信方式，故在设备组态时需要选择以太网通信模块。打开“设备窗口”界面，点击设备组态，在空白处右点击打开设备工具箱，选择添加设备为 PLC →西门子→ S7CP343&443TCP →西门子 CP443-1 以太网模块，如图 4-23 所示。

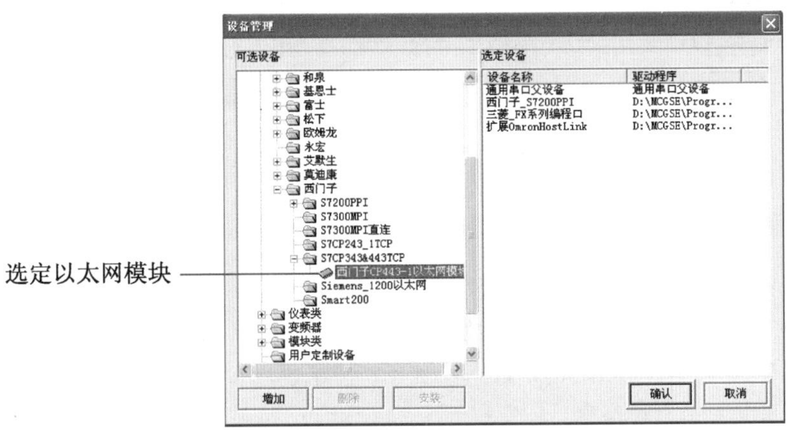

图 4-23　添加设备管理界面

双击设备 0，在弹出的设备编辑窗口界面，选择增加设备通道，分别添加输入继电器通道 0 和内部继电器通道 60、61，并根据设计好的变量表选择连接相应的位，建立 16 位无符号数通道 M62 至 M80，用来与 PLC 传输货物重量，MD104 及 MD108 用来设置伺服电动机及步进电动机运行的速度，选择连接已添加的数据变量，如图 4-24 所示。

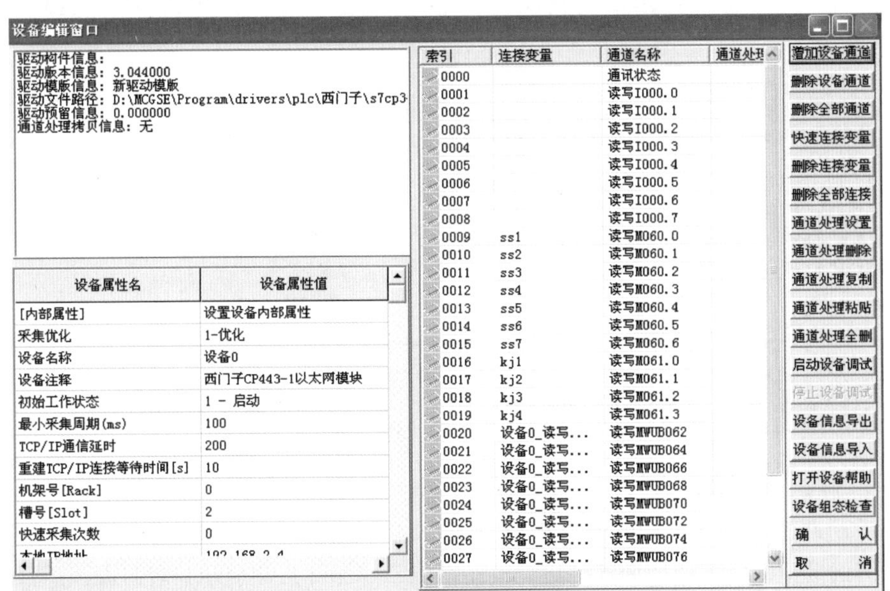

图 4-24　设备通道及连接变量图

打开“运行策略”界面，双击循环策略进行策略组态，在空白处右击，选择新增策略行，共建立 5 行运行策略，如图 4-25 所示。

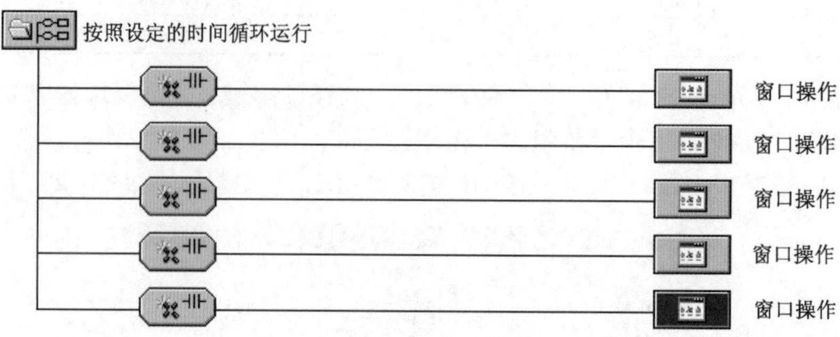

图 4-25　循环策略图

报警界面1分，扣完为止；
无报警界面扣1分，报警情况不符合要求扣0.5分；（要求当电动机M1开始运行时，若托盘传送带上无托盘（SQ3无信号），则在触摸屏中自动弹出报警画面“托盘用完、请放入托盘”，直至SQ3有信号，M2电动机启动，报警画面自动消除）

双击首行运行策略，设置策略运行条件，如图 4-26 所示。设置运行策略表达式为变量 ss5，条件设置为表达式的值产生正跳变时条件成立一次。右击选择“策略工具箱”命令，选择策略为“窗口操作”，设置打开窗口与关闭窗口，如图 4-27 所示。根据窗口运行操作要求，按照同样的方法设置第二行至第五行策略运行条件及策略运行窗口结果。

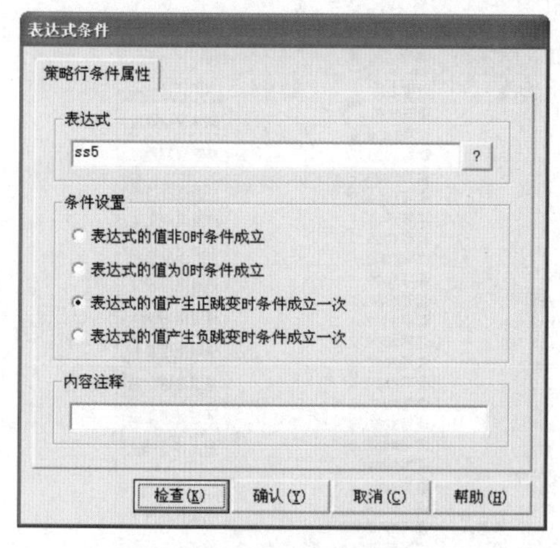

图 4-26　策略运行条件设置图

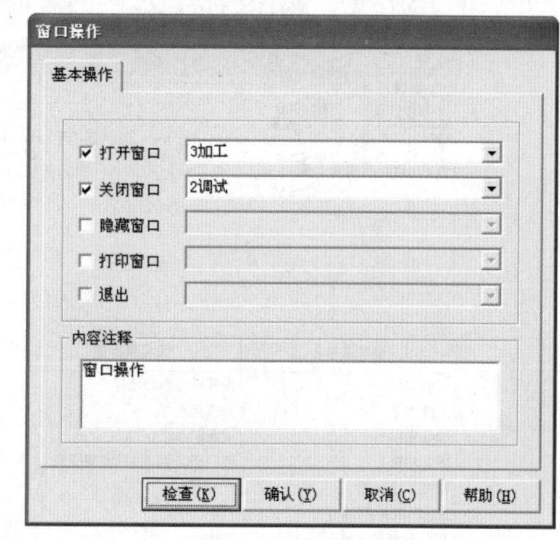

图 4-27　策略窗口操作

编辑手动调试窗口，布局图如图 4-28 所示，左侧包含 M1 ~ M4 电动机运行指示灯，右侧为选择调试按钮，按下选择调试按钮，电动机指示灯循环点亮显示，对应调试运行相应的电动机。右下侧文本框可以输入伺服电动机速度和步进电动机速度。

伺服电动机速度文本框属性设置如下，操作属性连接变量 MDUB104，单位为 r/min，如图 4-29 所示。同样方法设置步进电动机速度文本框，连接变量为 MDUB108。

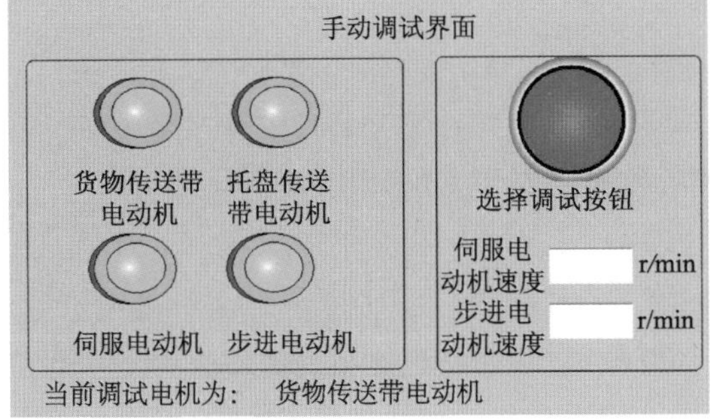

图 4-28　手动调试界面

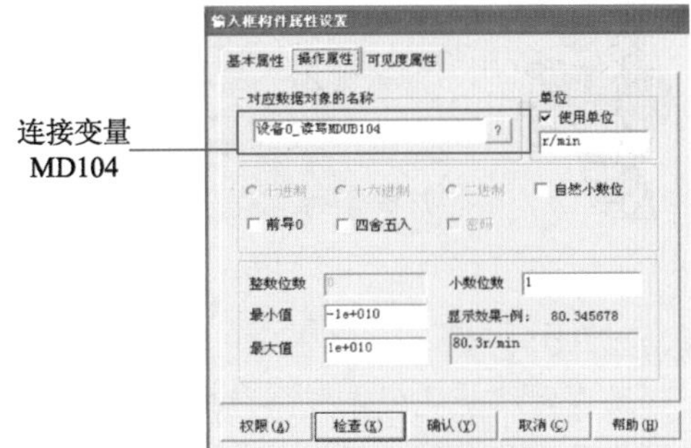

图 4-29　文本框属性设置

调试界面2分，扣完为止；

其中画面中器件齐全占0.5分（画面中应当包含：a. 各个电动机的运行指示灯；b. 选择调试按钮；c. 伺服电动机、步进电动机速度设置框，d. 显示当前调试电动机等），不符合要求扣0.1分每处；

其余的功能占1.5分（按下选择调试按钮：a. 各个电动机指示灯可以循环切换；b. 提示信息当前调试电动机随之变化；c. 伺服电动机、步进电动机的速度输入可以实现，且输入范围在60～150r/min），不符合要求扣0.5分/处。

自动运行模式界面建立如图 4-30 所示，左侧分别显示 A 区、B 区、C 区各三层仓库，可实时显示每个仓库放置货物的重量状态。右侧设置当前货物重量文本框，显示本次码货小车载货重量，小车按照货物放置原则将货物放置到合适仓库后，仓库状态更新当前存货总重量。仓库文本框属性设置如图 4-31 所示。A 区三层仓库连接变量分别为 MWUB062、MWUB064、MWUB066，B 区三层仓库连接变量分别为 MWUB068、MWUB070、MWUB072，C 区三层仓库连接变量分别为 MWUB074、MWUB076、MWUB078。

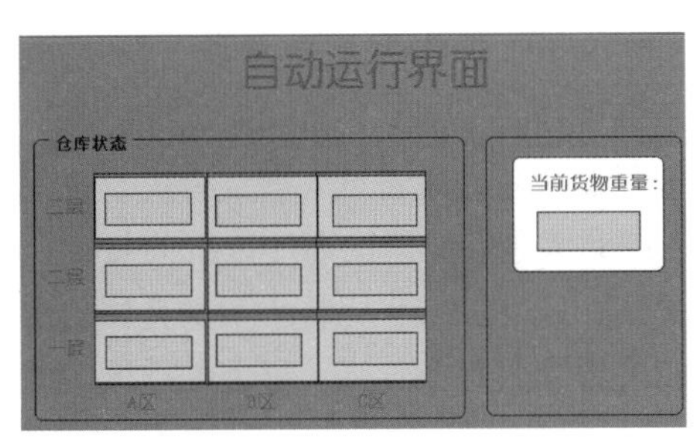

图 4-30　自动运行界面

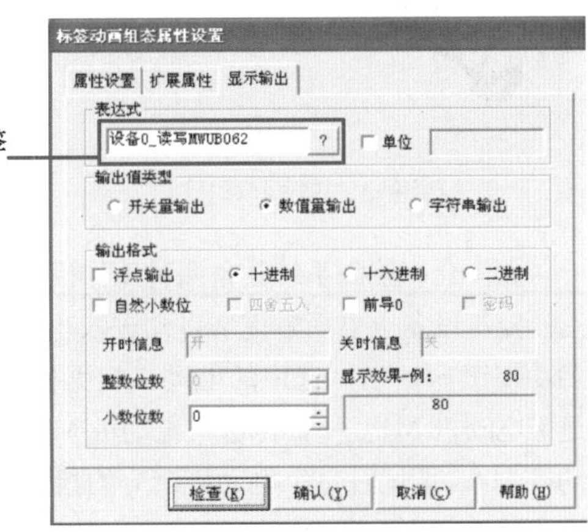

图 4-31　仓库货物重量显示属性设置

自动运行界面3分，扣完为止；
其中，调试完成后按下SB3，触摸屏能够进入自动运行界面，不符合要求扣0.5分；
画面中各个器件功能占2.5分（画面中应当包含：a. 各个仓库的位置区域显示，不符合要求扣0.5分；b. 各个仓位当前已有货物的重量显示，不符合要求扣1分；c. 当前运送货物的重量显示，不符合要求扣1分）。

知识、技术归纳

工业网络是现代电气系统的核心，西门子S7-300与S7-200SMART之间构建工业以太网通信，按照向导进行参数设置、通信协议、数据分配等，也要关注网络初始化程序编写。

工程创新素质培养

在后期调试中，能正确判断联网通信是否正常，检查网络通信故障和排除故障，才能充分发挥多台PLC功能。同时，也要关注PLC其他通信方式，如RS485、Profibus、MPI等。

任务四　系统PLC编程与调试

任务目标

(1) 完成对PLC控制系统的程序整体设计；
(2) 完成仓库控制系统调试运行程序设计；
(3) 完成自动入库运行程序设计；
(4) 完成系统要求报警程序设计。

开始编程，先做好网络程序，
再编手动测试程序，最后联机
运行程序，按部就班！

一、控制程序整体设计

立体仓库控制系统具备两种工作模式：模式一为手动调试模式；模式二为自动运行模式。

控制设备上电后触摸屏自动进入欢迎界面，触摸界面任意位置，设备进入调试模式。按下启动按钮SB1后，选中的电动机根据任务书动作要求进行调试运行，调试顺序依次为货物传送带电动机M1、托盘传送带电动机M2、码料小车水平移动电动机M3、码料小车垂直移动电动机M4，调试时每个电动机对应的指示灯按照任务书相关要求闪烁或长亮。每个电动机调试完成后，对应的指示灯消失。

1. 货物传送带电动机M1调试过程

按下启动按钮SB1后，电动机M1以15 Hz启动，再按下SB1按钮M1电动机30 Hz运行，再按下SB1按钮M1电动机45 Hz运行，整个过程中按下停止按钮SB2，M1停止。M1电动

机调试过程中，HL1 以亮 2s 灭 1s 的周期闪烁。

2．托盘传送带电动机M2调试过程

按下启动按钮 SB1 后，电动机 M2 启动运行，3 s 后停止，停 2 s 后又开始运行，直到按下停止按钮 SB2，电动机 M2 调试结束。M2 电动机调试过程中，HL1 长亮。

3．码料小车水平移动电动机（伺服电动机）M3调试过程

码料小车水平移动电动机（伺服电动机）安装在丝杠装置上，其安装示意图如图 4-32 所示，其中 SQ13、SQ12、SQ11 分别为立体仓库 A、B、C 三个区的定位开关，SQ14、SQ15 分别为极限位开关。伺服电动机开始调试前，手动将码料小车移动至 SQ11 位置，在触摸屏中设置伺服电动机的速度之后（速度范围应在 60 ～ 150 r/min 之间），按下启动按钮 SB1，码料小车向右行驶 2 cm 停止，2 s 后，码料小车开始向左运行，至 SQ11 处停止，2 s 后继续向左运行，至 SQ12 处停止，2 s 后继续向左运行，至 SQ13 处停止。然后重新设置伺服电动机速度，再次按下 SB1，码料小车开始右行，至 SQ11 处停止，整个调试过程结束。整个过程中按下停止按钮 SB2，M3 停止，再次按下 SB1，小车从当前位置开始继续运行。M3 电动机调试过程中，小车运行时 HL2 长亮，小车停止时 HL2 以 2 Hz 闪烁。

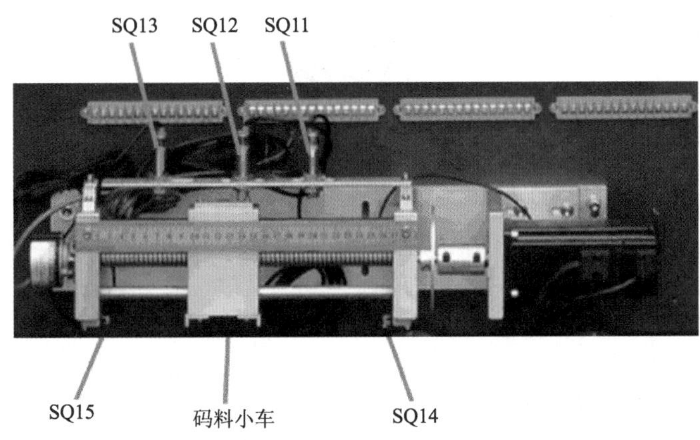

图 4-32　码料小车水平移动电动机结构示意图

4．码料小车垂直移动电动机（步进电动机）M4调试过程

码料小车垂直移动电动机（步进电动机）不需要安装在丝杠装置上。步进电动机开始调试前，首先在触摸屏中设置步进电动机的速度之后（速度范围应在 60 ～ 150r/min 之间），按下启动按钮 SB1，步进电动机 M4 以正转 5 s、停 2 s，反转 5 s、停 2 s 的周期一直运行，按下停止按钮 SB2，M4 停止。M4 电动机调试过程中，HL2 以亮 2 s 灭 1S 的周期闪烁。

所有电动机（M1 ～ M4）调试完成后按下 SB3，系统将切换进入到自动运行模式。在未进入自动运行模式时，单台电动机可以反复调试。

自动运行时首先进行货物称重，并将货物实际重量显示在触摸屏界面中，按下“确认”按钮 SB4 后系统自动记录货物重量。系统将根据称得的货物重量以及之前的码放情况，自动决定将货物码放至仓库某一区的第几层。货物传送带电动机 M1 将根据货物重量自动选择速度传送，同时托盘传送带电动机 M2 启动开始传送托盘，待货物与托盘都传送到位后，机械手负责将货物抓放至托盘上，开始入库操作。整个系统设计运行的程序流程图如图 4-33 所示。

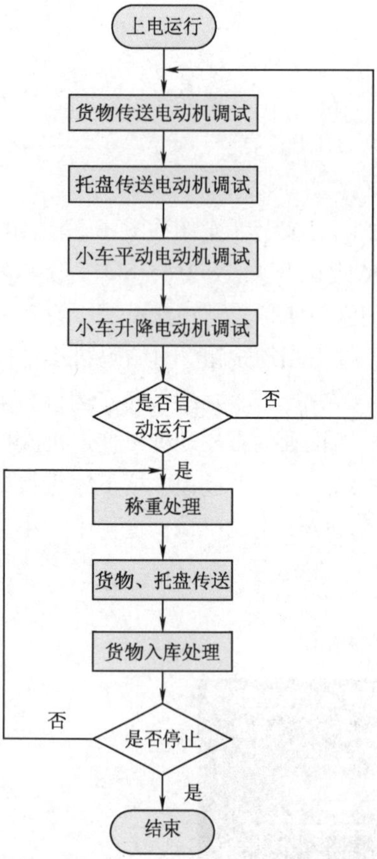

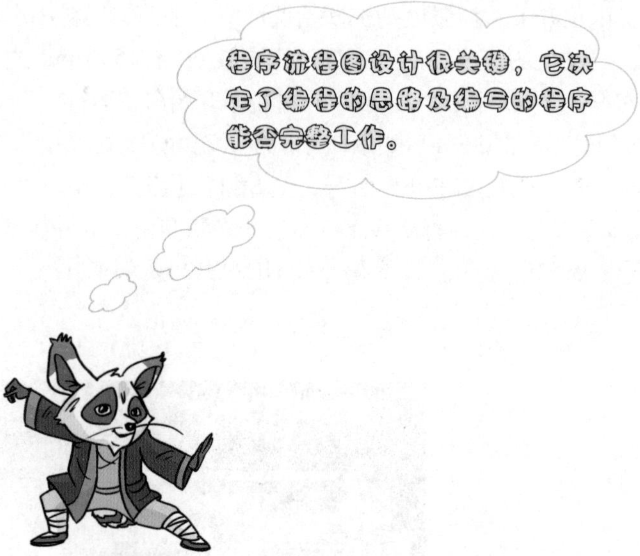

上电运行
货物传送电动机调试
托盘传送电动机调试
小车平动电动机调试
小车升降电动机调试
是否自动运行
否
是
称重处理
货物、托盘传送
货物入库处理
否
是否停止
是
结束

程序流程图设计很关键，它决定了编程的思路及编写的程序能否完整工作。

图 4-33　整个系统的程序流程图

二、手动调试运行模式程序设计

1. 初始状态程序

系统上电后，执行与主站通信程序，并进入到系统调试运行程序（见图 4-34），并将常数 1 送入到 VB50、VB51 存储区，调用选择调试电动机子程序，如图 4-35 所示。

SM0.0
NET_EXE
EN
50
超时
周期
M4.0
错误
M4.1
选择调试电动机
EN

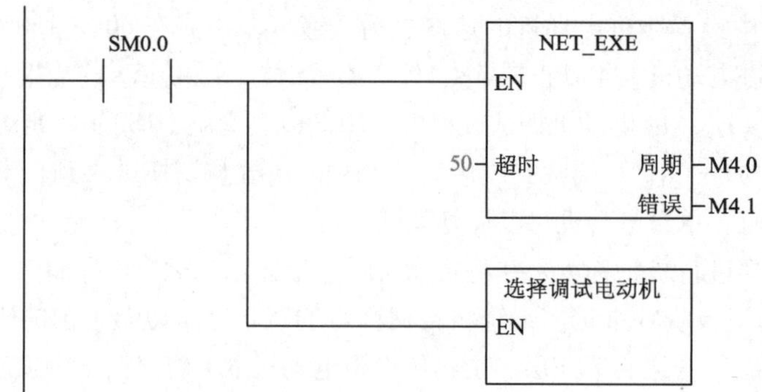

图 4-34　执行通信程序及调用选择电动机调试子程序

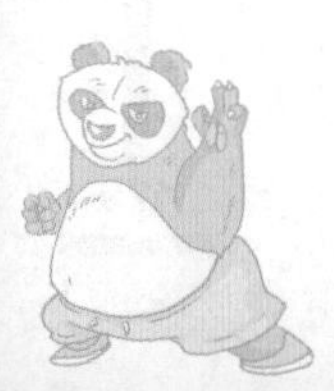

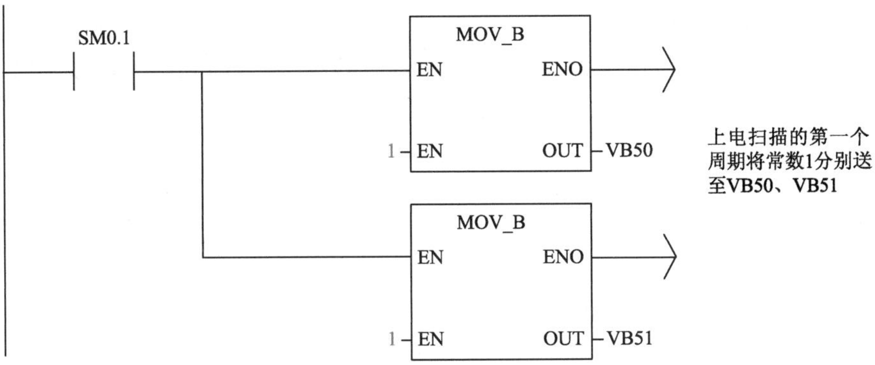

SM0.1　MOV_B　EN　ENO　1-EN　OUT-VB50

MOV_B　EN　ENO　1-EN　OUT-VB51

上电扫描的第一个周期将常数1分别送至VB50、VB51

图 4-35　将常数 1 进入到 VB5.0、VB5.1

2．选择电动机调试程序设计

用字节左移指令来选择电动机，初始状态中将 1 付给了 VB51，即 VB51.0 为 1，程序如图 4-36 所示。按下触摸屏调试按钮后，执行左移指令 SHL_B，指令输出将 1 付给了 V51.1，将执行 M1 电动机调试程序，程序如图 4-37 所示。调试中将再次按下调试按钮则左移指令输出就将 1 付给 V51.2，执行电动机 M2 调试程序，程序如图 4-38 所示。依次类推，完成所有电动机的顺序调试，电动机 M3 调试程序如图 4-39 所示，电动机 M4 调试程序如图 4-40 所示。

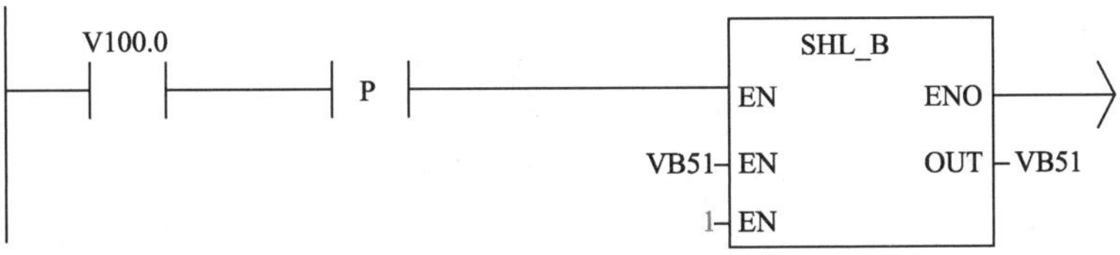

V100.0　P　SHL_B　EN　ENO　VB51-EN　OUT-VB51　1-EN

图 4-36　用字节左移指令选择电动机

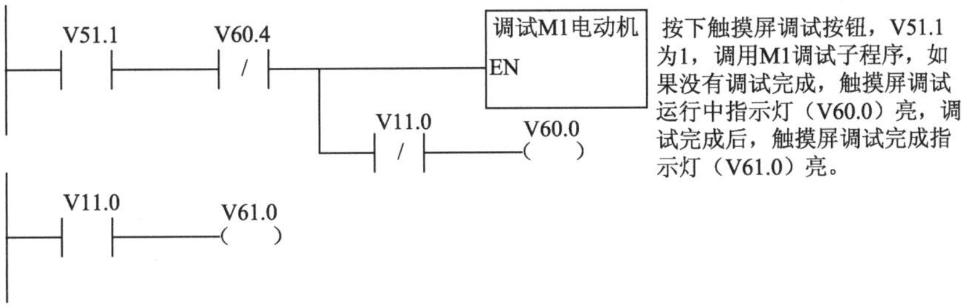

V51.1　V60.4 /　调试M1电动机 EN

V11.0 /　V60.0 ( )

V11.0　V61.0 ( )

按下触摸屏调试按钮，V51.1为1，调用M1调试子程序，如果没有调试完成，触摸屏调试运行中指示灯（V60.0）亮，调试完成后，触摸屏调试完成指示灯（V61.0）亮。

图 4-37　执行 M1 调试程序

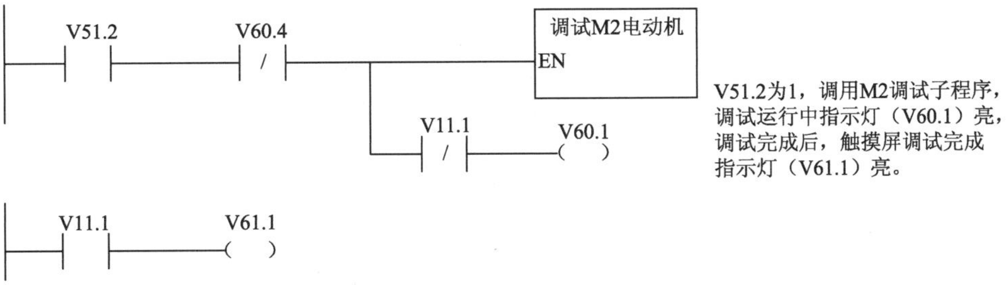

V51.2　V60.4 /　调试M2电动机 EN

V11.1 /　V60.1 ( )

V11.1　V61.1 ( )

V51.2为1，调用M2调试子程序，调试运行中指示灯（V60.1）亮，调试完成后，触摸屏调试完成指示灯（V61.1）亮。

图 4-38　执行 M2 调试程序

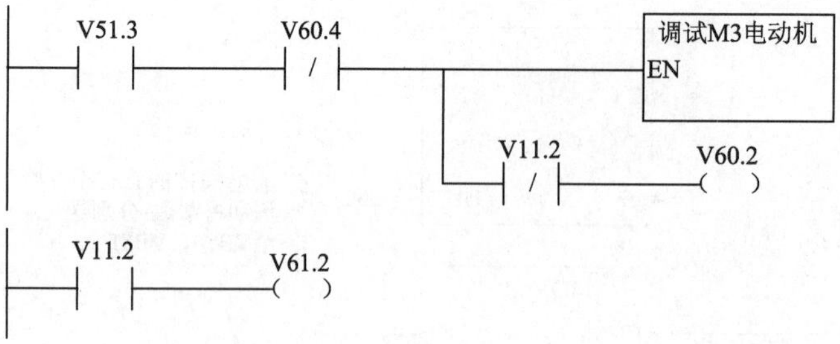

V51.3　V60.4　调试M3电动机　EN
V11.2　V60.2
V11.2　V61.2

V51.3为1，调用M3调试子程序，调试运行中指示灯（V60.2）亮，调试完成后，触摸屏调试完成指示灯（V61.2）亮。

图 4-39　电动机 M3 调试程序

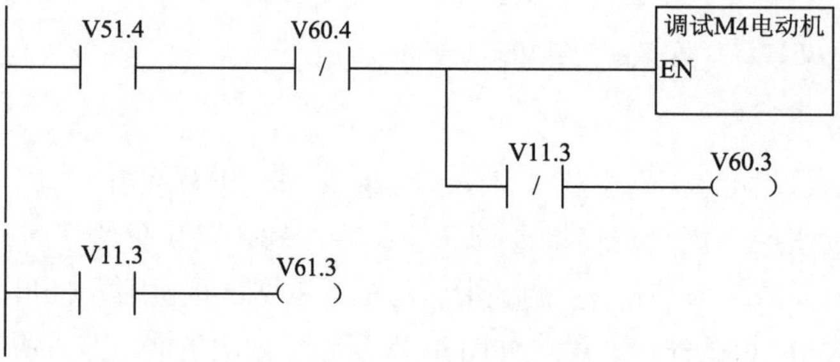

V51.4　V60.4　调试M4电动机　EN
V11.3　V60.3
V11.3　V61.3

V51.4为1，调用M4调试子程序，调试运行中指示灯（V60.3）亮，调试完成后，触摸屏调试完成指示灯（V61.3）亮。

图 4-40　电动机 M4 调试程序

3．货物传送带电动机M1调式运行程序设计

货物传送带电动机 M1 调试运行过程为按下启动按钮 SB1 后，SB1 对应程序地址为 V1100.0，程序执行左移指令，即 VB50.1 将置 1，电动机 M1 以 15 Hz 启动，再按下 SB1 按钮，再次左移 1 位，即 VB50.2 置 1，M1 电动机将以 30Hz 运行，再按下 SB1 按钮，再次左移 1 位，VB50.3 置 1，M1 电动机将以 45 Hz 运行，整个过程中按下停止按钮 SB2，M1 停止。M1 电动机调试过程中，HL1 以亮 2s 灭 1s 的周期闪烁。图 4-41 是依次按下 SB1 时的指令执行情况，图 4-42 所示为变频器运行程序，图 4-43 是按下 SB2 按钮时的程序执行情况，图 4-44 是指示灯控制。

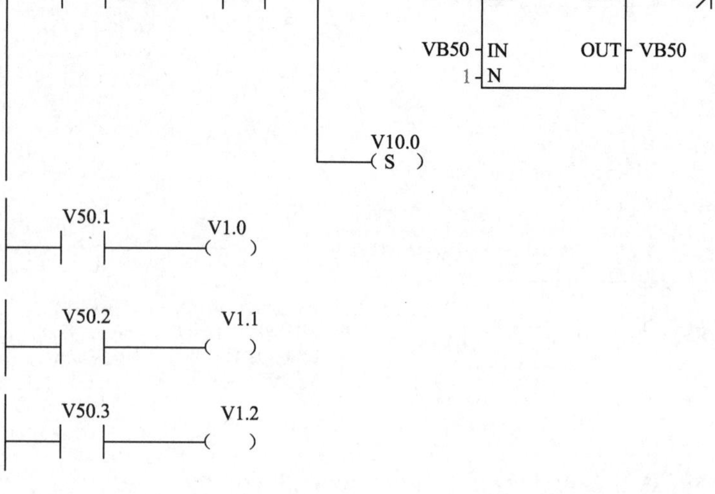

V1100.0　P　SHL_B　EN　ENO
VB50　IN　OUT　VB50
1　N
V10.0　S
V50.1　V1.0
V50.2　V1.1
V50.3　V1.2

按下启动按钮SB1，对应地址V1100.0为1，执行循环指令，V10.0置1，调试运行指示灯亮。V1.0为1时，对应变频器5、6端输入值为01，M1运行于第一段速15Hz，再次按下调试按钮，V1.1为1,，对应变频器5/6端输入值为10，运行第二段速30Hz，再次按下调试按钮，V1.2为1，对应变频器5/6端输入位11，运行第三段速45Hz。

图 4-41　按下 SB1 时的指令执行情况

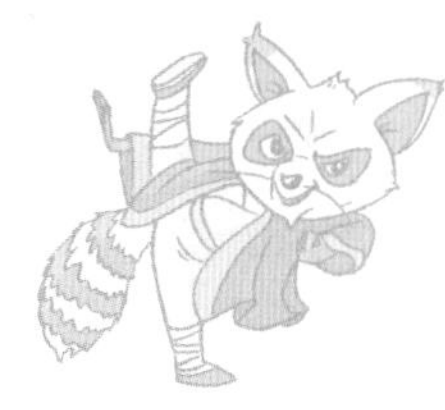

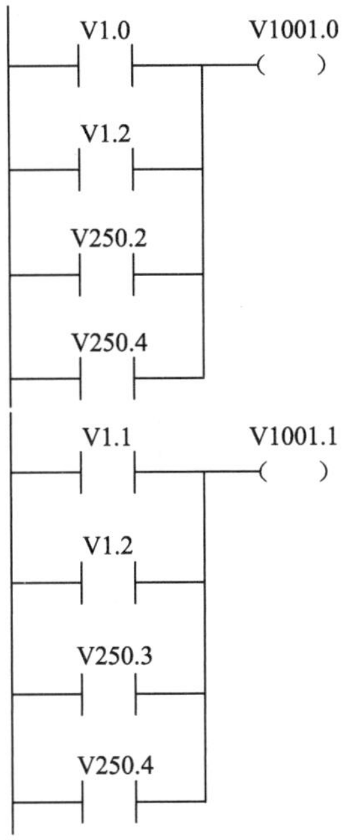

V1.0
V1001.0
V1.2
V250.2
V250.4
V1.1
V1001.1
V1.2
V250.3
V250.4

V250.2、V250.3、V250.4为自动运行模式下，变频器三段速控制位，V250.2为1时，对应变频器运行速度为15Hz，V250,3为1时，运行速度为30Hz，V250.4为1时，变频器运行速度为45Hz

图 4-42　变频器运行程序

V1100.1
P
MOV_B
EN
ENO
1
IN
OUT
VB50
V10.0
R
1
V11.0
S

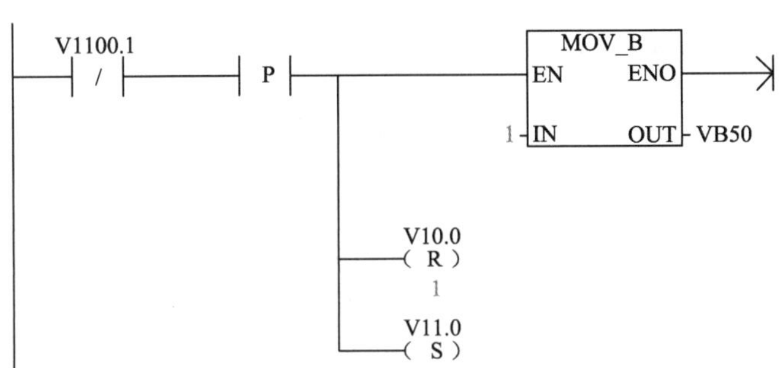

按下停止按钮后，对应地址为V1100.1，VB50.0值为1，对应变频器端子输入为00，电动机M1停止运行，V10.0复位，V11.0置1，对应运行指示灯灭，触摸屏M1电动机调试完成指示灯亮

图 4-43　按下 SB2 时程序执行情况

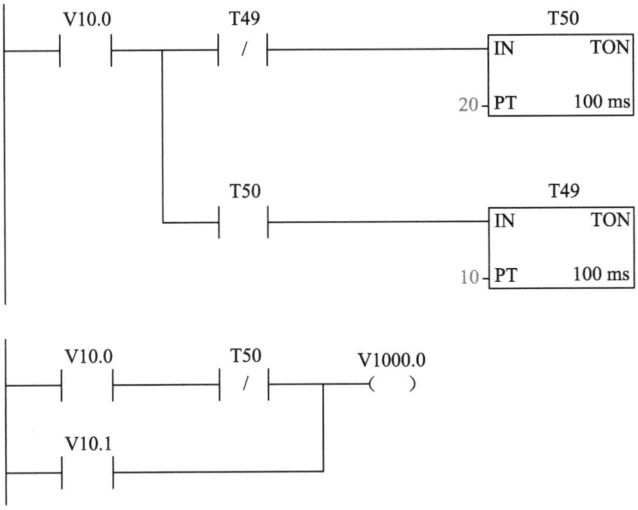

V10.0
T49
T50
IN
TON
20
PT
100 ms
T50
T49
IN
TON
10
PT
100 ms
V10.0
T50
V1000.0
V10.1

在M1调试运行中V10.0为1，T50以2s为0，1s为1的频率变化，对应指示灯1（V1000.0）亮2s，灭1s的频率闪烁。电动机M2调试运行中，指示灯常亮

图 4-44　指示灯控制程序

4．托盘传送带电动机M2调试运行程序设计

托盘传送带电动机 M2 调试运行过程：按下启动按钮 SB1 后，电动机 M2 启动运行，3 s 后停止，停 2 s 后又开始运行，如图 4-45 所示。直到按下停止按钮 SB2，电动机 M2 调试结束。M2 电动机调试过程中，HL1 长亮，如图 4-46 所示。

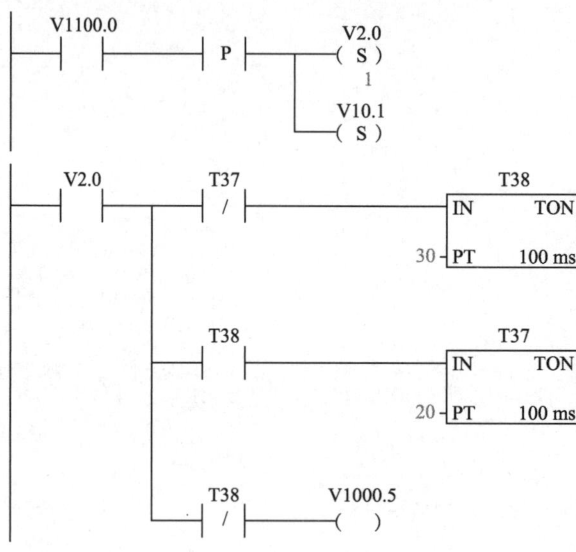

再次按下调试按钮（V1100.0）后，V2.0置1，V10.1置1，启动定时循环电路，T38以3s为0，2s为1的频率变化。对应V1000.5输出3s为1，2s为0的频率变化，交流接触器KM1以此频率改变状态，电动机M2实现运行3s，停止2s的频率运行

图 4-45　按下 SB1 电动机 M2 运行情况

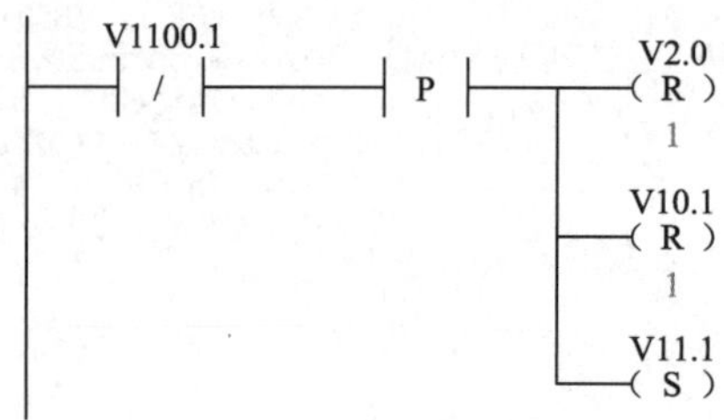

按下停止按钮(V1100.1)后，V2.0，V10.1复位，V11.1置1，对应指示灯HL1灭，触摸屏M2电动机调试完成指示灯亮

图 4-46　按下 SB2 电动机 M2 调试结束

5．小车平动电动机M3调试运行程序设计

VD104 为调试界面电动机的输入速度 X，单位为 r/min，因任务书要求伺服电动机旋转一周需要 1 600 的脉冲，所以用式（4-1）计算出电动机以速度 X 运行时需要的脉冲频率，用 VD176 输出。根据式（4-2）计算出电动机运行 2 cm 所需要的时间，用 VW164 输出，程序如图 4-47 所示。

$$f=\frac{X}{60}\times 1600 \tag{4-1}$$

$$t=\frac{5\times 10}{X/60} \tag{4-2}$$

注：5的含义是因为丝杠的螺距为4 mm，故走2 cm需要伺服电动机转5圈。10的含义是定时器基准时间为100 ms，系统要求的时间单位为s，所以需要乘以10。

根据触摸屏中伺服电动机速度要求计算出PLC应发出的脉冲频率，存储地址为VD176。根据公式计算出小车右行2cm所需要的时间，存储地址为VW164

图 4-47　电动机 M3 运行程序

V3.1、V4.3、V3.2、V3.3、V3.4 被依次置位和复位（见图 4-48），它们是调试运行时伺服电动机的条件，调试结束后置位 M10.2（见图 4-49），启动子例程 AXIS0_MAN。

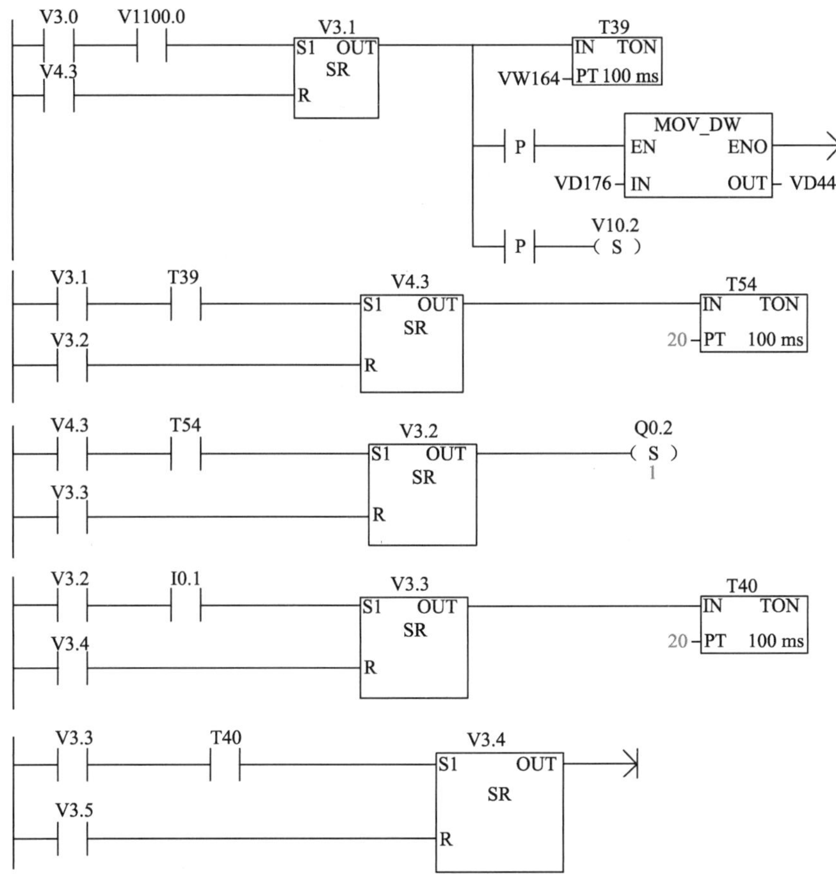

图 4-48　V3.1、V3.2、V3.4、V3.6、V40 置位和复位

上述程序的功能是在急停按钮（V3.0）没有按下时，当按下调试按钮 SB1（V1100.0）时，V3.1 置 1，运行轴 0 手动模式子例程 AXIS0_MAN，如图 4-50 所示。伺服电动机开始向右运行，运行时间由图 4-47 中 VD164 的值决定，发送脉冲频率由 VD44 决定。当向右运行时间到时，即向右运行了 2 cm，使 V4.3 置 1，复位 V3.1，伺服电动机停止运行，同时启动定时器 T54，定时时间为 2s，定时时间到后置位 V3.2，运行 AXIS0_MAN 子例程，同时使 Q0.2 置 1，即给伺服驱动器反向信号，伺服电动机 M3 开始左行。当左行至 SQ11 处时，即 I0.1 为 1，置位 V3.3，使 V3.2 复位，使电动机 M3 停止，定时 2s，停止 2s 后，由 V3.4 信号再次启动伺服电动机 M3 运转。

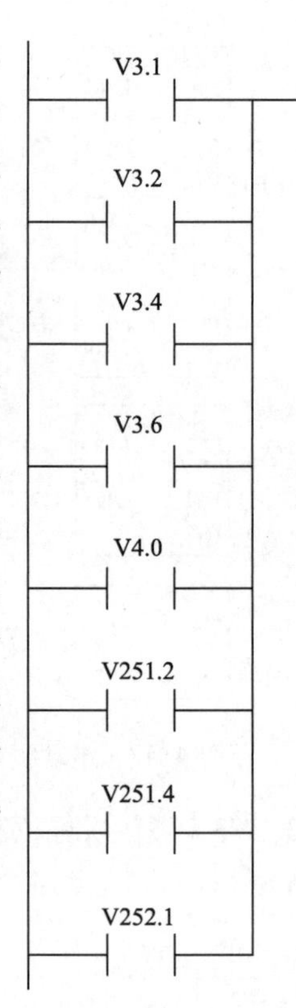

V3.1、V3.2、V3.4、V3.6、V4.0 分别为调试运行时伺服电动机运行的条件，即电动机M3右行，左行至SQ11，继续左行至SQ12，左行至SQ13后，右行至SQ11，将所有伺服电动机运行的条件或运算后，输出至M10.2，启动子例程 AXIS0_MAN。V251.2、V251.4、V251.1为自动运行时电动机M3启动运行的条件

图 4-49　电动机 M3 调试结束

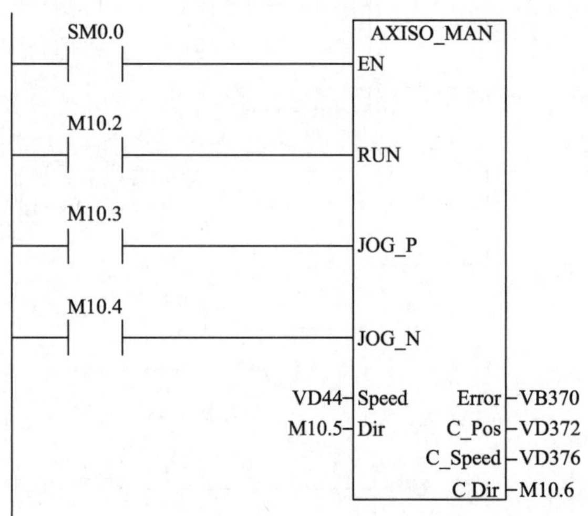

M10.2为1时，使运动轴0加速至VD44输入的速度值。M10.3，M10.4为轴正向、反向点动条件。VD372存储运动轴的当前位置，VD376存储运动轴的当前速度。M10.6存储运动轴当前运动方向，0为正向，1为反向

图 4-50　运行手动模式子例程 AXIS0_MAN

M3 电动机运行时指示灯闪烁（见图 4-51），由于电动机 M3 调试运行条件判断程序较为复杂，在此不再详细讲述。

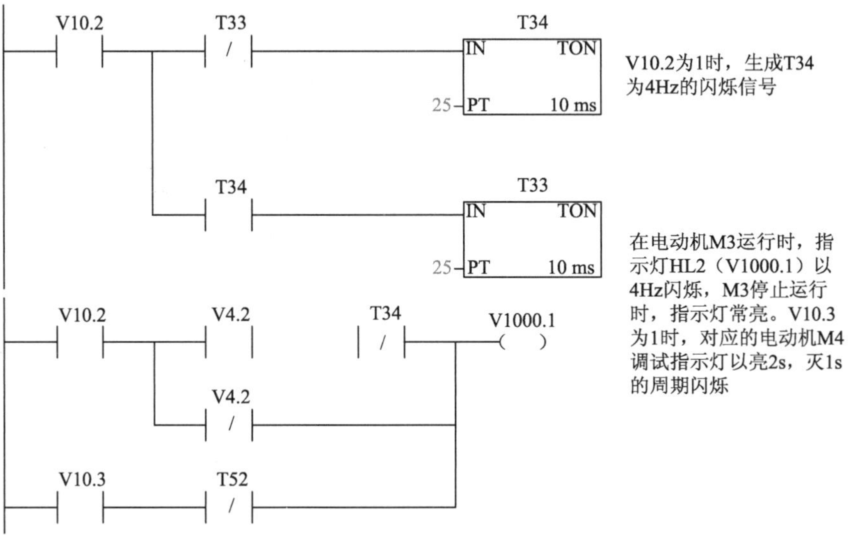

图 4-51　M3 电动机运行时指示灯闪烁

6．小车升降电动机M4调试运行程序设计

根据给定步进电动机速度，由式（4-3）计算出步进电动机 M4 运转所需的脉冲频率，存储至 VD156，程序如图 4-52 所示。在把频率值传给 VD40，程序如图 4-53 所示。定时器 T42 赋值为 140，即 14s，用比较指令来给电动机运行时间分段，按各自时间段来运行，程序如图 4-54 所示。实现按下启动按钮 SB1，步进电动机以正转 5 s、停 2 s，反转 5 s、停 2 s 的周期一直运行，按下停止按钮 SB2，步进电动机 M4 停止，程序如图 4-55 所示。在第一时间段和第三时间段，使 M12.2 置位，运动轴 1 加速至 VD40 输入的速度值，执行子例程 AXIS1_MAN，程序如图 4-56 所示。

$$f=\frac{X}{60}\times 1000 \tag{4-3}$$

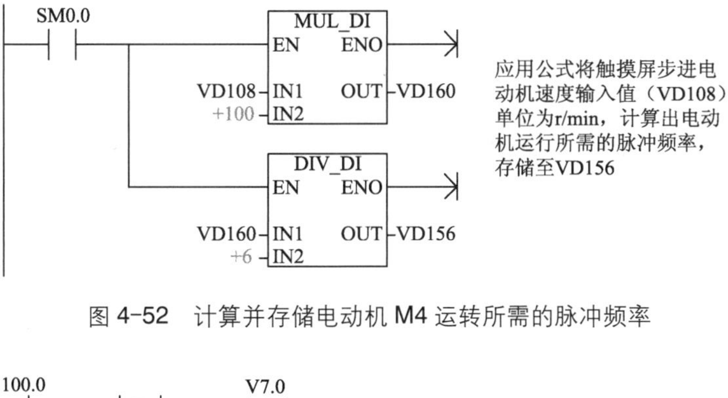

图 4-52　计算并存储电动机 M4 运转所需的脉冲频率

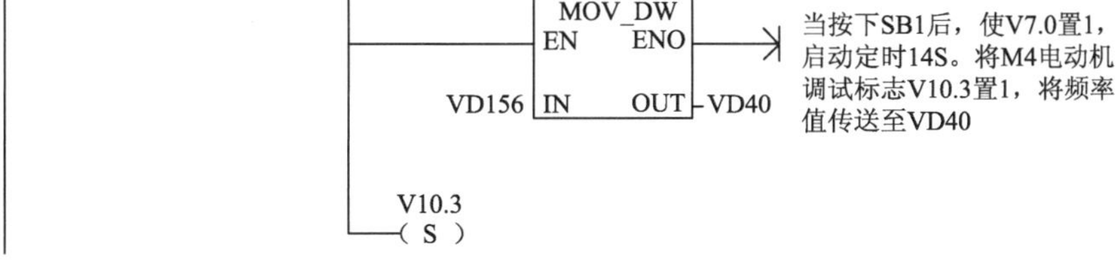

图 4-53　把频率值传给 VD40

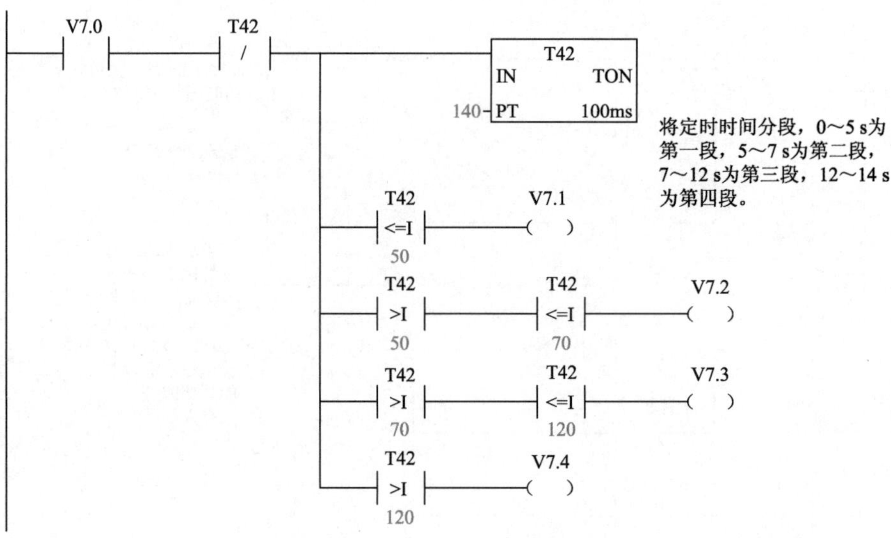

图 4-54　给电动机运行时间分段

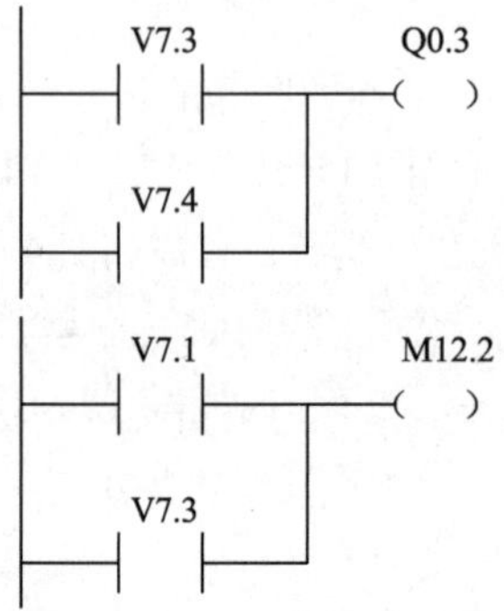

在第三时间段与第四时间段输出Q0.3为1，即步进电动机M4反向运转

在第一时间段和第三时间段，使M12.2为1，运行轴1子例程，实现步进电动机正转5 s，反转5 s

图 4-55　电动机运行、停止程序

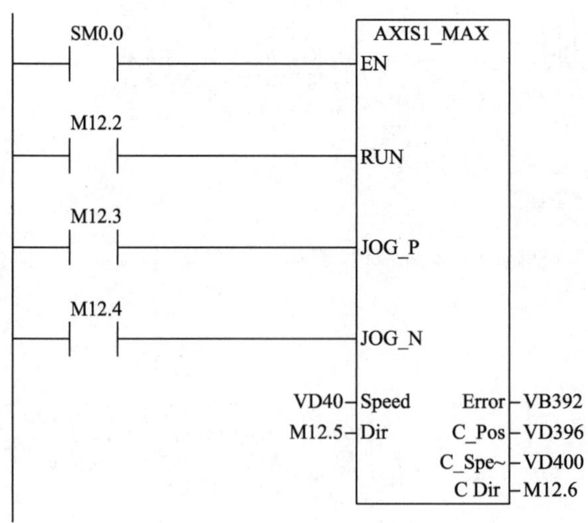

M12.2为1时，使运动轴1加速至VD40输入的速度值。M12.3、M12.4为轴正向、反向点动条件。VD396存储运动轴的当前位置，VD400存储运动轴的当前速度。M12.6存储运动轴当前运动方向，0为正向，1为反向

图 4-56　执行子例程 ASISI_MAN

三、自动运行模式程序设计

1. 手动自动切换程序设计

按照系统任务书要求，在调试模式下，每个电动机都调试完毕后，按下 SB3，系统将 2 s 后切换进入到自动运行模式，程序如图 4-57 所示。

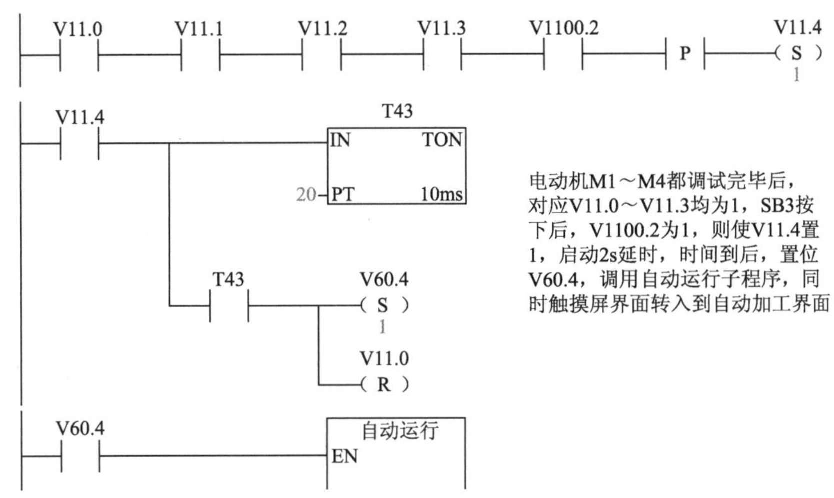

图 4-57　进行自动运行模式

2. 称重、入库程序设计

货物进入仓库之前，要先进行称重过程，采用控制柜前面板 0 ～ 10 V 电压信号模拟货物重量，待货物放到称重区后，触摸屏显示货物重量，按下确认按钮 SB4，记录货物重量，并根据任务书要求规则开始入库操作。

按下确认按钮 SB4 后，对应地址为 SR40 站中的 I0.3，通信到 ST30 中地址为 V1100.3。将执行模拟量换算为重量数的程序，如图 4-58 所示。

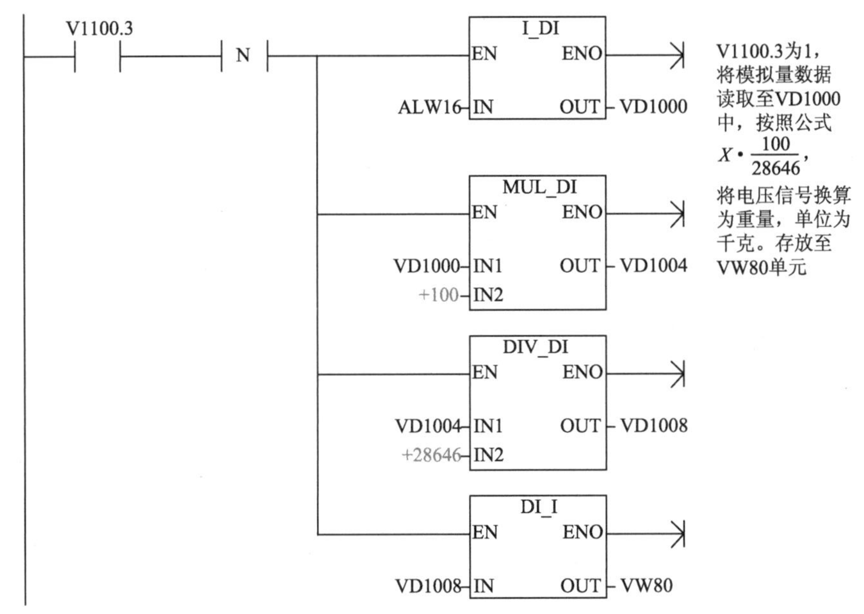

图 4-58　模拟量换算为重量数的程序

第四篇　项目实战——现代电气控制系统的安装与调试

按照货物存放规则，将当前货物重量值，分别与 9 个立体仓库中的值进行相加并判断总重量是否达到 100 kg。图 4-59 所示与 C 区仓库 1(VW74)、C 区仓库 2(VW76)、C 区仓库 3(VW78)中的货物重量相加并比较是否小于或等于 100 kg 的程序。与 B 区仓库、A 区仓库货物相加比较程序见光盘程序，在此不再列出。

V1100.3
N
ADD_I
EN ENO
VW80 IN1 OUT VW98
VW78 IN2
VW98 <=I 100
M1.0 (S) 1
ADD_I
EN ENO
VW80 IN1 OUT VW96
VW76 IN2
VW96 <=I 100
M1.1 (S) 1
ADD_I
EN ENO
VW80 IN1 OUT VW94
VW74 IN2
VW94 <=I 100
M1.2 (S) 1

图 4-59　C 区仓库中的货物重量相加并比较是否小于或等于 100 kg

根据货物重量判断决定变频器的频率，V250.2、V250.3、V250.4 为频率选择位，根据它们的值，判断变频器是 15 Hz、30 Hz、45 Hz，程序如图 4-60 所示。

V250.0
V1100.4
P
V250.1
S1 OUT
SR
V250.6
R
VW80 <=I 20
V250.2 ( )
VW80 >I 20
VW80 <=I 60
V250.3 ( )
VW80 >I 60
V250.4 ( )
V250.5 (S) 1

图 4-60　根据货物重量判断变频器的频率

图 4-61 是按下停止按钮后变频器停止。当货物传送带电动机 M1 启动的同时，若检测到托盘传送带无托盘，即 SQ3（地址为 V1100.5）未被按下，则 V60.6 置 1，相应的上位机触摸屏弹出无托盘界面。当 SQ3 被按下后，复位 V60.6 信号，无托盘界面消失，启动托盘传送带电动机 M2，即输出位 V1000.5 为 1，交流接触器 KM1 闭合，电动机 M2 运转。当托盘运送到位后，即 SQ4 被按下（V1100.7 为 1），电动机 M2 停止，程序如图 4-62 所示。

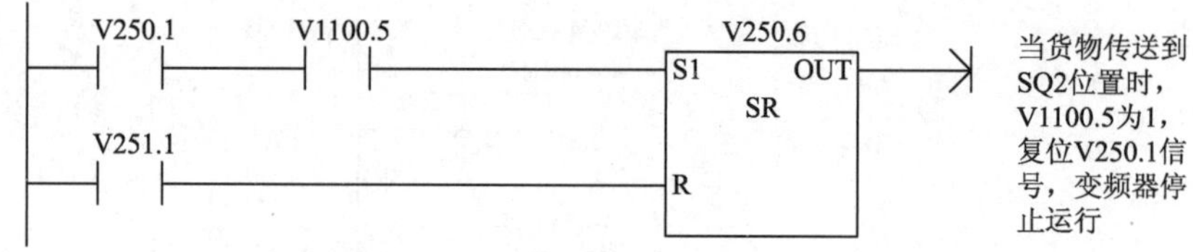

图 4-61　按下停止按钮后变频器停止程序

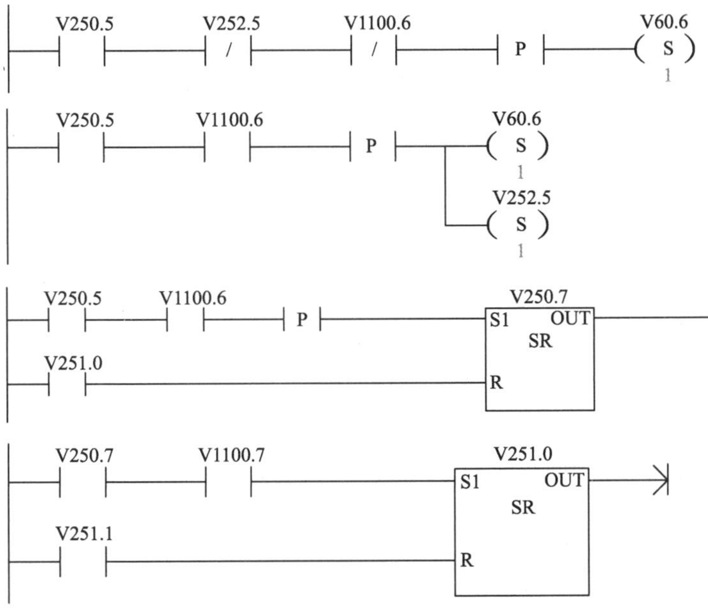

图 4-62　SQ4 被按下，电动机 M2 停止程序

当托盘和货物都运送到位后，等待计时 5s 后，V251.2 为 1，使 M10.2 为 1，启动轴 0 子例程 AXIS0_MAN，伺服电动机 M3 开始右行 2cm，见调试运行程序。因电动机右行速度要求为 1r/s，所以右行 2 cm 即为电动机运行时间为 5s。右行 2 cm 后，停止等待 5 s，等待小车自动完成取货操作，程序如图 4-63 所示。

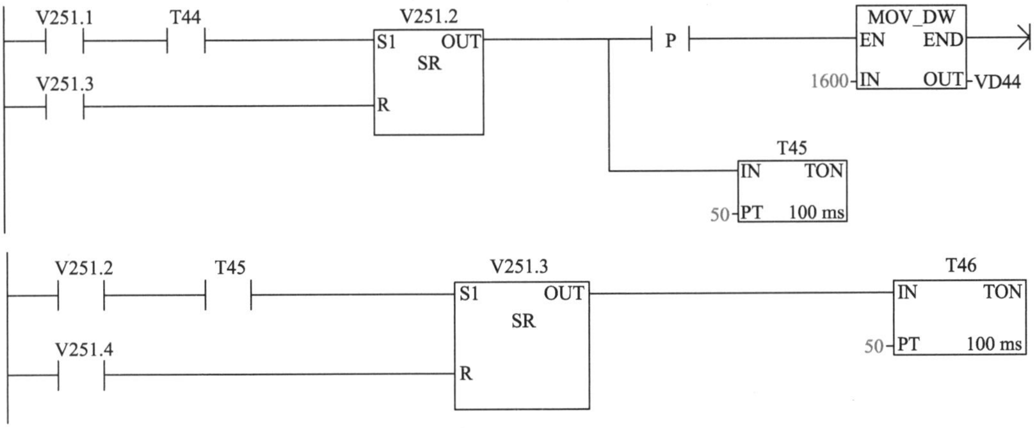

图 4-63　等待小车自动完成取货操作

等待取货完毕后，Q0.2 输出置 1，伺服驱动器方向信号输入高电平，启动伺服电动机 M3 反转，并根据货物重量的判断标志 M1.0 ~ M2.0 判断步进电动机应运转的高度，根据货物应放置仓库位标志判断伺服电动机应停止在哪一区，判断标志与仓库各区存储地址对应示意图如表 4-64 所示。当货物放在 C1 ~ C3 区时，伺服电动机左行至 SQ11 处停

A1（变量VW66）标志M1.6	B3（变量VW72）标志M1.3	C3（变量VW78）标志M1.0
A2（变量VW64）标志M1.7	B2（变量VW70）标志M1.4	C2（变量VW76）标志M1.1
A1（变量VW62）标志M2.0	B1（变量VW68）标志M1.5	C1（变量VW74）标志M1.2

图 4-64　仓库各区存储地址及标志示意表

止（I0.1 为 1），当货物放在 B1 ~ B3 区时，伺服电动机左行至 SQ12 处停止（I0.2 为 1），当货物放在 A1 ~ A3 区时，伺服电动机左行至 SQ13 处停止（I0.3 为 1），程序如图 4-65 所示。

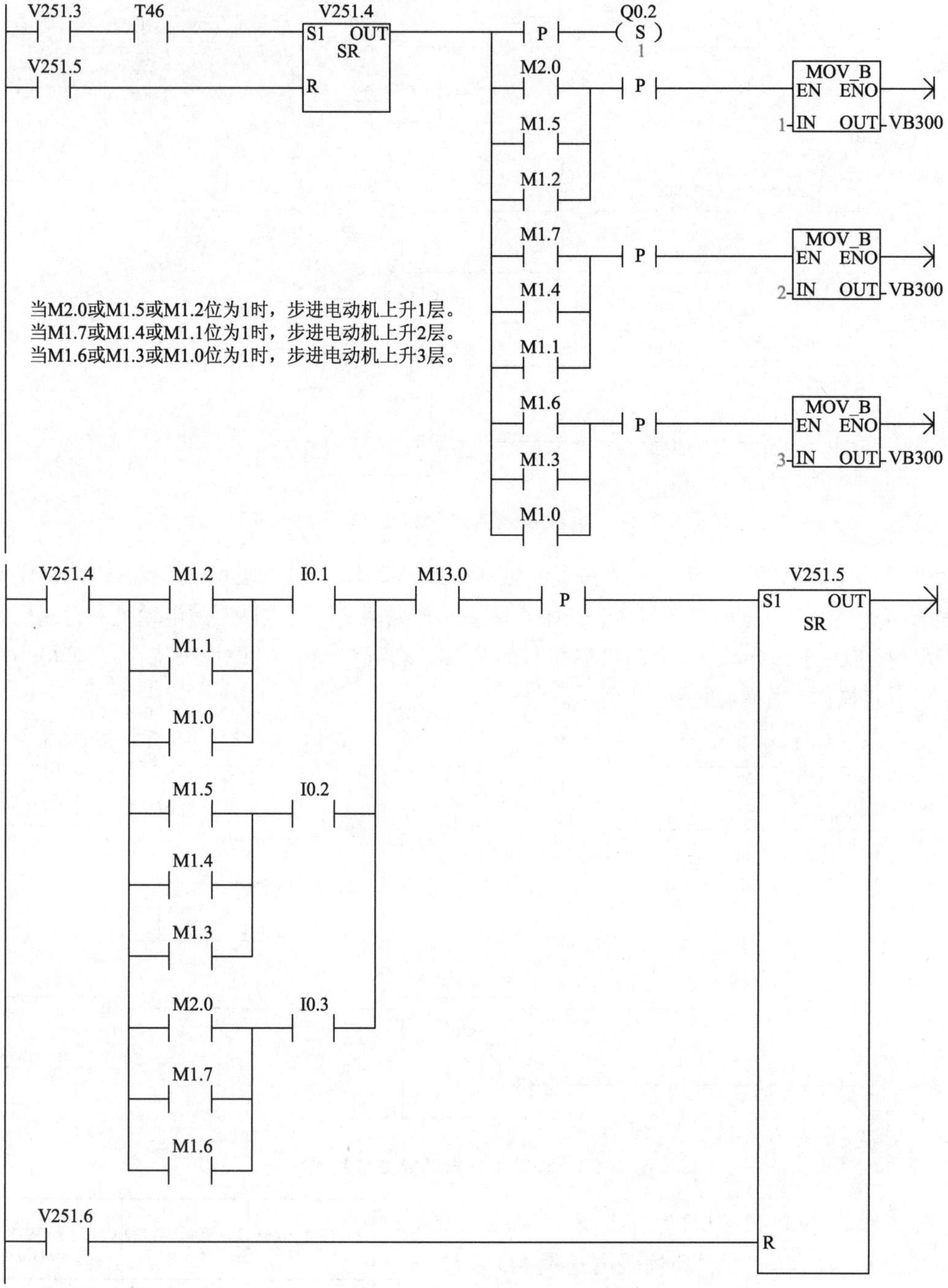

V251.3 T46 V251.4 S1 OUT SR Q0.2 P S 1
V251.5 R
M2.0 P MOV_B EN ENO 1 IN OUT VB300
M1.5
M1.2
M1.7 P MOV_B EN ENO 2 IN OUT VB300
M1.4
M1.1
M1.6 P MOV_B EN ENO 3 IN OUT VB300
M1.3
M1.0

当M2.0或M1.5或M1.2位为1时，步进电动机上升1层。
当M1.7或M1.4或M1.1位为1时，步进电动机上升2层。
当M1.6或M1.3或M1.0位为1时，步进电动机上升3层。

V251.4 M1.2 I0.1 M13.0 P V251.5 S1 OUT SR
M1.1
M1.0
M1.5 I0.2
M1.4
M1.3
M2.0 I0.3
M1.7
M1.6
V251.6 R

图 4-65　判断伺服电动机停止区域程序

伺服电动机左行停止后，启动 T53 定时，等待 2 s 时间模拟小车气缸推出将货物推放进仓位中，定时 2 s 时间到后，置位步进电动机反向信号 Q0.3，即让步进电动机反转 1 圈，将货物放下，程序如图 4-66 所示。

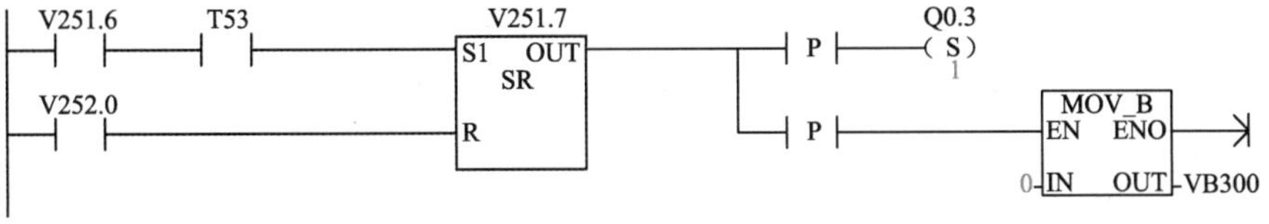

图 4-66　将货物推放进仓位中程序

将货物放下后，定时 2 s，模拟小车中气缸缩回，T48 定时时间到后，置位 V252.1，使伺服电动机 M3 右行，同时根据货物放置位置判断步进电动机 M4 应反转圈数，程序如图 4-67 所示。

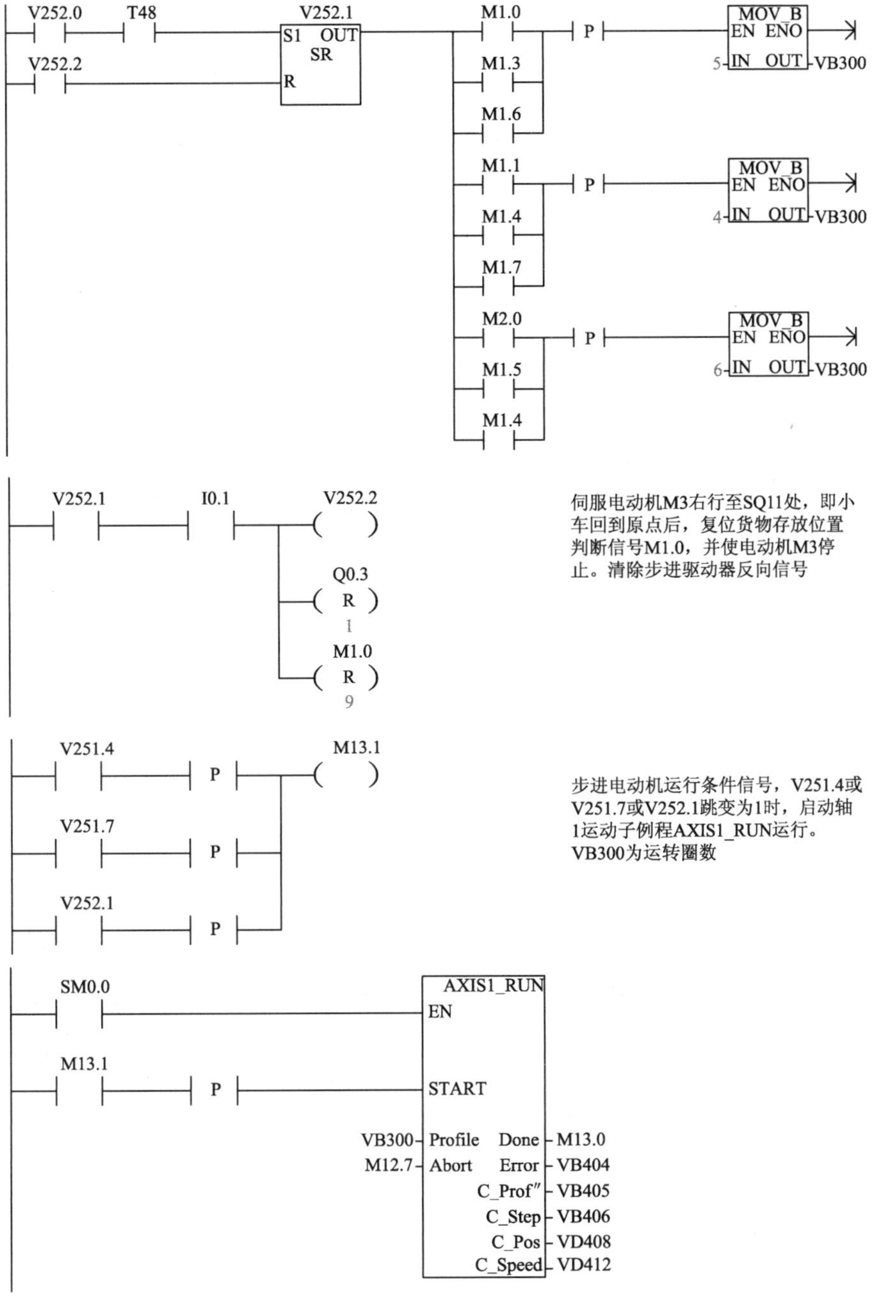

伺服电动机M3右行至SQ11处，即小车回到原点后，复位货物存放位置判断信号M1.0，并使电动机M3停止。清除步进驱动器反向信号

步进电动机运行条件信号，V251.4或V251.7或V252.1跳变为1时，启动轴1运动子例程AXIS1_RUN运行。VB300为运转圈数

图 4-67　使电动机 M3 右行并判断 M4 反转圈数

货物存放一次后，上位机触摸屏中应更新仓库存放货物重量的值，整个过程中按下停止按钮 SB2（V1100.1），伺服电动机 M3 停止，再次按下启动按钮 SB1（V1100.0），小车从当前位置开始继续运行。

四、系统调试

当按要求编写完程序后，需要确认事先规划好的区域通信地址是否有冲突，确保程序无通信错误。上电之前对照电气原理图仔细检查有无硬件连线错误，检查无误后正确上电。上电之后，查看所有 PLC 是否正常运作，触摸屏和 PLC 是否通信正常，如点击触摸屏是否有正确的反应，然后检查连接在 PLC 上的传感器、开关按钮是否正常有效以及 PLC 的所有输入 / 输出点亮灯是否正常。一切就绪后逐一调试电动机，如调试 M1 电动机，检查电动机运动流程是否按照题目要求正常运转以及指示灯要求情况是否满足题意。如果不正确需停止 PLC 运行，完善程序重新下载后再重复检查步骤。

调试运行模式下，逐个检验各个控制对象的变化结果，将调试结果记录在表 4-11 中。

表 4-11　调试记录表

调试项目＼对象		M1	HL1	M2	HL2	M3	HL3	M4	HL4	HL5
选择调试按钮	第一次									
	第二次									
	第三次									
	第四次									
启动按钮 SB1										
停止按钮 SB2										
选择调试按钮										
设置货物重量										
称重处理										
货物托盘传送										
货物入库处理										
托盘用完报警										

程序调试要耐心，不能放过每个细节，认真记录每步调试结果！

在调试过程中，两位选手要密切配合，故障原因可能来自于硬件电气线路，也有可能来自于软件程序，根据现象判断故障原因。这些在训练过程中已有经验，但终究是比赛，要以最快的速度排除故障，非常考验每个选手的基本功。

知识、技术归纳

西门子 S7-300 与 S7-200SMART 的编程软件不同，三台 PLC 各自负责不同控制要求，工业

以太网实现功能的连接，系统软硬件调试。

工程创新素质培养

做好一个编程员，要有专研精神、勤学善问、举一反三。要有积极向上的态度，有创造性思维。也要与人积极交流沟通的能力，有团队精神。谦虚谨慎，戒骄戒躁。

任务五　X62W铣床电气控制单元常见故障检查与排除

任务目标

(1) 理解 X62W 型铣床控制电路工作原理；

(2) 掌握 X62W 型铣床控制电路故障的排查；

(3) 会使用智能实训考核软件。

师傅，你就在机床上设故障吧，
排故方法和仪表我都掌握了。

一、智能考核软件使用

使用“智能实训考核系统 11.29”版本，软件安装完成后，双击桌面图标“智能实训考核系统（教师端）”打开软件。进入软件主界面，打开图 4-68 所示“登录”对话框，并按照提示输入用户名及密码，单击“登录”按钮。

登录进入后，在如图 4-69 所示的考核系统主界面中首先单击“试卷”按钮，然后选择试卷管理，进入试卷管理界面。

图 4-68 “登录”对话框

图 4-69　考核系统主界面

在空白处右击，选择“新建试卷”命令，打开“新试卷”对话框，(见图 4-70)，根据考试要求填写试卷编号、试卷名称、考核设备、试题数量、每故障分数、难易程度，填写完毕后单击“确定”按钮。然后，进入选择故障点，按照试题数量选择故障点个数，右侧有每个故障点现象和故障点位置参考（见图 4-71），填写完毕后单击“确定”按钮。

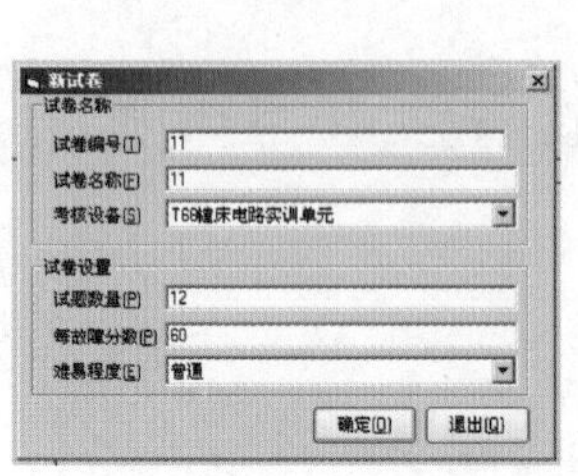

图 4-70 ˝新试卷˝ 对话框

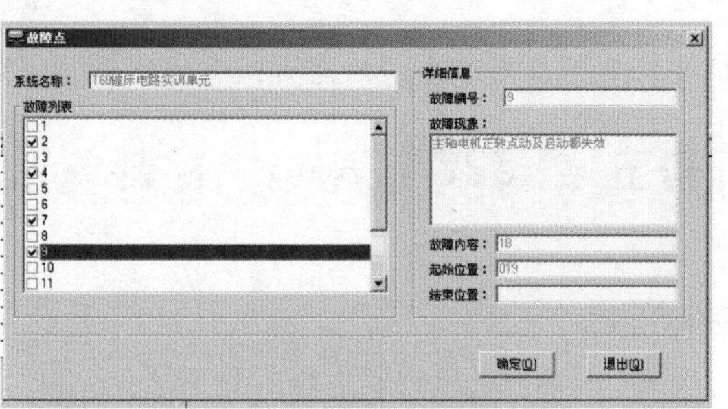

图 4-71 选择故障点

试卷完成后，选择“学生”→“学生管理”命令，进入学生管理界面，如图 4-72 所示。新建学生，设置学号、姓名、性别、初始密码。

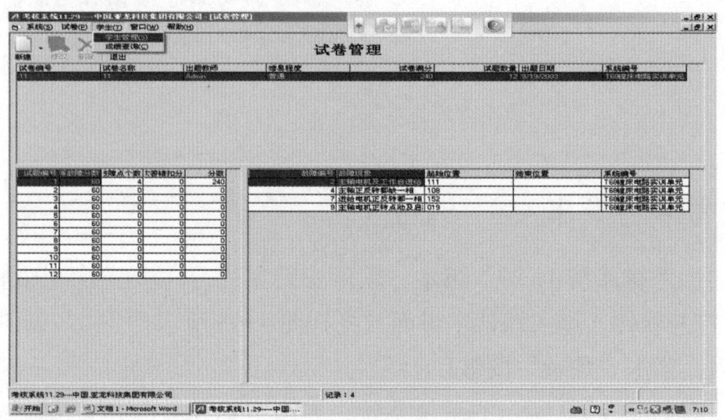

图 4-72 新建学生

完成新建学生后，单击“试卷”按钮，然后点击“考试”，进入考试管理界面。点击“考试设置”，弹出“试卷设置”对话框，图 4-73 所示。然后，选择试卷并填写考试名称和考试时间，右侧每个故障答题次数设置为“0”（0 为无限制答题），填写完毕单击“确定”按钮。

然后，单击“开始考试”按钮（见图 4-74），开始考试。

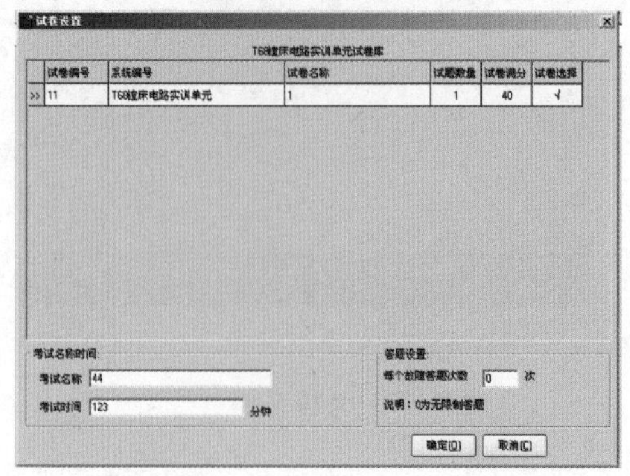

图 4-73 ˝试卷设置˝ 对话框

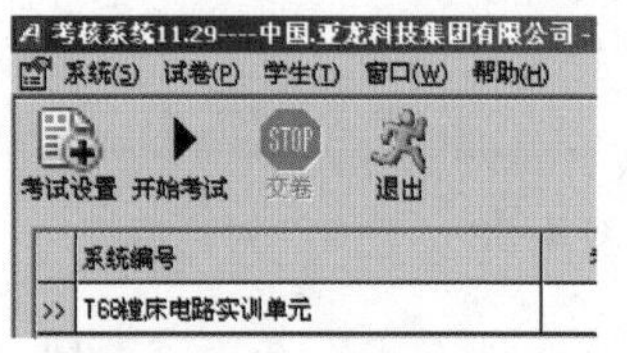

图 4-74 开始考试

学生在考核装置的计算机打开“智能实训考核系统（学生端）”软件，接收试卷后，按设置学号、初始密码登录后就可以答题，完成答题可以递交试卷。

二、X62W铣床电气原理图分析

在第三篇任务七中已经分析过 X62W 铣床、T68 镗床的电气原理图，并进行 PLC 控制改造。我们在故障考核中，直接下发排故试卷，完成后并提交。

在 X62 万能铣床考核系统上设置试卷后，学生开始按照排故步骤练习排故，步骤如图 4-75 所示。也可以在考核板上人为设置自然故障。

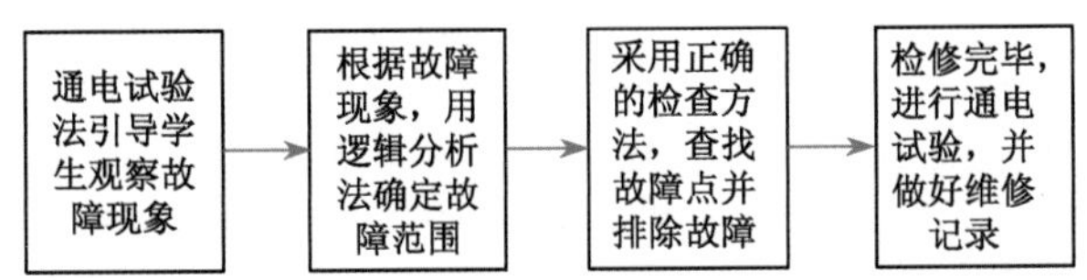

图 4-75　检修步骤

结合上述学习，通过电气原理图，学习分析故障产生的原因或范围，可能发生在电气原理图中的哪个单元，以便进一步进行诊断。下面列举几个常见典型故障检修案例，如表 4-12 所示。

表 4-12　典型故障检修案例

电路位置	故障现象、原因和检修方法技巧
主轴、冷却泵电动机电路	故障现象：主轴电动机在启动过程中不能制动。 故障原因： （1）停止按钮 SB1 或 SB2 接触不良； （2）接触器 KM2 线圈所串接的互锁触点 KM1 接触不良； （3）制动接触器 KM2 线圈断线或线圈烧坏； （4）速度继电器触点 SR1 或 SR2 闭合时接触不良 检修方法与技巧： （1）在断开电源情况下，用万用表蜂鸣挡测按钮 SB1 或 SB2 常开和常闭点，若常开点在按下时不能闭合导通，或常闭点按下后不能断开，要更换对应的按钮； （2）用万用表蜂鸣挡在断开电源情况下测 KM2 接触器串接的互锁常闭点 KM1，若接触不良，要修复触点；再检查 KM1 主触点的释放是否完全到位，如机械动作机构接触不好要修复，若触点熔焊要设法分开或更换； （3）在断开电源情况下，用万用表电阻挡测接触器 KM2 线圈是否断路或短路，若断路或短路时要更换接触器线圈或更换整个接触器； （4）在主轴电动机旋转式检查速度继电器 SR1 或 SR2 触点是否不可靠，若闭合不可靠，要更换速度继电器
工作台进给、冲动控制电路	故障现象：主轴电动机运转后，工作台的电动机不能上升或下降，不能向前或向后运动，不能向左或向右运动。 故障原因： （1）铣床主轴接触器辅助触点 KM1 未能闭合或接触不良； （2）行程开关 SQ1、SQ2、SQ3、SQ4 触点闭合不好或接触不良； （3）转换开关 SA1 在工作台进给位置时触点接触不良； （4）接触器 KM3、KM4 互锁常闭触点接触不良； （5）接触器 KM3、KM4 线圈损坏或机械动作不良； （6）进给电动机 M2 轴承卡死或电动机烧毁。

续表

电路位置	故障现象、原因和检修方法技巧
工作台进给、冲动控制电路	检修方法与技巧： (1) 在断开电源情况下，用万用表蜂鸣挡测接触器 KM1 辅助触点在人为使接触器 KM1 闭合时，看 KM1 是否可靠接触，接触不好应擦磨辅助触点并修复好； (2) 铣床进给电动机不能像 6 个方向进给时，应查行程开关 SQ1、SQ2、SQ3、SQ4 触点及相关线路接触是否可靠。在失电情况下用万用表蜂鸣挡测上列触点及相应线路，闭合不好或接触不良时应更换对应的行程开关或修复线路；同时在维修时也可打开各行程开关的盖，在操作手柄后观察行程开关动作闭合情况，查动作机构是否到位或损坏，以便修复或更换行程开关； (3) 检查转换开关 SA1 能否可靠断开或闭合，若动作后不能闭合或断开线路时，应予更换； (4) 用万用表查两只接触器互锁常闭点 KM3 或 KM4 是否接触不良，若有要重新修复打磨互锁辅助触点，使其接触良好；若触点熔焊，使该接触器不能复位时，应先修理该接触器主触点或动作机构使其正常后，辅助触点自然也会闭合复位； (5) 断开电源，打开接触器 KM3、KM4，检查动作机构是否灵活，若不灵活要更换该接触器；若灵活，要用万用表电阻挡测 KM3、KM4 线圈是否烧断或有匝间短路，若测得线圈阻值很小或断线，要更换线圈或整个接触器； (6) 用 500V 兆欧表测进给电动机线包，若绝缘损坏对地短路或线包烧毁时要更换线包
圆工作台运动、工作台快速进给电路	故障现象：主轴启动后，不能快速进给 故障原因： (1) 转换开关 SA1 触点接触不良； (2) 快速按钮 SB5 或 SB6 按下后不能可靠闭合； (3) 接触器 KM5 线圈损坏或接触器机械动作机构卡死； (4) 快速牵引电磁铁 YV 断线或烧毁。 检修方法与技巧： (1) 检查开关 SA1，若用万用表蜂鸣挡测触点不能闭合时，应更换相应的转换开关； (2) 在断开电源情况下，用万用表电阻挡去测按钮 SB5 或 SB6，在按下时是否能可靠闭合，如不能要更换对应的按钮； (3) 用万用表测接触器 KM5 线圈电阻是否正常，若短路或电阻值小，说明线圈损坏，要更换线圈或更换接触器；若线圈完好，还需检查接触器 KM5 动作机构以及触点闭合情况，查处问题时更换触点或更换接触器； (4) 检查快速牵引电磁铁线圈有无烧焦味或线圈变色处，也可用万用表电阻挡在断开铣床电源情况下测电磁铁线圈是否断线或电阻值变小，若烧毁时要更换快速牵引电磁阀

排故过程不在这里叙述，表 4-13 给出了 X62W 铣床电路智能实训考核单元的 16 个故障点现场和故障点（线号）汇总，以供参考。

表 4-13　X62W 铣床电路智能实训考核单元故障汇总

故障号	故障现象	故障点（线号）
1	主轴电动机正、反转均缺一相，进给电动机、冷却泵缺一相，控制变压器及照明变压器均没电	98 ~ 105
2	主轴电动机无论正反转均缺一相	113 ~ 114
3	进给电动机反转缺一相	144 ~ 159
4	快速进给电磁铁不能动作	161 ~ 162
5	照明及控制变压器没电，照明灯不亮，控制回路失效	170 ~ 180
6	控制变压器没电，控制回路失效	181 ~ 182
7	照明灯不亮	184 ~ 187
8	控制回路失效	02 ~ 12
9	控制回路失效	1 ~ 3

续表

故障号	故障现象	故障点（线号）
10	主轴制动失效	22 ~ 23
11	主轴不能启动	40 ~ 41
12	主轴不能启动	24 ~ 42
13	工作台进给控制失效	8 ~ 45
14	工作台向下、向右、向前进给控制失效	60 ~ 61
15	工作台向上、向左、向后进给控制失效	80 ~ 81
16	两处快速进给全部失效	82 ~ 86

故障设置原则和排故要求如表 4-14 所示。

表 4-14　故障设置原则和排故要求

故障设置原则	排故实训要求
（1）不能设置短路故障、机床带电故障，以免造成人身伤亡事故。 （2）不能设置一接通总电源开关电动机就启动的故障，以免造成人身和设备事故。 （3）设置故障不能损坏电气设备和电器元件。 （4）在进行故障检修训练时，不要设置调换导线类故障，以免增大分析故障的难度。 （5）设置故障，主电路一处，控制电路两处，进行检修训练	（1）学生应根据故障现象，先在原理图上正确标出最小故障范围的线段，然后采用正确的检查和排故方法并在额定时间内排除故障。 （2）排除故障时，必须修复故障点，不得采用更换电器元件、借用触点及改动线路的方法，否则，作不能排除故障点扣分。 （3）检修时，严禁扩大故障范围或产生新的故障，并不得损坏电器元件

三、考核实操

在生产现场进行检修或安装工作时，为了能保证有安全的工作条件和设备的安全运行，防止发生事故，必须严格执行维修工作票制度。维修工作票如表 4-15 所示。

表 4-15　维修工作票

工作票编号 N0：
发单日期：20　　年　　月　　日

工位号	
工作任务	X62W 铣床电气线路故障检测与排除
工作时间	自____年____月____日____时____分 至____年____月____日____时____分
工作条件	登录学号：(即两位数的工位号，如：01、10、20 等) 登录密码：无 观察故障现象和排除故障后试机——通电；检测及排故过程——停电
工作许可人签名	
维修要求	（1）在工作许可人签名后方可进行检修； （2）对电气线路进行检测，确定线路的故障点并排除调试填写下列表格； （3）严格遵守电工操作安全规程； （4）不得擅自改变原线路接线，不得更改电路和元件位置； （5）完成检修后能恢复该铣床各项功能

续表

故障现象描述			
故障检测和排除过程			
故障点描述			

四、任务拓展

比赛中有可能抽取的是 T68 镗床故障诊断，结合上述学习，通过电气原理图，学习分析 T68 镗床故障产生的原因或范围，可能发生在电气原理图中的哪个单元，以便进一步进行诊断。下面列举几个常见典型故障检修案例，如表 4-16 所示。

表 4-16　典型故障检修案例

电 路 位 置	故障现象、原因和检修方法技巧
主轴制动电路	故障现象：主轴停车时没有制动作用。 故障原因： (1) 主要原因是速度继电器 SR 发生了故障，使它的两个常开触点 SR2 (21) 和 SR2 (15) 不能按旋转方向正常闭合，就会导致停车时无制动作用。例如，SR 中推动触点的胶木摆杆有时会断裂。这时，SR 的转子虽随电动机转动，但不能推动触点闭合，也就没有制动作用。 (2) 此外，速度继电顺 SR 转子的旋转是通过联动装置来传动的。当继电器轴伸圆销扭弯、磨损或弹性连接件损坏、螺丝销钉松动或打滑时，都会使速度继电器的转子不能正常运转，其常开触点也就不能正常闭合，在停车时不起作用
	故障现象：主轴停车后产生短时反向旋转； 故障原因：这往往是速度继电器 SR 动触点调整过松，使触点分断过迟，以致在反接的惯性作用下，主轴电动机停止后，仍作短时间的反向旋转。这只需将触点弹簧调节适当就可消除
	故障现象：主轴电动机正转时，按停止按钮不停车； 故障原因：此故障是由接触器 KM1 主触点熔焊造成的。这时，只有断开电源开关 QS，才能使主轴电动机停下来。应检查接触器 KM1 型号是否合乎规格，主轴电动机是否过载，或启动、制动过于频繁等。可根据情况更换接触器的主触点或新的接触器
主轴变速或进给变速冲动电路	故障现象：主轴变速手柄拉出后，主轴电动机不能冲动；或变速完毕合上手柄后，主轴电动机不能自动开车； 故障原因： (1) 由受主轴变速操作盘控制的行程开关 SQ3、SQ6 引起的。不变速时，通过变速机构的杠杆、压板使 SQ3、SQ6 受压，即 SQ3 (12) 闭合，SQ3 (15) 断开，SQ6 (16) 断开。当主轴变速手柄拉出时，行程开关 SQ3 复位，主轴电动机断电而制动停车。 (2) 当速度选好后推上手柄时，若发生顶齿，则 SQ6 复位，接通瞬时点动控制电路，使主电动机低速冲动。SQ3、SQ6 装在主轴箱下部，往往由于紧固不牢，位置偏移，接点接触不良而完不成上述动作。 (3) 此外，SQ3、SQ6 是由胶木塑压成型的，往往由于质量等原因将绝缘击穿。例如，若接点 (4—9) 短路，就会造成变速手柄拉出后，尽管 SQ3 已经动作，但由于接点 (4—9) 仍接通，使主轴仍原来转速旋转，此时变速将无法进行

续表

电 路 位 置	故障现象、原因和检修方法技巧
刀架升降及辅助线路	故障现象：扳动正向快速或反向快速手柄，快速移动不起作用。 故障原因： （1）各进给部分的快速移动专门一台电动机 M2 拖动，由快速手柄带动相应的限位开关 SQ8、SQ9 进行控制。 （2）若 SQ8、SQ9 触点接触不良，接触器 KM7、KM8 线圈断线，电动机 M2 绕组断线或接线脱落，都会出现上述故障现象。 （3）还应检查快速手柄与限位开关 SQ8、SQ9 联系的机械机构能否正确动作

表 4-17 是 T68 镗床电路智能实训考核单元的 16 个故障点现场和故障点（线号）汇总。

表 4-17　T68 镗床电路智能实训考核单元故障汇总

故 障 号	故 障 现 象	故障点（线号）
1	所有电动机缺相，控制回路失效	85 ~ 90
2	主轴电动机及工作台进给电动机，无论正反转均缺相，控制回路正常	96 ~ 111
3	主轴正转缺相	98 ~ 99
4	主轴正反转均缺一相	107 ~ 108
5	主轴低速运行制动电磁铁 YB 不能动作	137 ~ 143
6	进给电动机正转时缺一相	146 ~ 151
7	进给电动机无论正反转均缺相	151 ~ 152
8	控制变压器缺一相，控制回路及照明回路均没电	155 ~ 163
9	主轴电动机正转点动与启动均失效	8 ~ 30
10	控制回路全部失效	29 ~ 42
11	主轴电动机反转点动与启动均失效	
12	主轴的高低速运行及快速移动的快速移动均不可启动	30 ~ 52
13	主轴的低速不能启动，高速时无低速过度	48 ~ 49
14	主轴电动机的高速运行失效	54 ~ 55
15	快速移动电动机，无论正反转均失效	66 ~ 73
16	快速移动电动机，正转不能启动	72 ~ 73

在整套立体仓库电气系统安装调试完毕后，学生可以和指导老师一起参与评分，评分标准和考核知识技能点如表 4-18 所示。

表 4-18　评分标准

竞赛内容	评分内容	配　分	知识、技能点
控制系统电路设计（10 分）	器件的选型	5 分	器件选择数量正确合理、参数范围符合任务书工作任务要求、可靠： （1）低压器件选型计算； （2）选型器件型号含义； （3）控制器基本功能、应用； （4）驱动器基本功能、应用； （5）电气设计安全原则
	电路设计	2 分	电路设计功能能实现工作任务书各项要求，科学合理，符合实际工程设计要求： （1）电气设计步骤； （2）电气设计规范； （3）电气功能实现
	绘制电气原理图	3 分	图形符号规范，电路连接规范，字迹清楚、整洁、美观，图纸正确： （1）绘制电气原理图； （2）元器件符号规范； （3）驱动器参数
控制系统电路布置、连接工艺与调试（20 分）	元件布置与安装	2 分	元件检查、安装位置合理，紧固不松动，工具使用合理： （1）电气元件合理布置； （2）电气元件规范安装
	电路连接与工艺	14 分	电气线路连接正确，导线、插针、号码管使用正确合理，驱动器、传感器等连接正确，走线合理： （1）器件端口功能； （2）器件连接工艺； （3）工具操作使用
	系统初步调试	4 分	上电前安全检查，上电后初步检测元件工作是否正常，检查局部电路功能（以试题功能为准，根据抽取试题制定细则）： （1）上电安全操作； （2）器件功能测试
工作单元独立功能完成情况（30 分）	PLC 编程设计与调试	14 分	熟练使用 PLC 软件编程与调试，实现系统设计各部分功能（以试题功能为准，根据抽取试题制定细则）： （1）PLC 基本功能编程； （2）PLC 运动控制编程； （3）PLC 复杂功能编程； （4）PLC 与 HMI 连接编程； （5）PLC 调试
	触摸屏组态与 PLC 连接	8 分	设计窗口界面、主令信号、状态显示、动画等，与 PLC 连接，能实现监视与控制效果（以试题功能为准，根据抽取试题制定细则）： （1）PLC 与触摸屏网络连接； （2）触摸屏页面设计； （3）触摸屏动画设计； （4）触摸屏调试
	系统实现网络通信功能	2 分	主从站编程设置，实现网络通信： （1）网络硬件连接； （2）网络信号编制； （3）主从站网络编程

续表

竞赛内容	评分内容	配　分	知识、技能点
工作单元独立功能完成情况（30分）	驱动器参数设置	2分	变频器或伺服驱动器等参数设置； （1）变频器参数功能、设置； （2）伺服驱动器参数功能、设置； （3）步进驱动器参数功能、设置
	局部工作单元调试运行	4分	实现局部工作单元功能运行、指示灯状态等（以试题功能为准，根据抽取试题制定细则）
控制系统整体功能完成情况（25分）	系统整体正常运行工作	25分	系统检查初始状态后，系统正常启动、周期运行、停止，突发急停，非正常工作报警处理（以试题功能为准，根据抽取试题制定细则）
电气控制系统故障检修（5分）	（1）考核软件设置故障点（3个）来排除故障； （2）排除故障后操作运行	5分	检测工具选用正确，检测方法规范；记录3个故障点的故障现象描述、故障检测和排除过程、故障点描述；排除故障后，系统能按功能正确操作运行。 （1）电气检查故障方法； （2）使用工具检查排除故障
职业素养与安全意识（10分）	安全	5分	现场操作安全保护符合安全操作规程、穿戴符合职业岗位要求
	规范	3分	工具比赛过程中和赛后未摆放整齐、节约使用耗材
	纪律	2分	爱惜赛场的设备和器材，保持工位的整洁。团队有分工有合作，遵守竞赛纪律，尊重裁判员、工作人员等

知识、技术归纳

严格参照国际标准和国家标准，完成电控柜的整体设计、安装与调试。先从手动方式调试，基本就能确定硬件电路是否有问题，然后再进行自动方式调试和报警处理。按部就班，有困难克服，有故障排除，在前面打下扎实的技术技能基础的情况下，一定能完成整套电气系统的任务。

工程创新素质培养

在完整项目实施过程中，时刻查阅PLC、HMI、变频器、步进驱动器及电动机、伺服驱动器及电动机、工业网络等资料手册，学会出现故障时如何解决，解决问题的能力也很重要，不可能一帆风顺的。

哈哈，我们的功夫终于练成了！

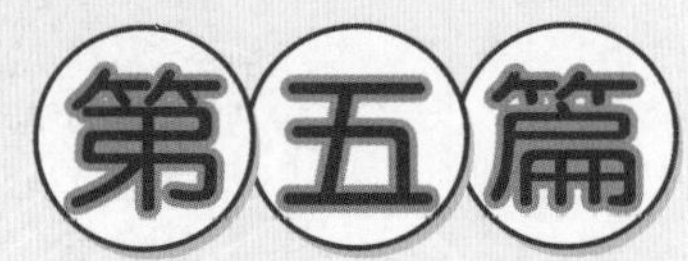

第五篇

项目拓展——现代电气技术新形态

在一个加速全球化的世界里，现代电气技术已经引领各行业共同向数字化、科技化、智能化、科技化发展，日异月新的技术不断涌现出来，一些重大变化正在发生。智能软件、灵敏机器人、新的制造方法将形成合力，产生足以改变经济社会进程的巨大力量。新一轮的“科技竞赛”已经拉开序幕，无论是德国的“工业 4.0”、美国的制造业回归，还是中国的“制造 2025”，绝对是人类历史上最精彩的“大战”，为电气设计人员提供了广阔的“翱翔”空间。

一、软PLC

20 世纪 90 年代后期，人们逐渐认识到，传统 PLC（硬 PLC）自身存在着这样那样的缺点，难以构建开放的硬件体系结构，工作人员必须经过较长时间的专业培训才能掌握某一种产品的编程方法。

人们逐步提出软 PLC 概念，它的特征是：在保留 PLC 功能的前提下，采用面向现场总线

网络的体系结构，采用开放的通信接口，如以太网、高速串口等；采用各种相关的国际工业标准和一系列的事实上的标准；全部用软件来实现传统 PLC 的功能。目前常见的软 PLC 产品有倍福、西门子公司的 WINAC、菲尼克斯电气公司的 PC WORX RT BASIC、SOFTPLC 公司的 SoftPLC 等。

软PLC和我前面用的西门子PLC到底有什么区别？

所谓软 PLC，即以通用操作系统和 PC 为软硬件平台，用软件实现传统硬件 PLC 的控制功能，将 PLC 的控制功能封装在软件内，运行于 PC 环境中。这样的控制系统在实现硬件 PLC 相同功能的同时，也具备了 PC 的各种优点。软 PLC 系统是由开发系统和运行系统两部分组成，软 PLC 开发系统实际上就是集编辑、调试和编译与一体的 PLC 编程器，其中编译部分是开发系统的核心。

软 PLC 开发系统实际上就是带有调试和编译功能的 PLC 编程器，具体功能如下：

（1）编程语言标准化，遵循 IEC61131-3 标准，支持多语言编程（共有 5 种编程方式：IL、ST、LD、FBD 和 SFC），编程语言之间可以相互转换。

（2）丰富的控制模块，支持多种 PID 算法（如常规 PID 控制算法、自适应 PID 控制算法、模糊 PID 控制算法、智能 PID 控制算法等等），还包括目前流行的一些控制算法，如神经网络控制。

（3）开放的控制算法接口，支持用户嵌入自己的控制算法模块。

（4）仿真运行，实时在线监控，在线修改程序和编译。

（5）强大的网络功能，支持基于 TCPIP 网络，通过网络实现 PLC 远程监控，远程程序修改。

软 PLC 基于 PC，建立在一定操作系统平台之上，通过软件方法实现传统 PLC 的计算、控制、存储以及编程等功能，通过 IO 模块以及现场总线等物理设备完成现场数据的采集以及信号的输出。根据传统 PLC 的组成结构，软 PLC 系统由开发系统和运行系统两部分组成。也可分为编辑环境和运行环境两部分。编辑环境与运行环境是客户服务器模式，二者之间采用 COMDCOM 通信机制，运行环境作为 COM 服务器，提供标准的通信接口；编辑环境作为 COM 客户端应用，本地或远程访问存取这些接口，进行下载代码、读取运行环境的运行信息等操作。软 PLC 系统的整体框图如图 5-1 所示。

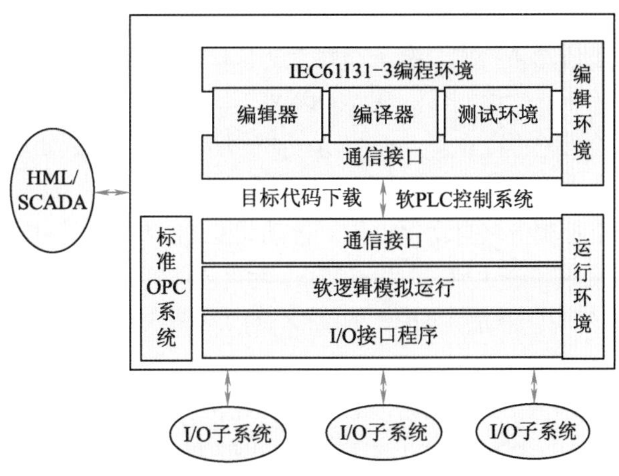

图 5-1　软 PLC 系统的整体框图

师傅给你介绍两个软PLC的品牌和应用案例！看看它们有什么好产品。

1．倍福嵌入式软PLC

CX9000（见图5–2）和CX9010嵌入式PC提供紧凑型、性能优异而又经济高效的PLC和运动控制系统，适合安装在DIN导轨上。在Beckhoff的控制产品系列内，它们被定位在BX总线端子模块系列BX控制器和嵌入式PC CX1010之间。

CX系统在价格和性能上涵盖了Beckhoff的所有控制技术，具有工业PC的特性和计算能力，为项目预算有限又不打算购买全套工业PC的客户而设计。例如，CX系统能够在“无头”模式中运行，即无显示器和键盘，这种情况下就无须配置相关的接口。

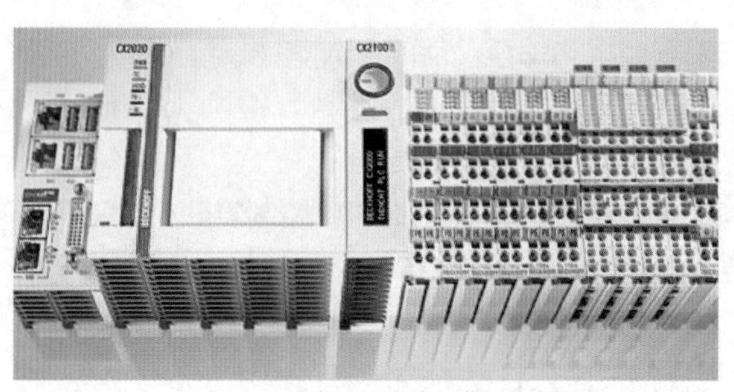

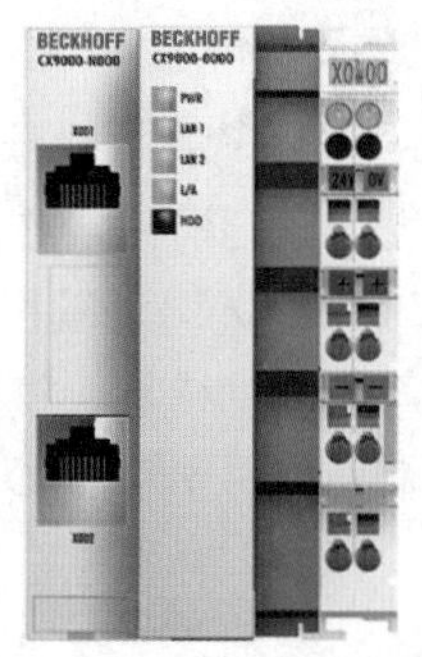

图5–2　倍福CX9000

CX9000和CX9010嵌入式PC结合TwinCAT自动化软件，CX系统嵌入式PC成为一个功能强大的IEC61131–3 PLC，它还可以操控运动控制任务。根据所需的周期时间不同，它可以控制多个伺服轴。CX1010、CX1020或CX1030甚至还可以实现特殊的功能，比如“飞锯”“电子齿轮箱”或“电子凸轮”等。CX系统因而成为一个用单个硬件实现PLC、运动控制和可视化任务的控制器。在Windows CE平台下，借助于操作系统的实时能力，以高级语言编写的用户任务可以在TwinCAT运行的情况下实时得到处理。

由于工业PC良好的设计和优异的功能，嵌入式PC可以得到广泛应用。现有的应用包括机械制造（自动化锯床、自动装配机、切纸机、旋凿控制、包装机、金属板材加工、物流输送设备）、过程工艺（水处理、发电、能耗监测）、楼宇控制（寓所控制、门禁控制）等。

2．菲尼克斯PC WORX RT BASIC

PC WORX RT BASIC软件是一款基于PC的PLC，目前支持的通信协议为工业以太网PROFINET、现场总线INTERBUS。PC WORX RT BASIC软件可通过PC自身所携带的网卡轻松实现PROFINET工业以太网通信，不需要特殊的硬件进行支持，如要实现现场总线INTERBUS方案，则需要在PC的PCI插槽上插入菲尼克斯电气的IBS PCI SC/I–T卡。

目前，PC WORX RT BASIC软PLC已经在菲尼克斯的Valueline系列工控机上得到验证。工控机的处理器为两核或两核以上，其中处理器的一个内核用于运行软PLC的实时操作系统

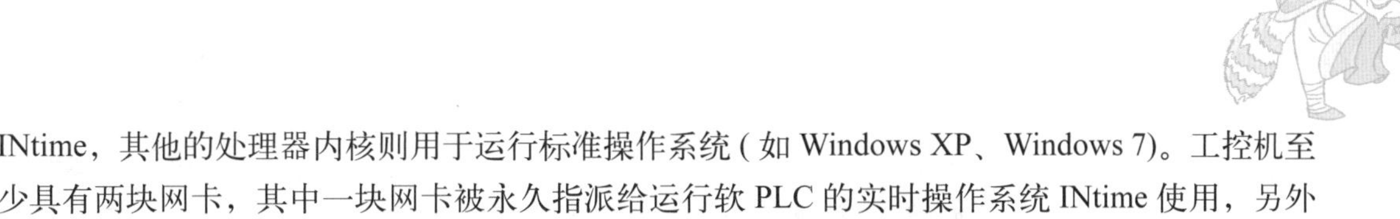

INtime，其他的处理器内核则用于运行标准操作系统（如 Windows XP、Windows 7)。工控机至少具有两块网卡，其中一块网卡被永久指派给运行软 PLC 的实时操作系统 INtime 使用，另外的网卡用于 Windows 标准操作系统上的通信，这可保证可靠的和高性能的软 PLC 的运行。

PC WORX RT BASIC 软 PLC 支持 Windows XP Professional SP3 及 Windows 7 Professional 32 位。PC WORX 自动化软件支持 IEC61131-3 编程语言标准：指令表、结构化文本、梯形图、功能块图、顺序流程图。

二、工业机器人

2010 年 7 月 29 日，全球最大电子代工厂商富士康科技集团董事长在深圳对媒体表示，富士康有 1 万台机器人，2011 年达到 30 万台，2014 年后机器人的使用规模达到 100 万台，未来富士康将增加生产线上的机器人数量。

据统计显示，2008 年之后年工业机器人需求量呈 4 倍增长，整体市场规模约占全球市场的 1/5。2010 年我国进口机器人 2.34 万台 /5.28 亿美元，进口数量比 2009 年增长 130%，进口金额比 2009 年增长 69%；2011 年进口机器人 3.8 万台 /8.66 亿美元，进口数量比 2010 年增长 62%，进口金额比 2010 年增长 64%。专家表示，未来中国工业机器人市场复合增速可达 30%，爆发性增长可期。图 5-3 所示为工业机器人 2010—2014 年的销量。

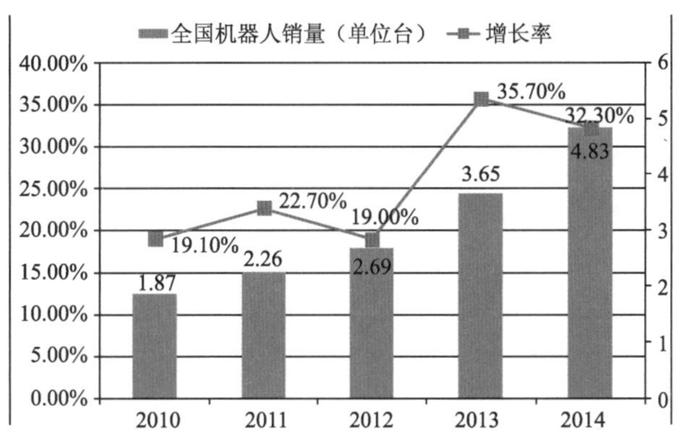

图 5-3　工业机器人 2010—2014 年销量

国内工业机器人应用领域也仅局限于汽车、机械加工、电子、物流等有限范围。而国产机器人核心技术薄弱，关键零部件与可靠性差距较大，控制器、伺服电动机和精密减速器等关键零部件严重依赖进口，应用领域的适用性技术与产品仍处于摸索阶段。

我国作为世界制造业大国，但机器人拥有量仅是日本的 1/5、美国和德国的 1/3 左右。国产机器人市场份额和附加值较低。国际品牌产品占我国内市场份额超过 90%。随着机器人技术与产品的广泛应用，我国未来市场与发展具有巨大的潜力。图 5-4 所示为工业机械手的典型应用。

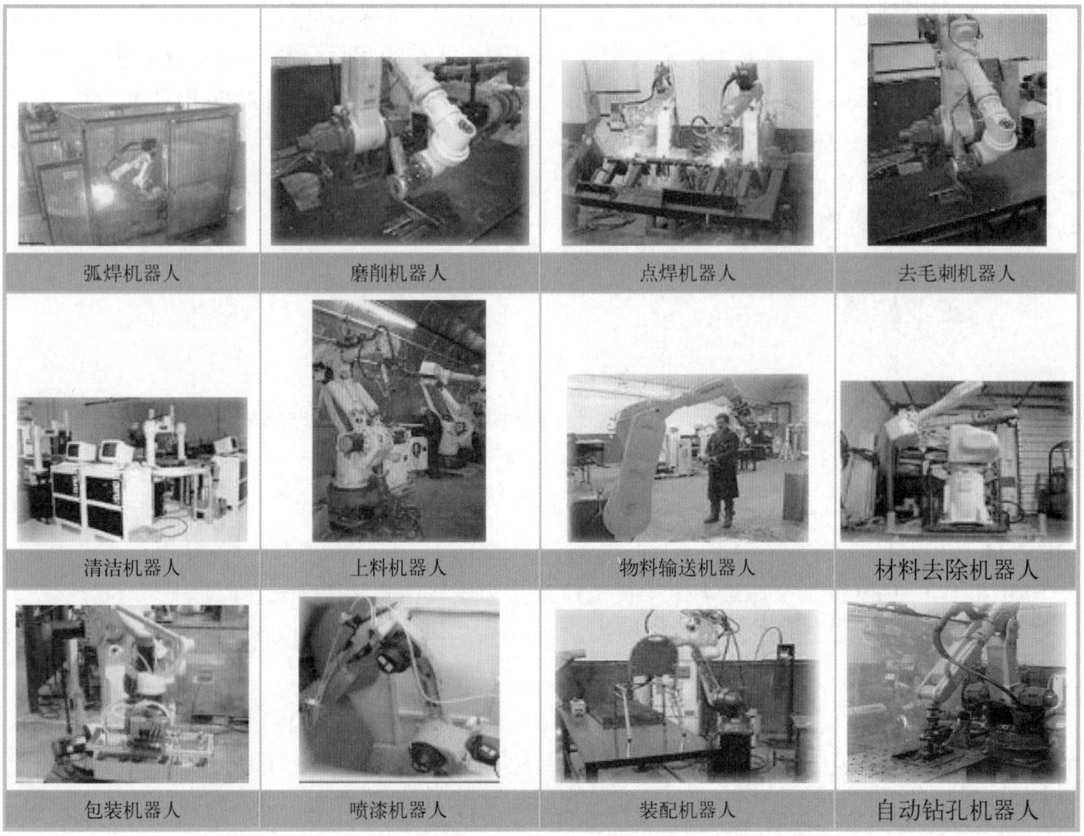

弧焊机器人	磨削机器人	点焊机器人	去毛刺机器人
清洁机器人	上料机器人	物料输送机器人	材料去除机器人
包装机器人	喷漆机器人	装配机器人	自动钻孔机器人

图 5-4　工业机械手的典型应用

一般制造业中使用机器人密度（万名员工使用机器人台数）：韩国是 347 台，日本是 339 台，德国是 261 台，而中国仅为 10 台。汽车制造业中普遍使用工业机器人，其密度是日本为 1 710 台，意大利为 1 600 台，法国为 1 120 台，西班牙为 950 台，美国为 770 台，中国还不到 90 台。

从世界范围看，汽车产业是工业机器人的最大购买者，根据 IFR 统计，来自汽车整车及零部件工业的需求合计占工业机器人下游总需求的 60% 左右（见图 5-5、图 5-6）。在亚洲，电子电气工业对工业机器人的需求仅次于汽车工业排在第二位。在欧洲，橡胶及塑料工业则是仅次于汽车工业的第二大工业机器人需求来源。

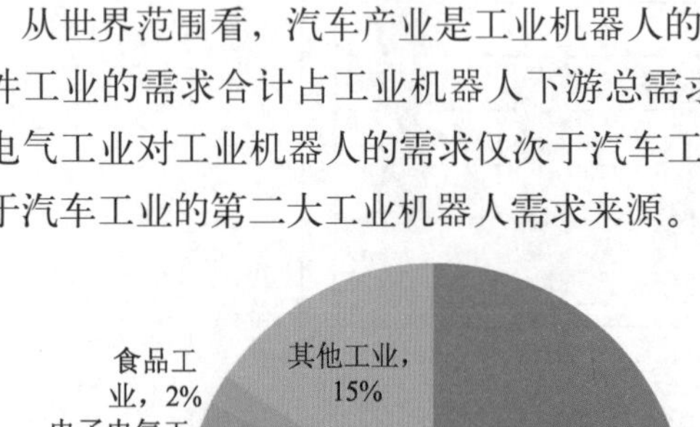

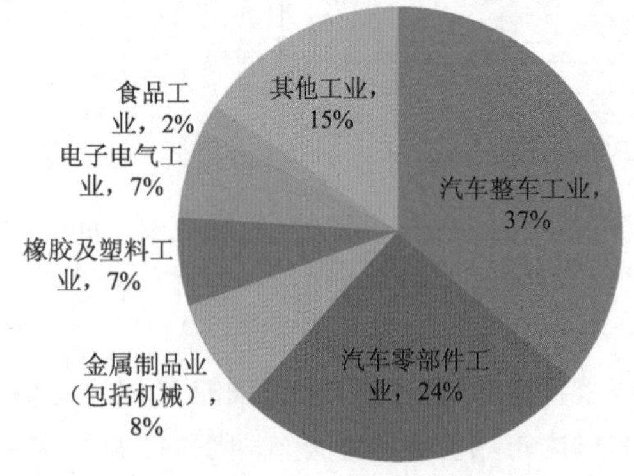

图 5-5　全球主要行业对工业机器人的需求分布

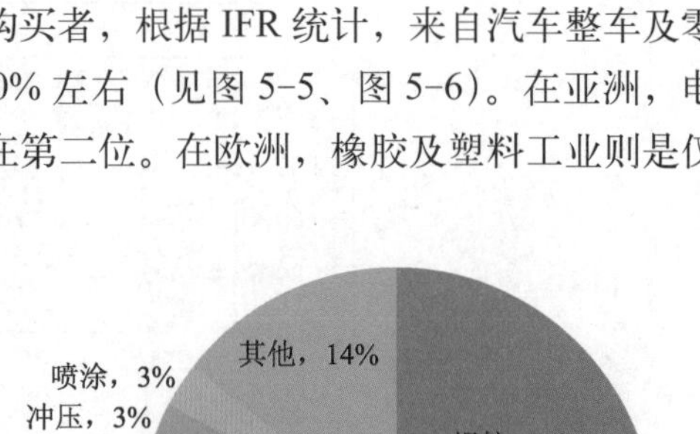

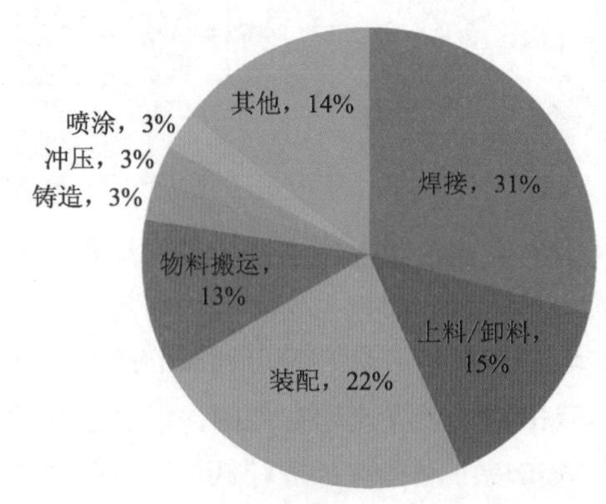

图 5-6　全球工业机器人应用类型及比例

工业机器人有国外“四大家族”。国内“四大家族”，你知道都是哪些品牌吗？赶紧上网去查查！

图 5-7　工业机械手在汽车生产线工作

在北加州的弗里蒙特市，一个被涂成全白的、宽敞明亮的汽车工厂里，工业机器手正在匆忙地执行任务，如图 5-7 所示。它们好像外科医生般围绕着一台尚未成型的车架，为其精确地执行点焊、铆接、胶合的“手术”。如果此时有一辆汽车从你身旁“滑”过，或从你头顶“飞”过，都不需要觉得惊讶，这正是特斯拉“超级工厂”。

“超级工厂”是特斯拉第二代电动车 Model S(家庭款四门轿车)的出生地。凭借着这款汽车的销售，2013 年 5 月，特斯拉宣布在第一季度实现公司成立 10 年来的首次盈利，利润率高达 25%。

销量与盈利上升的秘密,来自特斯拉打造的工业机器手全自动化“超级工厂”。“多才多艺”的工业机器手是生产线的重要力量。目前“超级工厂”内一共有 160 台工业机器手，分属四大制造环节：冲压生产线、车身中心、烤漆中心和组装中心。

其中,车身中心的“多工机器人”(Multitasking Robot)是目前最先进、使用频率最高的机器人。它们大多只有一个巨型机械臂，却能执行多种不同的任务——包办车身冲压、焊接、铆接、胶合等工作。它们可以先用钳子进行点焊，然后放开钳子；紧接着拿起夹子，胶合车身板件。生产线上的工程师介绍说：“这种灵活性对小巧、有效率的作业流程十分重要。”在执行任务期间，这些机器人的每一步都必须分毫不差，否则就会导致整个生产流程停摆，所以对它们的“教学训练”就显得格外重要。

当车体组装好以后，位于车间上方的“运输机器人”能将整个车身吊起，运往位于另一栋建筑的喷漆区。在那里，“喷漆手”机器人拥有可弯曲机械臂，不仅能全方位、不留死角地为车身上漆，还能使用把手来开关车门与车厢盖。

送到组装中心后，“多工机器人”除了能连续安装车门、车顶外，还能将一个完整的座椅直接放入汽车内部。组装中心的“安装机器人”还是个“拍照达人”，因为在为 Model S 安装全景天窗时，它总会先在正上方拍张车顶的照片，通过照片测量出天窗的精确方位，再把玻璃黏合上去。

图 5-8 所示为工业机械手进行汽车车门安装实物图，图 5-9 所示为工业机械手进行汽车天窗安装实物图。

在车间里，车辆在不同环节间的运送基本都由一款自动引导机器人——“聪明车”来完成。工作人员提前在地面上用磁性材料设计好行走路线后，“聪明车”就能按照路线的指引，载着 Model S 穿梭于工厂之间。特斯拉的工厂只雇用了 3 000 名工人，他们除了完成一些机器人无法实现的工作外，如安装仪表板、引擎等，还需要对机器人完成的细节内容进行确认。

图 5-8　工业机械手进行汽车车门安装

图 5-9　工业机械手进行汽车天窗安装

工业机械手是集精密化、柔性化、智能化、软件应用开发等先进制造技术于一体，通过对过程实施检测、控制、优化、调度、管理和决策，实现增加产量、提高质量、降低成本、减少资源消耗和环境污染，是工业自动化水平的最高体现。工业机械手具备精细制造、精细加工以及柔性生产等技术特点，是继动力机械、计算机之后，出现的全面延伸人的体力和智力的新一代生产工具，是实现生产数字化、自动化、网络化以及智能化的重要手段。工业机械手是自动化生产过程的关键设备，可用于制造、安装、检测、物流等生产环节，并广泛应用于汽车整车及汽车零部件、工程机械、电子装备、军工、医药、食品等众多行业，应用领域非常广泛。图 5-10 所示为汽车生产线焊接机械手，图 5-11 所示为汽车生产线喷涂机械手。

图 5-10　汽车生产线焊接机械手

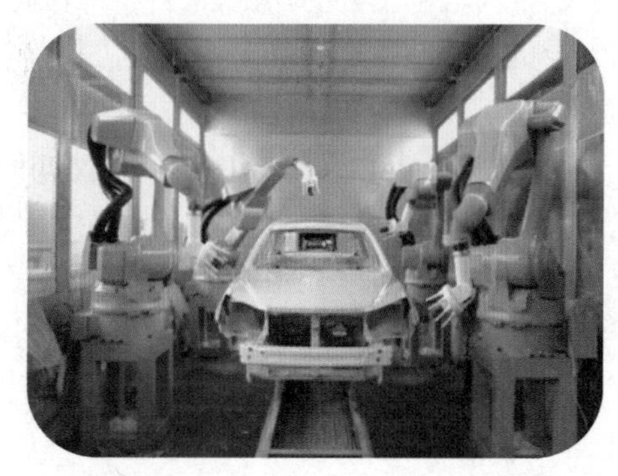

图 5-11　汽车生产线喷涂机械手

流水线上这么多的机器人同时在工作，它们相互之间不会“打架”啊，太神奇了！

三、发密科Automation studio

Famic 软件是液压气压电气自动化系统整体解决软件，由加拿大 Famic Technologies 公司开发。它是一种创新的系统设计、仿真和文档编制软件方案，用于支持自动化系统的设计、培训、文档建立，具有编辑、仿真、打印、文件管理和显示功能，还具有访问技术和商业数据的功能。

该软件由几个模块和库组成，这些模块也被称为工作室，而这些库可以根据具体需要和要求进行添加。其中包括电工、机械、液压、气动、数字电路、电气控制、PLC、顺序功能图、电工单线图等模块。每个库包含有数百个 ISO、IEC、JIC 和 NEMA 兼容符号。因此，用户可以选择合适的组件并且将其拖动至工作区，从而快速创建实际上可以为任何类型的系统。系统可由诸如液压、气动、电气之类的单一技术构成，或者由多种技术综合构成，在模拟过程中可以互相作用，和实际类似。

做工程前，要先仿真！这样可以完善设计方案，施工更有依据，管理智能化！

Automation Studio ™提供了使用现有的技术在项目周期中采用最小的项目资源一步步完成虚拟设备的设计和成档的能力。这些步骤是 ：设计、起草技术文档、验证、商务文件和技术报告、培训、故障排除和虚拟机的文件管理。目的是减少人为误差，避免需要文件和原型重复。Automation Studio 的功能如图 5-12 所示。

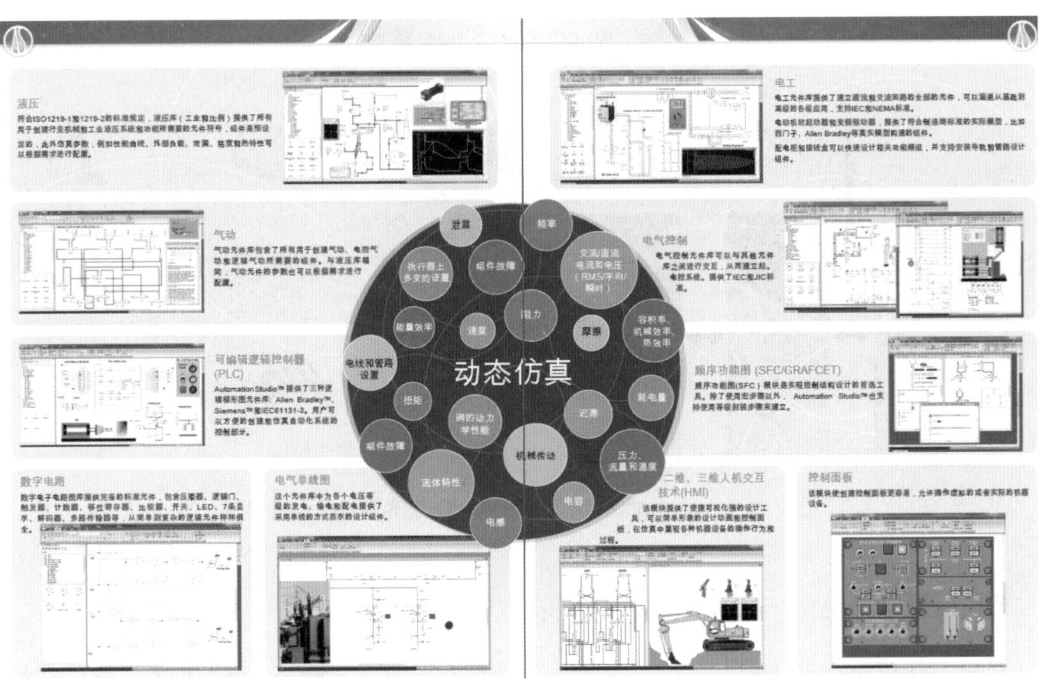

图 5-12 Automation Studio 功能

Automation Studio 软件界面如图 5-13 所示。

发密科 Automation Studio ™ OPC 客户端模块提供业界标准接口，简化与多家厂商的 PLC 和软件连接。用户可以使用任何 PLC 或其他控制设备，同时需要一个制造商提供的 OPC 服务器软件进行数据交换。为选择的设备安装 OPC 服务器后，只需将地址映射，把发密科 Automation Studio ™调成一个多功能 I/O 模拟器或软 PLC。Automation Studio 的 OPC 兼容性及数据交换图如图 5-14 所示。

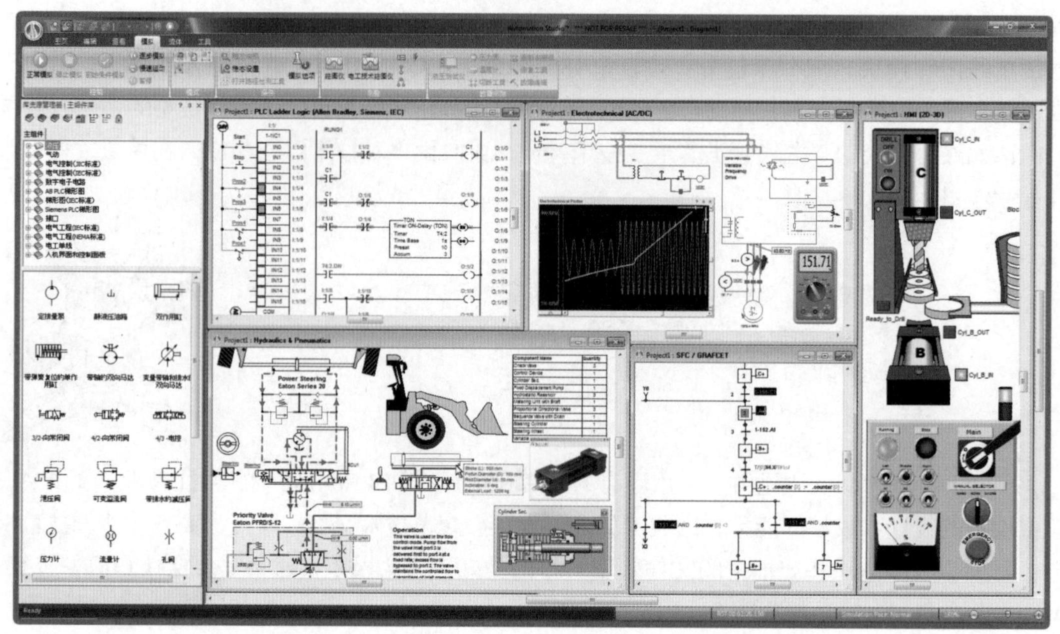

图 5-13　Automation Studio 软件界面

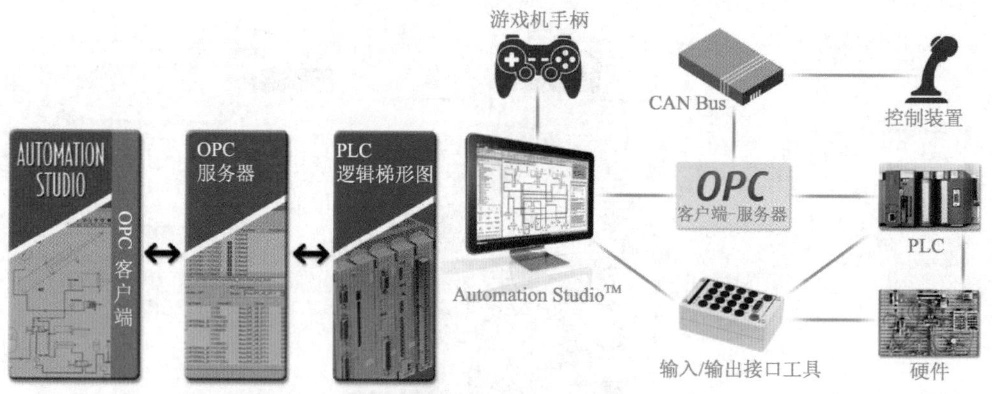

图 5-14　Automation Studio 的 OPC 兼容性及数据交换图

四、西门子机电一体化概念设计解决方案（MCD）

机电一体化概念设计解决方案（MCD）是一种全新解决方案，适用于机电一体化产品的概念设计。借助该软件，可对包含多物理场以及通常存在于机电一体化产品中的自动化相关行为的概念进行 3D 建模和仿真。MCD 支持功能设计方法，可集成上游和下游工程领域，包括需求管理、机械设计、电气设计以及软件 / 自动化工程。

传统的研发设计方法是什么样的？产品开发流程通常分为获取客户需求、概念设计、详细设计、试车、产品定型等阶段，如图 5-15 所示。传统的概念设计阶段是采用 Word 等文字处理软件形成技术草稿，这种设计方法即不能与详细设计并行工作，也不能将概念设计意图与实际产品功能一一对应。而在详细设计阶段产生的对概念设计的修正，更是无法在技术草稿中修

改。因此，产品定型后产品经理会发现原来的概念设计文档已完全不能表达产品设计思路。

客户需求	概念设计	详细设计	试车
需求管理	技术草稿	机械构造 气动液压布局 电气布局 自动化工程	真正试车

图 5-15　传统的研发设计方法

西门子提出的机电一体化概念设计解决方案（MCD）主要解决详细设计阶段过程中机械、电气、液压等多学科的协同设计。

借助 MCD 为设计人员创建机电一体化模型，对包含多体物理场以及通常存在于机电一体化产品中的自动化相关行为的概念进行 3D 建模和仿真，实现创新性的设计技术，加快了涉及机械、电气、传感器和制动器以及运动等多学科协同。通过重用现有知识，并通过概念评估帮助用户做出更明智的决策，不断提高机械设计的效率，缩短设计周期，降低成本，提升设计品质。

图 5-16 是 MCD 工作原理图，首先通过 TEAMCENTER 需求管理模块的需求模型分解功能需求，在 MCD 系统中创建机电一体化功能模型，同时与需求建立对应关系。在 MCD 建立各功能单元模型，分解到不同的工具软件系统中进行机械设计、电气设计、运动控制设计等。当详细设计对概念设计进行修正时，可以反馈信息到功能模型并修正。

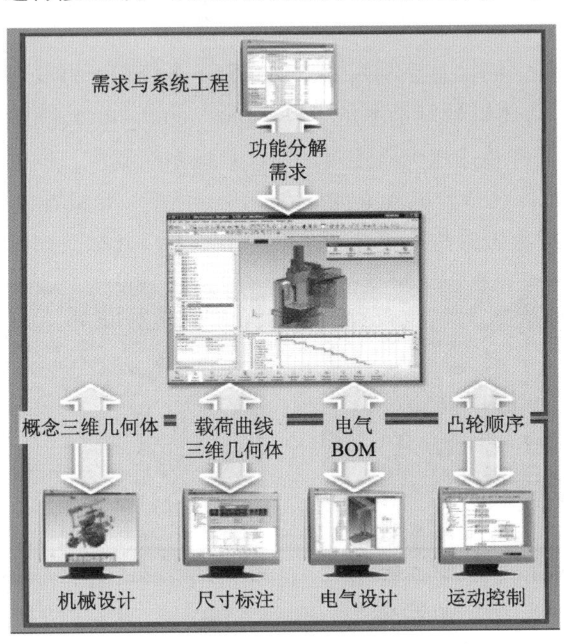

图 5-16　MCD 工作原理

MCD 采用集成的系统工程方法，提供通用的语言，使所有原理可以同时运用。从体系架构层面支持在产品开发流程的最初阶段就收集机电一体化要求的行为特性和逻辑特性，并跟踪各方面的要求。

MCD 提供重用功能单元库的创建、验证及维护等知识管理机制，这些单元包含多种学科的数据，可能包括传感器、供动装置、凸轮和操作。为概念设计阶段提供嵌入了数据的既有功能单元和机电一体化对象。MCD 的建模功能易用性强，用户可在设计流程中随时运行仿真并在仿真过程中进行交互操作。

MCD 作为概念设计阶段的方案，需要与上、下游系统 / 工具交流信息（见图 5-17），用户需要读取和使用来自多个 CAD 系统的设计数据，在复杂的 IT 环境中协同工作。因此，MCD 提供面向各学科的开放式接口。MCD 采用 PLC Open XML 并在 XML 中使用 BOM，保证了协同。

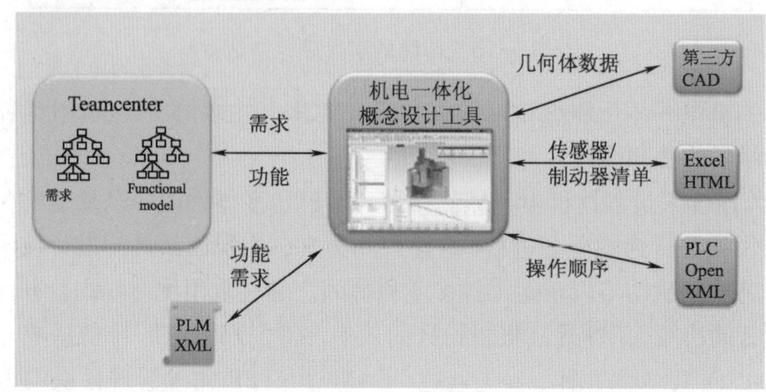

图 5-17　MCD 与上、下游系统 / 工具协同工作

五、柔性制造系统

柔性制造系统是由统一的信息控制系统、物料储运系统和一组数字控制加工设备组成，能适应加工对象变换的自动化机械制造系统（Flexible Manufacturing System，FMS）。一组按次序排列的机器，由自动装卸及传送机器连接并经计算机系统集成一体，原材料和代加工零件在零件传输系统上装卸，零件在一台机器上加工完毕后传到下一台机器，每台机器接受操作指令，自动装卸所需工具，无须人工参与。柔性制造系统示范工厂（车间）如图 5-18 所示。

图 5-18　柔性制造系统示范工厂

名字“高富帅”，
真有那么神奇吗？

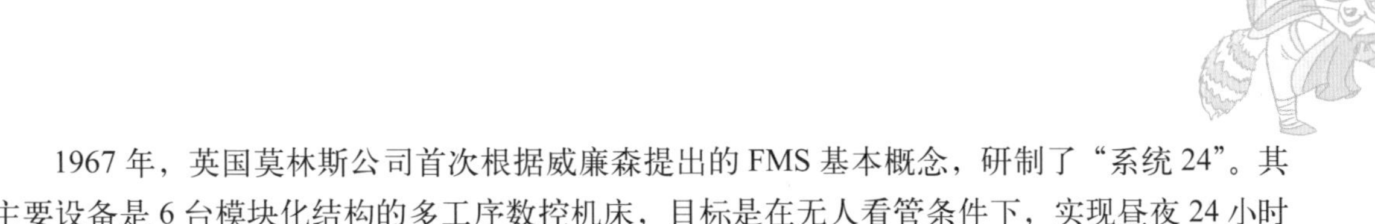

1967 年，英国莫林斯公司首次根据威廉森提出的 FMS 基本概念，研制了“系统 24”。其主要设备是 6 台模块化结构的多工序数控机床，目标是在无人看管条件下，实现昼夜 24 小时连续加工，但最终由于经济和技术上的困难而未全部建成。

1967 年，美国的怀特 · 森斯特兰公司建成 Omniline I 系统，它由 8 台加工中心和两台多轴钻床组成，工件被装在托盘上的夹具中，按固定顺序以一定节拍在各机床间传送和进行加工。这种柔性自动化设备适于少品种、大批量生产中使用，在形式上与传统的自动生产线相似，所以也叫柔性自动线。日本、苏联、德国等也都先后开展了 FMS 的研制工作。

1976 年，日本发那科公司展出了由加工中心和工业机器人组成的柔性制造单元 (FMC)，为发展 FMS 提供了重要的设备形式。FMC 一般由 12 台数控机床与物料传送装置组成，有独立的工件储存站和单元控制系统，能在机床上自动装卸工件，甚至自动检测工件，可实现有限工序的连续生产，适于多品种小批量生产应用。

随着时间的推移，FMS 在技术上和数量上都有较大发展，实用阶段以由 3 ~ 5 台设备组成的 FMS 为最多，但也有规模更庞大的系统投入使用。

1982 年，日本发那科公司建成自动化电机加工车间，由 60 个柔性制造单元（包括 50 个工业机器人）和一个立体仓库组成，另有两台自动引导台车传送毛坯和工件，此外还有一个无人化电机装配车间，它们都能连续 24 小时运转。

这种自动化和无人化车间（见图 5-19）是向实现计算机集成的自动化工厂迈出的重要一步。与此同时，还出现了若干仅具有 FMS 基本特征，但自动化程度不很完善的经济型 FMS，使 FMS 的设计思想和技术成就得到普及应用。

图 5-19　自动化和无人化车间

典型的 FMS 一般由 3 个子系统组成。它们是加工系统、物流系统和控制与管理系统，各子系统的构成框图及功能特征如图 5-20 所示。3 个子系统的有机结合，构成了一个制造系统的能量流（通过制造工艺改变工件的形状和尺寸）、物料流（主要指工件流和刀具流）和信息流（制造过程的信息和数据处理）。

加工系统在 FMS 中好像人的手脚，是实际完成改变物性任务的执行系统。加工系统主要由数控机床、加工中心等加工设备（有的还带有工件清洗、在线检测等辅助与检测设备）构成，系统中的加工设备在工件、刀具和控制三方面都具有可与其他子系统相连接的标准接口。从柔性制造系统的各项柔性含义中可知，加工系统的性能直接影响着 FMS 的性能，且加工系统在

FMS 中又是耗资最多的部分，因此恰当地选用加工系统是 FMS 成功与否的关键。加工系统中的主要设备是实际执行切削等加工，把工件从原材料转变为产品的机床。

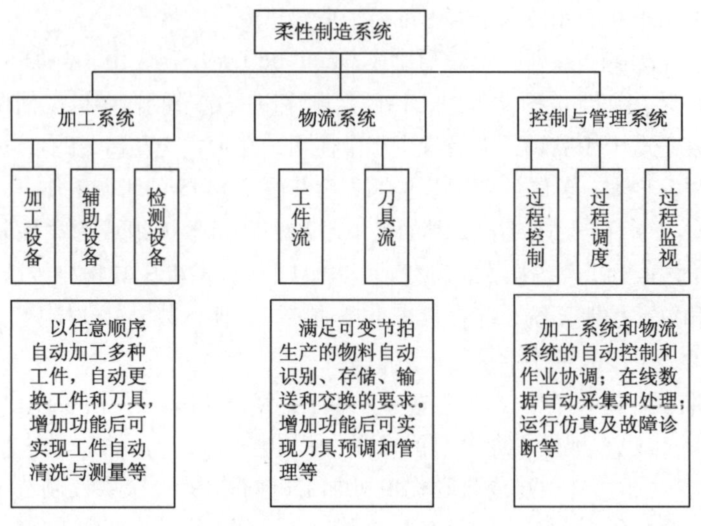

图 5-20　柔性制造系统组成

知识、技术归纳

了解软 PLC、工业机器人、发密科 Automation studio、西门子机电一体化概念设计解决方案(MCD) 和柔性制造系统，进一步认识制造领域的新发展技术。

工程创新素质培养

关注国务院印发的《中国制造 2025》，以及其中《重点领域技术路线图（2015 版）》，包括智能制造重点发展的十大产业（新一代信息技术、高档数控机床和机器人、航空航天装备、海洋工程装备及高技术船舶、先进轨道交通装备、节能与新能源汽车、电力装备、新材料、生物医药及高性能医疗器械、农业机械装备），而这十大产业也都在“十三五”规划之中。

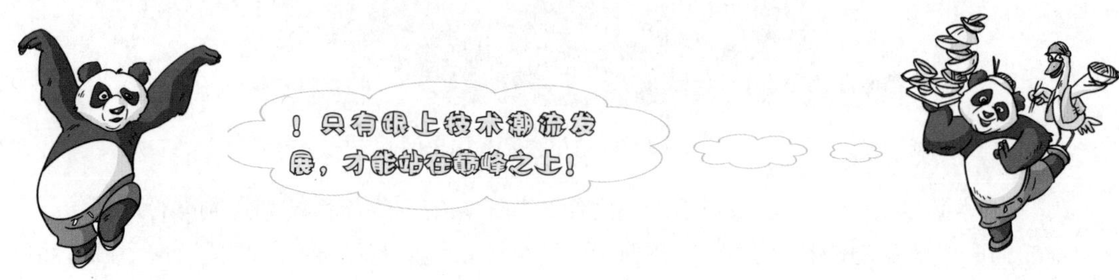

参 考 文 献

[1] 吕景泉，费旭峰 . 工程实践创新项目教程 [M]. 北京 ：中国铁道出版社，2012.

[2] 吕景泉 . 自动化生产线安装与调试 [M].2 版 . 北京 ：中国铁道出版社，2009.

[3] 廖常初 .S7-300/400 PLC 应用技术 [M]. 北京 ：机械工业出版社，2011.

[4] 廖常初 .S7-1200 PLC 编程及应用 [M]. 北京 ：机械工业出版社，2011.

[5] 廖常初 .S7-200 SMART PLC 编程及应用 [M]. 北京 ：机械工业出版社，2013.

[6] 廖常初 . 西门子工业通信网络组态编程与故障诊断 [M]. 北京 ：机械工业出版社，2013.

[7] 徐建俊，居海清 . 电机拖动与控制 [M]. 北京 ：高等教育出版社，2015.

[8] 李月芳，陈柬 . 电力电子与运动控制系统 [M]. 北京 ：中国铁道出版社，2013.

[9] 曹建林，邵泽强 . 电工技术 [M]. 北京 ：高等教育出版社，2014.

[10] 张文明，华祖银 . 嵌入式组态控制技术 [M]. 北京 ：中国铁道出版社，2011.

[11] 张娟，吕志香 . 变频器应用与维护项目教程 [M]. 北京 ：化学工业出版社，2014.

[12] 向晓汉，宋昕 . 变频器与步进 / 伺服驱动技术完全精通教程 [M]. 北京：化学工业出版社，2015.